- "十四五"职业教育江苏省规划教材
- "十三五"江苏省高等学校重点教材（**教材编号：**
- "十四五"江苏省职业教育第二批在线精品课程
  "ASP.NET动态网站设计与开发"配套教材

ASP.NET 程序设计项目教程

新世纪高职高专教材编审委员会　组　编

许礼捷　周洪斌　葛　华　主　编

温一军　李　强　马立丽　副主编

ASP.NET CHENGXU SHEJI
XIANGMU JIAOCHENG

大连理工大学出版社

图书在版编目(CIP)数据

ASP.NET 程序设计项目教程 / 许礼捷，周洪斌，葛华主编． -- 大连：大连理工大学出版社，2021.3(2024.7重印)
新世纪高职高专网络专业系列规划教材
ISBN 978-7-5685-2724-8

Ⅰ．①A… Ⅱ．①许… ②周… ③葛… Ⅲ．①网页制作工具－程序设计－高等职业教育－教材 Ⅳ．①TP393.092.2

中国版本图书馆 CIP 数据核字(2020)第 195946 号

大连理工大学出版社出版

地址：大连市软件园路80号　邮政编码：116023
电话：0411-84708842　邮购：0411-84708943　传真：0411-84701466
E-mail:dutp@dutp.cn　URL:https://www.dutp.cn
大连永盛印业有限公司印刷　　　　大连理工大学出版社发行

幅面尺寸：185mm×260mm	印张：19.75	字数：479千字
2021年3月第1版		2024年7月第2次印刷
责任编辑：马　双		责任校对：高智银
	封面设计：张　莹	

ISBN 978-7-5685-2724-8　　　　　　　　　　　　定　价：59.80元

本书如有印装质量问题，请与我社发行部联系更换。

前言

本教材是"'十四五'职业教育江苏省规划教材"、"'十三五'江苏省高等学校重点教材",是"十四五"江苏省职业教育第二批在线精品课程——"ASP.NET 动态网站设计与开发"配套的新形态一体化教材,是"首批苏州市高等院校骨干专业——计算机网络技术"、"第二批苏州高职高专院校品牌专业——移动应用开发"的资助建设成果之一,也是新世纪高职高专教材编审委员会组编的网络专业系列规划教材之一。

本教材以微软平台最新的 B/S 架构下动态网站开发技术——ASP.NET 4.5 为例,介绍 ASP.NET 动态网站开发技术及相关知识理论,重点讲解基于 ASP.NET 技术进行动态网站设计与开发的基本原理和主要方法。编写团队按照"金课"的标准,基于"互联网+"环境下新形态一体化教材的编写要求,结合多年的实际教学和培训经验,创新采用 DAP 教学模式(Demo 任务演示—Activity 案例实践—Project 项目实训)研究成果,以能力学习为目标、以项目开发工作过程为主线,优化梳理教材内容,帮助读者掌握企业的软件开发规范,建立动态网站开发的知识和技术框架,逐步培养出真实的动态网站开发的职业岗位技能。

"DAP 教学模式",即通过 Demo→Activity→Project 的教学模式:

(1)任务演示 Demo:教师通过案例任务 Demo,在课堂上示范讲授知识点,训练技能点;然后让学生重新完成案例任务,初步达成教学任务的基础知识的理解和基本技能的掌握。

(2)案例实践 Activity:在完成一个或多个案例任务后,为更好地掌握基础知识和技能,安排与案例任务 Demo 技能点相同的课内 Activity 案例,由学生在课堂上独立完成。同时,为了巩固学生课堂所学的知识和技能,安排相似知识点和技能点的课外 Activity 案例(作业)进行强化训练。根据学习进度安排,一个学习单元可以循序渐进地安排多个课内 Activity 案例和多个课外 Activity 案例。

(3)项目实训 Project:在课程教学全过程中,始终贯穿一个阶段性的、递进式的训练项目。在每个教学单元内,完成多个任务演示 Demo、案例实践 Activity 后,必须独立完成相应的阶段性的、递进式的训练项目子任务,科学合理地做好前、后教学单元的知识点和技能点的无缝衔接。同时,在完成贯穿所有单元的训练之后,又提供了若干来源于企事业单位实际需求的综合实训项目,适合于课程末期的课程设计(实训)。

本教材的特色与创新：

(1)创新DAP教学模式：任务演示Demo使读者快速掌握ASP.NET编程的基本技能和基础知识；案例实践Activity培养读者灵活应用、融会贯通的能力；项目实训Project介绍企业实际项目的设计思路、开发流程和解决问题的方法。在整个教学过程中，注重开发思路的训练，注重编码规范的培养，注重读者程序设计职业能力的培养，突出实用、强调能力。

(2)"校企合作""教学做一体"原则：本教材所选内容均来源于企业实际项目的开发，突出动态网站开发工程实践，真实反映职业岗位技能要求。同时，所选典型实例覆盖了ASP.NET开发中的热点问题和关键问题，所选实例具有代表性和很强的扩展性，能够给读者以启发，帮助读者举一反三、开发出非常实用的Web动态网站。

(3)"新形态一体化教材"的形式：本教材采用新形态一体化教材的形式编写，配套"十四五"江苏省职业教育在线精品课程"ASP.NET动态网站设计与开发"（网址为https://www.icourse163.org/course/SZIT-1206811806，主讲人为许礼捷）。配备丰富齐全的教学教辅资料，包括教学大纲、课程教案、PPT讲义、实验实训指导手册、微课视频、动画、程序源代码、开发参考资料等。

本教材以Visual Studio 2017为开发平台，按实际应用进行分类，全面地介绍了基于ASP.NET开发动态网站的技术。通过本教材的训练学习，读者可以在短时间内掌握更多有用的技术，快速提高Web网站开发水平，希望读者能凭借本教材迈入ASP.NET动态网站开发的大门。

同时也要注意，Web开发是非常注重实践的工作，不能仅凭看书、看视频就学会开发，必须扎扎实实、一行一行地编写代码，不断积累项目经验，才能真正掌握Web开发技术。因此，读者一定要自己上机操作，勤学苦练。如果能按照本教材的要求，循序渐进地完成Demo→Activity→Project，以及课后的理论测试(Test)和训练项目，Web动态网站开发能力必将有一个质的飞跃。

本教材由沙洲职业工学院许礼捷、周洪斌、葛华担任主编，沙洲职业工学院温一军、国泰新点软件股份有限公司副总经理李强和哈尔滨科学技术职业学院马立丽担任副主编，由沙洲职业工学院副院长易顺明担任主审。其中，许礼捷负责第1、4、5、6单元的编写工作，周洪斌负责第8、9单元的编写工作，葛华负责第2、7单元的编写工作，温一军和马立丽负责第3、10单元的编写工作，李强和马立丽负责第11单元及附录的编写工作。全书由许礼捷统稿。

在本教材的编写过程中，编者参考、引用和改编了国内外出版物中的相关资料以及网络资源，在此表示深深的谢意！相关著作权人看到本教材后，请与出版社联系，出版社将按照相关法律的规定支付稿酬。同时，感谢大连理工大学出版社在本教材的出版过程中所给予的支持和帮助，感谢所有在出版过程中给予编者帮助的人们！

编者虽然在编写过程中竭尽所能，但因水平和时间的限制，错误和不尽如人意之处仍在所难免，诚请本教材的使用者及专家学者提出意见或建议，以便以后不断修订并使之更臻完善。

编　者
2021年3月

所有意见和建议请发往：dutpgz@163.com
欢迎访问职教数字化服务平台：https://www.dutp.cn/sve/
联系电话：0411-84707492　84706671

目录

单元 1　ASP.NET 开发基础 …………………………………………………………… 1
  1.1　引例描述 ………………………………………………………………………… 1
  1.2　知识准备 ………………………………………………………………………… 2
    1.2.1　.NET 开发平台与 ASP.NET 简介 ……………………………………… 2
    1.2.2　ASP.NET 的运行机制 …………………………………………………… 3
    1.2.3　ASP.NET 网页的语法结构 ……………………………………………… 4
  1.3　任务实施 ………………………………………………………………………… 5
    Demo1-1　Visual Studio 2017 的安装与使用 ……………………………………… 5
    Demo1-2　SQL Server 2012 Express 的安装与配置 ……………………………… 6
    Demo1-3　Internet 信息服务(IIS)的安装与配置 ………………………………… 7
    Demo1-4　显示问候信息 …………………………………………………………… 7
    Demo1-5　显示当前的日期和时间 ……………………………………………… 10
  1.4　案例实践 ………………………………………………………………………… 11
    Act1-1　显示个人信息 …………………………………………………………… 11
    Act1-2　显示不同时间段的问候语 ……………………………………………… 11
  1.5　课外实践 ………………………………………………………………………… 12
  1.6　单元小结 ………………………………………………………………………… 13
  1.7　单元知识点测试 ………………………………………………………………… 13
  1.8　单元实训 ………………………………………………………………………… 14

单元 2　网页布局和设计 ……………………………………………………………… 15
  2.1　引例描述 ………………………………………………………………………… 15
  2.2　知识准备 ………………………………………………………………………… 16
    2.2.1　HTML 知识 ……………………………………………………………… 16
    2.2.2　JavaScript 知识 …………………………………………………………… 18
    2.2.3　CSS 知识 ………………………………………………………………… 18
    2.2.4　Bootstrap 知识 …………………………………………………………… 19
  2.3　任务实施 ………………………………………………………………………… 19
    Demo2-1　简单 HTML 页面 ……………………………………………………… 19
    Demo2-2　网页中使用 JS 实现数的阶乘 ……………………………………… 20
    Demo2-3　新用户注册应用实例 ………………………………………………… 21
    Demo2-4　Bootstrap 应用实例 …………………………………………………… 24
  2.4　案例实践 ………………………………………………………………………… 25
    Act2-1　"个人简历"的网上录入页面设计 ……………………………………… 25
    Act2-2　"个人简历"录入页面的有效性验证 …………………………………… 26
    Act2-3　"个人简历"录入页面的 CSS 样式设计 ………………………………… 26
    Act2-4　"个人简历"录入页面的 Bootstrap 样式设计 ………………………… 26
  2.5　课外实践 ………………………………………………………………………… 26
  2.6　单元小结 ………………………………………………………………………… 27
  2.7　单元知识点测试 ………………………………………………………………… 27
  2.8　单元实训 ………………………………………………………………………… 27

单元 3　C#语言基础 …………………………………………………………………… 29
  3.1　引例描述 ………………………………………………………………………… 29

3.2 知识准备 ……………………………………………………………………………… 30
　3.2.1 C♯语言开发中的注意事项 …………………………………………………… 30
　3.2.2 常量、变量 ……………………………………………………………………… 31
　3.2.3 数据类型 ………………………………………………………………………… 32
　3.2.4 运算符及优先级 ………………………………………………………………… 33
　3.2.5 控制语句 ………………………………………………………………………… 33
　3.2.6 类、命名空间与异常处理 ……………………………………………………… 35
　3.2.7 常用类和常用属性、方法 ……………………………………………………… 37
3.3 任务实施 ……………………………………………………………………………… 38
　Demo3-1　For、Foreach循环 ………………………………………………………… 38
　Demo3-2　类的定义和使用 …………………………………………………………… 40
　Demo3-3　实现两个数的加运算 ……………………………………………………… 42
　Demo3-4　身份证号码信息阅读器 …………………………………………………… 43
3.4 案例实践 ……………………………………………………………………………… 45
　Act3-1　含加减乘除运算的计算器 …………………………………………………… 46
　Act3-2　手机号码识别器 ……………………………………………………………… 46
3.5 课外实践 ……………………………………………………………………………… 46
3.6 单元小结 ……………………………………………………………………………… 47
3.7 单元知识点测试 ……………………………………………………………………… 48

单元4 Web服务器控件 ……………………………………………………………… 49
4.1 引例描述 ……………………………………………………………………………… 50
4.2 知识准备 ……………………………………………………………………………… 51
　4.2.1 ASP.NET服务器控件的类层次结构 ………………………………………… 51
　4.2.2 Web服务器控件的类型和共有属性 …………………………………………… 51
4.3 任务实施 ……………………………………………………………………………… 53
　Demo4-1　基本Web服务器控件 …………………………………………………… 53
　Demo4-2　选择与列表控件 …………………………………………………………… 58
　Demo4-3　文件上传控件 ……………………………………………………………… 71
　Demo4-4　表控件 ……………………………………………………………………… 74
　Demo4-5　容器控件 …………………………………………………………………… 77
　Demo4-6　Web控件的综合案例 ……………………………………………………… 81
4.4 案例实践 ……………………………………………………………………………… 84
　Act4-1　标签控件Label和图片控件Image实现标签信息和图片的更换 ………… 84
　Act4-2　文本框控件TextBox实现会员注册信息的显示 …………………………… 84
　Act4-3　按钮控件Button实现标签背景色的改变 …………………………………… 84
　Act4-4　单选控件RadioButton和RadioButtonList实现省份和国家的选择 ……… 85
　Act4-5　复选控件CheckBox和CheckBoxList实现课程和城市的选择 …………… 85
　Act4-6　列表控件ListBox和DropDownList实现班级和课程的选择 ……………… 86
　Act4-7　文件上传控件FileUpload实现图片的上传与显示 ………………………… 86
　Act4-8　表格控件Table实现九九乘法表的显示 …………………………………… 86
4.5 课外实践 ……………………………………………………………………………… 87
4.6 单元小结 ……………………………………………………………………………… 88
4.7 单元知识点测试 ……………………………………………………………………… 88
4.8 单元实训 ……………………………………………………………………………… 89

单元5 验证控件 ……………………………………………………………………… 91
5.1 引例描述 ……………………………………………………………………………… 92
5.2 知识准备 ……………………………………………………………………………… 92

5.2.1　验证控件的概述 …………………………………………………………… 92
　　5.2.2　验证控件的属性、方法及使用 …………………………………………… 93
5.3　任务实施 ……………………………………………………………………………… 99
　　Demo5-1　使用 RequiredFieldValidator 控件实现非空验证 ……………………… 99
　　Demo5-2　使用 CompareValidator 控件实现比较验证 ………………………… 101
　　Demo5-3　使用 RangeValidator 控件实现范围验证 …………………………… 103
　　Demo5-4　使用 RegularExpressionValidator 控件实现正则表达式验证 ……… 105
　　Demo5-5　使用 CustomValidator 控件实现自定义验证 ………………………… 108
　　Demo5-6　使用 ValidationSummary 控件实现验证汇总 ………………………… 113
5.4　案例实践 …………………………………………………………………………… 115
　　Act5　输入验证的综合案例：公司职员注册验证功能的实现 …………………… 115
5.5　课外实践 …………………………………………………………………………… 117
5.6　单元小结 …………………………………………………………………………… 118
5.7　单元知识点测试 …………………………………………………………………… 118
5.8　单元实训 …………………………………………………………………………… 119

单元 6　常用内置对象 …………………………………………………………………… 121
6.1　引例描述 …………………………………………………………………………… 121
6.2　知识准备 …………………………………………………………………………… 122
　　6.2.1　常用内置对象的概述 ……………………………………………………… 122
　　6.2.2　常用内置对象的属性、方法及使用 ……………………………………… 123
6.3　任务实施 …………………………………………………………………………… 128
　　Demo6-1　使用 Response 对象实现浏览器页面内容输入 ……………………… 128
　　Demo6-2　使用 Request 对象实现浏览器页面和 URL 地址等的信息处理 …… 130
　　Demo6-3　使用 Server 对象实现服务器端信息处理 …………………………… 132
　　Demo6-4　使用 Application 对象实现应用程序用户之间的信息共享处理 …… 136
　　Demo6-5　使用 Session 对象实现页面用户会话信息的处理 …………………… 137
6.4　案例实践 …………………………………………………………………………… 140
　　Act6-1　实现 Buffer 缓存开启与关闭的效果 ……………………………………… 140
　　Act6-2　实现网页访问计数器升级 ………………………………………………… 141
6.5　课外实践 …………………………………………………………………………… 141
6.6　单元小结 …………………………………………………………………………… 142
6.7　单元知识点测试 …………………………………………………………………… 142
6.8　单元实训 …………………………………………………………………………… 143

单元 7　主题、用户控件和母版页 ……………………………………………………… 145
7.1　引例描述 …………………………………………………………………………… 145
7.2　知识准备 …………………………………………………………………………… 147
　　7.2.1　主题和皮肤 ………………………………………………………………… 147
　　7.2.2　用户控件 …………………………………………………………………… 148
　　7.2.3　母版页 ……………………………………………………………………… 149
7.3　任务实施 …………………………………………………………………………… 151
　　Demo7-1　网页的不同主题外观的轮换 …………………………………………… 151
　　Demo7-2　使用用户控件实现网站页面底部信息的显示 ………………………… 154
　　Demo7-3　使用母版页实现网站风格统一 ………………………………………… 155
7.4　案例实践 …………………………………………………………………………… 157
　　Act7-1　使用用户控件实现网页页顶部和底部的统一处理 ……………………… 157
　　Act7-2　网页母版化处理 …………………………………………………………… 158
7.5　课外实践 …………………………………………………………………………… 158

7.6　单元小结 …………………………………………………………………… 159
7.7　单元知识点测试 …………………………………………………………… 159
7.8　单元实训 …………………………………………………………………… 160

单元 8　数据控件 ……………………………………………………………… 165
8.1　引例描述 …………………………………………………………………… 165
8.2　知识准备 …………………………………………………………………… 167
 8.2.1　数据源控件 …………………………………………………………… 167
 8.2.2　数据绑定控件 ………………………………………………………… 167
8.3　任务实施 …………………………………………………………………… 167
 Demo8-1　使用 GridView 控件显示联系人信息 ……………………………… 167
 Demo8-2　使用 GridView 控件实现联系人信息管理 ………………………… 171
 Demo8-3　使用 DetailsView 控件实现联系人分组信息管理 ………………… 173
 Demo8-4　使用 FormView 控件实现联系人分组信息管理 …………………… 175
 Demo8-5　使用 GridView 及 DetailsView 控件显示联系人分组及联系人信息 … 177
8.4　案例实践 …………………………………………………………………… 178
 Act8-1　使用 GridView 控件显示联系人分组信息 …………………………… 179
 Act8-2　使用 GridView 控件实现联系人分组信息管理 ……………………… 179
 Act8-3　使用 DetailsView 控件实现商品类别信息管理 ……………………… 179
 Act8-4　使用 FormView 控件实现商品类别信息管理 ………………………… 179
 Act8-5　使用 GridView 及 DetailsView 控件显示商品类别及商品信息 ……… 180
8.5　课外实践 …………………………………………………………………… 180
8.6　单元小结 …………………………………………………………………… 181
8.7　单元知识点测试 …………………………………………………………… 181
8.8　单元实训 …………………………………………………………………… 182

单元 9　数据高级处理 ………………………………………………………… 187
9.1　引例描述 …………………………………………………………………… 187
9.2　知识准备 …………………………………………………………………… 189
 9.2.1　ADO.NET 概述 ……………………………………………………… 189
 9.2.2　SqlConnection 对象 ………………………………………………… 189
 9.2.3　DataSet 对象 ………………………………………………………… 191
 9.2.4　SqlDataAdapter 对象 ………………………………………………… 192
 9.2.5　SqlCommand 对象 …………………………………………………… 192
 9.2.6　SqlDataReader 对象 ………………………………………………… 193
 9.2.7　SqlParameter 对象 …………………………………………………… 194
 9.2.8　使用存储过程 ………………………………………………………… 195
 9.2.9　GridView 控件 ………………………………………………………… 196
 9.2.10　Repeater 控件 ……………………………………………………… 198
 9.2.11　基于三层架构的项目开发技术 …………………………………… 198
9.3　任务实施 …………………………………………………………………… 199
 Demo9-1　连接 SQL Server Products 数据库 ……………………………… 199
 Demo9-2　使用 DataSet 对象及 GridView 控件显示联系人分组信息 ……… 200
 Demo9-3　使用 SqlDataReader 对象及 GridView 控件显示联系人分组信息 … 202
 Demo9-4　使用参数化 SQL 语句实现联系人分组录入 ……………………… 203
 Demo9-5　调用存储过程实现联系人分组录入 ……………………………… 204
 Demo9-6　使用 GridView 控件实现联系人信息管理 ………………………… 205
 Demo9-7　使用 Repeater 控件实现联系人信息管理 ………………………… 217
 Demo9-8　开发基于三层架构的 ASP.NET Web 应用程序,实现联系人信息管理 … 220

9.4 案例实践 ……………………………………………………………………… 229
    Act9-1　连接 SQL Server Student 数据库 …………………………………… 229
    Act9-2　使用 DataSet 及 GridView 控件显示商品类别信息 ………………… 229
    Act9-3　使用 SqlDataReader 及 GridView 控件显示商品类别信息 ………… 229
    Act9-4　使用参数化 SQL 语句实现商品类别录入 …………………………… 230
    Act9-5　调用存储过程实现商品类别录入 …………………………………… 230
    Act9-6　使用 GridView 控件实现商品信息管理 ……………………………… 230
    Act9-7　使用 Repeater 控件实现商品信息管理 ……………………………… 231
    Act9-8　开发基于三层架构的 ASP.NET 应用程序,实现商品信息管理 …… 231
9.5　课外实践 …………………………………………………………………… 232
9.6　单元小结 …………………………………………………………………… 233
9.7　单元知识点测试 …………………………………………………………… 233
9.8　单元实训 …………………………………………………………………… 234

单元 10　ASP.NET MVC 编程　245

10.1　引例描述 ………………………………………………………………… 245
10.2　知识准备 ………………………………………………………………… 246
    10.2.1　ASP.NET 中的 MVC …………………………………………… 246
    10.2.2　MVC 中的模型、视图和控制器 ………………………………… 247
    10.2.3　URLRouting 路由机制 …………………………………………… 248
    10.2.4　MVC 框架的请求过程 …………………………………………… 249
    10.2.5　创建自定义 MVC 路由配置规则 ………………………………… 249
    10.2.6　Razor 视图引擎的语法定义 ……………………………………… 250
    10.2.7　LINQ 查询基础 …………………………………………………… 252
10.3　任务实施 ………………………………………………………………… 254
    Demo10-1　创建 ASP.NET MVC 项目 ………………………………… 254
    Demo10-2　实现一个简单的 ASP.NET MVC 网页 …………………… 259
    Demo10-3　在 ASP.NET MVC 中实现 SQL Server 数据的列表显示 … 262
    Demo10-4　在 ASP.NET MVC 中实现 SQL Server 数据的添加 ……… 264
    Demo10-5　在 ASP.NET MVC 中实现 SQL Server 数据的更新 ……… 268
10.4　案例实践 ………………………………………………………………… 270
    Act10-1　实现学生信息列表显示功能 ………………………………… 270
    Act10-2　实现学生信息添加功能 ……………………………………… 272
    Act10-3　实现学生信息更新功能 ……………………………………… 273
10.5　课外实践 ………………………………………………………………… 274
10.6　单元小结 ………………………………………………………………… 275
10.7　单元知识点测试 ………………………………………………………… 275
10.8　单元实训 ………………………………………………………………… 277

单元 11　项目开发实战:"企业业务管理系统"设计与实现　282

11.1　引例描述 ………………………………………………………………… 282
11.2　项目的功能需求 ………………………………………………………… 283
11.3　数据库设计 ……………………………………………………………… 284
11.4　项目的实现 ……………………………………………………………… 287
11.5　单元小结 ………………………………………………………………… 299

参考文献 ………………………………………………………………………… 300
附　录 …………………………………………………………………………… 301

本书微课视频列表

教学讲解视频

序号	微课名称	页码	序号	微课名称	页码
1	引例描述	1	31	Server 对象	132
2	知识准备	2	32	Application 对象	136
3	引例描述	15	33	Session 对象	137
4	HTML 基本知识	16	34	引例描述	145
5	JavaScript 基本知识	18	35	主题和皮肤	147
6	CSS 基本知识	18	36	用户控件	148
7	HTML-CSS3-Bootstrap 简介	19	37	母版页	149
8	引例描述	29	38	引例描述	165
9	常量和变量	31	39	数据源控件	167
10	数据类型	32	40	数据绑定控件	167
11	运算符及优先级	33	41	引例描述	187
12	控制语句	33	42	ADO.NET 概述	189
13	类与命名空间	35	43	SqlConnection 对象	189
14	异常处理	36	44	DataSet 对象	191
15	常用类和常用属性、方法	37	45	SqlDataAdapter 对象	192
16	引例描述	50	46	SqlCommand 对象	192
17	ASP.NET 服务器控件	51	47	SqlDataReader 对象	193
18	基本 Web 服务器控件	51	48	SqlParameter 对象	194
19	选择与列表控件-1	58	49	使用存储过程	195
20	选择与列表控件-2	58	50	GridView 控件高级应用	196
21	选择与列表控件-3	58	51	Repeater 控件	198
22	文件上传控件	71	52	基于三层架构的项目开发技术	198
23	表控件	74	53	引例描述	245
24	容器控件	77	54	ASP.NET 中的 MVC	246
25	引例描述	92	55	MVC 中的模型、视图和控制器	247
26	验证控件的概述	92	56	URLRouting 路由机制	248
27	验证控件的属性、方法及使用	93	57	MVC 框架的请求过程	249
28	引例描述	121	58	创建自定义 MVC 路由配置规则	249
29	Response 对象	128	59	Razor 视图引擎的语法定义	250
30	Request 对象	130	60	LINQ 查询基础	252

操作视频

序号	微课名称	页码	序号	微课名称	页码
1	IIS 的安装与配置	7	29	4-判断性别	45
2	IIS 注册.NET 框架	7	30	5-调试运行及 BUG	45
3	1-Hello 新建项目、窗体	7	31	显示标签文本和图片	53
4	2-添加控件、编写代码、调试运行	7	32	1-页面设计	54
5	3-发布网站	7	33	2-按钮事件代码的编写	55
6	显示当前的日期和时间	10	34	按钮控件演示	56
7	简单 HTML 页面	19	35	RadioButton 单选按钮控件演示	58
8	网页中使用 JS 实现数的阶乘	20	36	RadioButtonList 按钮控件演示	61
9	新用户注册应用实例-1	21	37	CheckBox 多选按钮控件演示	64
10	新用户注册应用实例-2(0-讲解)	21	38	CheckBoxList 控件演示	66
11	新用户注册应用实例-2（1-表单验证 JS 脚本编写）	22	39	1-页面设计	68
			40	2-按钮事件设计	68
12	新用户注册应用实例-2（2-表单 form 的属性设置）	22	41	3-按钮事件代码编写	69
			42	DropDownList 控件演示	70
13	新用户注册应用实例-2（3-总结与调试）	22	43	1-文件上传功能分析	71
			44	2-文件上传界面设计	72
14	新用户注册应用实例-3(CSS)	23	45	3-代码编写"1-框架及判断是否有文件"	72
15	新用户注册应用实例-3（CSS 补充拓展）	23	46	3-代码编写"2-判断上传的是否为图片文件"	72
16	Bootstrap 应用实例	24	47	3-代码编写"3-图片上传操作"	72
17	for 循环	38	48	4-调试运行	72
18	foreach 循环	39	49	5-拓展-"以日期为文件命名"讲解	73
19	0-不使用类的方法	40	50	5-拓展-"以日期为文件命名"文件日期命名	73
20	1-编写 Student 类,定义属性字段、字段封装	40	51	5-拓展-"以日期为文件命名"显示上传图片	73
21	2-编写 Student 类,编写重载方法	41	52	使用 RequiredFieldValidator 控件实现非空验证	99
22	3-调用 Student 类	41			
23	4-在类中新增属性的处理方法	41	53	使用 CompareValidator 控件实现比较验证	101
24	1-页面设计、属性设置	42			
25	2-代码编写	43			
26	1-页面设计	44	54	使用 RangeValidator 控件实现范围验证	103
27	2-获取身份证字符信息	44			
28	3-判断合法数字,确定出生日期	45			

操作视频(续)

序号	微课名称	页码	序号	微课名称	页码
55	使用 RegularExpressionValidator 控件实现正则表达式验证	105	80	使用 GridView 控件实现联系人信息管理	171
56	CustomValidator-1	108	81	使用 DetailsView 控件实现联系人分组信息管理	173
57	CustomValidator-2	111			
58	使用 ValidationSummary 控件实现验证汇总	113	82	使用 FormView 控件实现联系人分组信息管理	175
59	Response.Redirect-1（使用 Redirect 方法跳转）	128	83	使用 GridView 及 DetailsView 控件显示联系人分组及联系人信息	177
60	Response 应用实例 1	128	84	连接 SQL Server Products 数据库	199
61	Response.Redirect-2（使用 JS 方法跳转）	129	85	使用 DataSet 及 GridView 控件显示联系人分组信息	200
62	Response 应用实例 2	129	86	使用 SqlDataReader 及 GridView 控件显示联系人分组信息	202
63	Request.Browser	130			
64	Request.Form	131	87	使用参数化 SQL 语句实现联系人分组录入	203
65	Request.QueryString 实例操作	132			
66	Request.QueryString 特殊符号 & 的问题	132	88	调用存储过程实现联系人分组录入	204
			89	1-数据绑定及分页	205
67	结合 Demo6-3-2 实现地址栏参数值的编码和解码(UrlEncode 和 UrlDecode)	132	90	2-删除记录的三种操作	213
			91	3-添加记录的操作	214
68	使用 Server 对象进行 HTML 编码和解码	133	92	4-更新记录的操作	215
			93	1-界面设计和数据绑定字段设置	217
69	使用 Server 对象的 UrlEncode 和 UrlDecode 实现地址栏参数值的编码和解码	134	94	2-数据绑定事件及分页功能的代码编写	219
70	Server.MapPath 实例操作	135	95	3-删除操作的代码编写	219
71	Session 对象的属性与 Abandon 方法	138	96	开发基于三层架构的 ASP.NET 应用程序，实现联系人信息管理	220
72	使用 Session 对象实现购物车功能	139			
73	1-任务思路讲解	151	97	创建 ASP.NET MVC 项目	254
74	2-添加主题、设计皮肤	152	98	实现一个简单的 ASP.NET MVC 网页	259
75	3-代码编写、实现主题轮换	153	99	在 ASP.NET MVC 中实现 SQL Server 数据的列表显示	262
76	1-主要步骤分析	154			
77	2-主要操作步骤	154	100	在 ASP.NET MVC 中实现 SQL Server 数据的添加	264
78	使用母版页实现网站风格统一	155			
79	使用 GridView 控件显示联系人信息	167	101	在 ASP.NET MVC 中实现 SQL Server 数据的更新	268

单元 1　ASP.NET 开发基础

学习目标

知识目标：
(1) 熟悉 .NET 框架的体系结构。
(2) 熟悉 ASP.NET 的技术特点。
(3) 掌握 ASP.NET 网页的语法结构。
(4) 掌握 ASP.NET 网站的开发流程和注意事项。

技能目标：
(1) 能够安装并配置 Visual Studio 2017 开发环境。
(2) 能够安装并配置 SQL Server 2012 Express 数据库。
(3) 能够安装并配置 IIS(Internet Information Services)。
(4) 能够使用 Visual Studio 2017 完成 ASP.NET 网站的开发与发布。

重点词汇

(1) .NET Framework：_____
(2) CLR：_____
(3) ASP.NET：_____
(4) IIS：_____
(5) SSMS：_____
(6) AutoEventWireup：_____
(7) CodeFile：_____
(8) Inherits：_____

1.1　引例描述

.NET Framework 是微软公司推出的一整套开发架构，主要由 C# 语言及各种组件框架构成。ASP.NET（Active Server Pages.NET）是.NET 中用于生成 Web 应用程序和 Web 服务的技术。它不是一种语言，而是一种创建动态 Web 页面的强大的服务器端技术，利用公共语言运行库（Common Language Runtime，CLR）在服务器后端为用户提供建立强大企业级 Web 应用服务的编程框架。

本单元将为学习者讲解.NET 框架的发展历史、ASP.NET 的运行机制、ASP.NET 网页的语法结构与网站开发流程；并通过 Demo 演示和 Activity 实践，掌握 Visual Studio 2017 开发环境的安装与使用、SQL Server 2012 Express 数据库环境的安装与配置，掌握 ASP.NET 开发 Web 应用程序的基本方法和流程。

本单元的学习导图，如图 1-1 所示。

图 1-1 本单元的学习导图

1.2 知识准备

1.2.1 .NET 开发平台与 ASP.NET 简介

.NET Framework 又称.NET 框架，是一个多语言组件的开发和执行环境，它提供了一个跨语言的统一编程环境。.NET 框架的作用是使开发人员更容易地建立 Web 应用程序和 Web 服务，使得 Internet 上的各应用程序之间可以使用 Web 服务进行沟通。从层次结构来看，.NET 框架包括三个主要组成部分：公共语言运行库、服务框架（Services Framework）和上层的两类应用程序模板——传统的 Windows 应用程序模板（WinForms）和基于 ASP.NET 的面向 Web 的网络应用程序模板（Web Forms 和 Web Services）。

.NET Framework 发展至今，已经发布了多个版本，各版本汇总见表 1-1。

表 1-1　　　　　　　　　　.NET Framework 各版本汇总

版本	发行日期	Visual Studio	Windows 默认安装
1.0	2002-02-13	Visual Studio.NET 2002	Windows XP Media Center Edition
			Windows XP Tablet PC Edition
1.1	2003-04-24	Visual Studio.NET 2003	Windows Server 2003
2.0	2005-11-07	Visual Studio 2005	—
3.0	2006-11-06	—	Windows Vista
			Windows Server 2008
3.5	2007-11-19	Visual Studio 2008	Windows 7
			Windows Server 2008 R2
4.0	2010-04-12	Visual Studio 2010	—
4.5	2012-08-15	Visual Studio 2012 RC	Windows 8
			Windows Server 2012
4.6	2015-07-20	Visual Studio 2015	Windows 10
4.7	2017-04-05	Visual Studio 2017	—
4.8	2019-04-18	Visual Studio 2019	

.NET Framework 4.8 是主流系统组件,增加了对 Windows 10 系统的支持,解决了死锁和静态条件问题,提高了用户界面可访问性,但仅适用于 64 位系统。

温馨提示

查看本机.NET Framework 的版本信息。常见的两种方法如下:

(1)在 Windows 7 中打开"计算机",在地址栏输入"％systemroot％\Microsoft.NET\Framework";从列出来的文件夹中,可以看到以版本号为目录名的几个目录,而这些目录显示的最高版本号即本机.NET Framework 版本号。

(2)在 IE 浏览器地址栏中输入"javascript:alert(navigator.userAgent);",.NET CLR 后面显示的最高版本号即本机.NET Framework 版本号。

1.2.2　ASP.NET 的运行机制

ASP.NET 页面在服务器上运行,并生成发送到桌面或浏览器的标记(比如 HTML、XML 和 WML)。可以使用任何.NET 兼容语言(比如 Visual Basic.NET、C♯)编写 Web 服务文件中的服务器端(而不是客户端)程序。ASP.NET 页面使用一种由事件驱动的、已编译的编程模型,这种模型可以提高性能并支持将用户界面层同应用程序逻辑层相隔离。

ASP.NET 页面分为前台页面文件.aspx 和后台代码文件.cs,当用户第一次请求该页面时,ASP.NET 引擎会将前台页面文件.aspx 和后台代码文件.cs 合并成一个页面类,然后再由编译器将该页面类编译为程序集,再由程序集将生成的静态 HTML 页面返回给客户端浏览器解析运行。当用户第二次请求该页面时,直接调用编译好的程序集即可,从而大大提高打开页面的速度。正因为如此,我们才会发现当用户第一次打开该页面时速度会很慢,但是以后再打开该页面时速度会很快。其运行机制如图 1-2 所示。

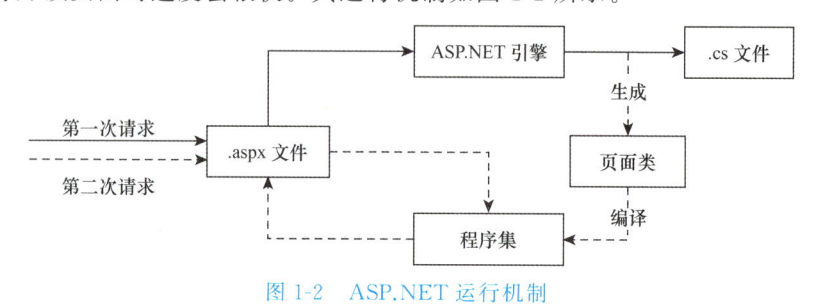

图 1-2 ASP.NET 运行机制

温馨提示

ASP.NET 引擎仅处理具有.aspx 文件扩展名的文件,具有.asp 文件扩展名的文件继续由 ASP 引擎来处理。会话状态和应用程序状态并不在 ASP 和 ASP.NET 页面之间共享。

1.2.3 ASP.NET 网页的语法结构

在进行 ASP.NET 网站开发之前,必须先了解 ASP.NET 网页的语法结构。

1.ASP.NET 网页扩展名

ASP.NET 网站应用程序中可以包含很多种文件类型,见表 1-2。

表 1-2 ASP.NET 网站应用程序中的文件类型及其扩展名

文件类型	扩展名	文件类型	扩展名
Web 窗体	.aspx	全局应用程序类	.asax
Web 用户控件	.ascx	Web 配置文件	.config
HTML 页面	.htm	网站地图	.sitemap
母版页	.master	XML 页面	.xml
Web 服务	.asmx	外观文件和样式表	.skin 和.css

2.常用页面命令

在 Web 窗体的 HTML 代码窗口中,代码的前几行包含"＜％@...％＞"这样的语句,这些语句称为页面指令。页面指令用来定义 ASP.NET 网页分析器和编译器使用的特定于该页的一些变量。

在.aspx 文件中常用的页面指令通常有以下几种:

(1)＜％@Page％＞指令

该指令用于指定页面中代码的服务器编程语言,页面可以将服务器代码直接包含在其中(单文件页面),也可以将服务器代码包含在单独的类文件中(代码隐藏页面)。该指令的语法结构如下所示:

＜％@Page attribute="value" [attribute="value"] ％＞

在语法结构中,attribute 为@Page 指令的属性,如以下语句:

＜％@Page Language="C♯" AutoEventWireup="true" CodeFile="Default.aspx.cs" Inherits="_Default" ％＞

其中:Language 声明进行编译时使用的语言,此处为 C♯。AutoEventWireup 指示网页的时间是否自动绑定,默认值为 true。CodeFile 指定指向网页引用的代码隐藏文件的路径。Inherits 定义供网页继承的代码隐藏类,它与 CodeFile 属性一起使用。除了以上几个属性外,还有 CodePage、EnableViewState、MasterPageFile、Theme 等属性。

(2) <%@Import%> 指令

该指令用于将命名空间显式导入 ASP.NET 应用程序文件中,并且导入该命令空间的所有类和接口。该指令的语法结构如下所示:

<%@Import namespace="value"%>

@Import 指令不能有多个 namespace 属性,若要导入多个命名空间,则需要使用多条 @Import 指令来实现。

(3) <%@Control%> 指令

该指令与 @Page 指令基本相似,在 .aspx 文件中包含了 @Page 指令,而在 .ascx 文件中则不包含 @Page 指令,它包含 @Control 指令。该指令只能用于 Web 用户控件(.ascx)。该指令的语法结构如下所示:

<%@Control attribute="value" [attribute="value"] %>

(4) <%@Master%> 指令

该指令只能在母版页(.master 文件)中使用,用于标识 ASP.NET 母版页。每个 .master 文件只能包含一条 @Master 指令。该指令的语法结构如下所示:

<%@Master attribute="value" [attribute="value"] %>

(5) <%@MasterType%> 指令

该指令为 ASP.NET 网页的 Master 属性分配类名,使得该页可以获取对母版页成员的强类型引用。该指令的语法结构如下所示:

<%@MasterType attribute="value" [attribute="value"] %>

需要注意的是:如果未定义 VirtualPath 属性,此类型就必须存在于当前链接的某个程序集(如 App_Bin 或 App_Code)中。而且 TypeName 属性和 VirtualPath 属性不能同时存在于 @MasterType 指令中,否则指令失败。

3.注释 .aspx 文件内容

服务器端注释指的是允许开发人员在 ASP.NET 应用程序文件(HTML 代码窗口)的任何部分(除了 <script> 代码块内部)嵌入代码注释。服务器端注释元素的开始标记和结束标记之间的任何内容,不管是 ASP.NET 代码还是文本,都不会在服务器上进行处理或呈现在结果页上。注释代码使用"<%--"和"--%>"符号来实现,如下所示:

<%--<asp:Button ID="Button1" runat="server" Text="Button" />--%>

1.3 任务实施

Demo1-1 Visual Studio 2017 的安装与使用

1.Visual Studio 2017 安装包下载

(1) Visual Studio 2017(简称 VS 2017)社区版(Community)下载地址:微软中国官方网站。

(2)进入官网后,在"所有 Microsoft"下拉列表中选择"Visual Studio",出现 Visual Studio 开发工具的下载界面。

(3)如果想下载以前的版本,单击页面导航菜单中的"下载"菜单项,在新的下载页面底部单击"更早的下载项",即可下载早期版本。

下载的文件,其大小在 1 MB 左右,只是 VS 2017 社区版简体中文版的一个安装引导程序。启动后勾选需要组建的内容即可进行在线下载安装。

2.Visual Studio 2017 的安装

(1)安装.NET Framework

下载 VS 2017 的安装引导程序后,双击使程序运行,会出现 Visual Studio 提示框。如不出现提示框,可直接省略此环节。

在安装 VS 2017 之前,需要先自行安装版本较高的.Net Framework。建议直接下载.Net Framework 4.6 安装包进行安装。

(2)开始安装 VS 2017

详细安装步骤,请参考"指导手册"。

3.Visual Studio 2017 的启动

(1)启动 VS 2017,提示登录信息,选择直接跳过,来到开发环境选择界面,如图 1-3 所示,选择自己喜欢的样式。

(2)第一次启动会耗时大概 10 秒,然后进入起始页,如图 1-4 所示。

图 1-3　选择 VS 2017 开发环境　　　　图 1-4　VS 2017 起始页

至此 VS 2017 社区版就安装完成了。

Demo1-2　SQL Server 2012 Express 的安装与配置

1.SQL Server 2012 Express 核心组件安装

微软公司在其官方网站上提供了各种版本的 SQL Server 软件,本书选择安装的是 SQL Server 2012 Express 版本。

SQL Server 2012 Express 核心组件的安装文件分为两种,分别对应 64 位和 32 位操作系统。64 位操作系统:SQLEXPR_x64_CHS.exe;32 位操作系统:SQLEXPR_x86_CHS.exe。具体安装步骤请参考"指导手册"。

2.SSMS 安装

安装好 SQL Server 2012 Express 核心组件之后,还需要安装 SSMS(SQL Server

Management Studio),它用来管理 SQL Server 的图形化界面。安装文件:64 位操作系统选择 SQLManagementStudio_x64_CHS.exe;32 位操作系统选择 SQLManagementStudio_x86_CHS.exe。

详细安装步骤请参考"指导手册"。

安装完以后,可以用 SSMS 来登录和使用 SQL Server 2012 Express。单击菜单项:开始→所有程序→Microsoft SQL Server 2012→ SQL Server Management Studio,运行后如图 1-5 所示。

图 1-5 连接 SQLEXPRESS 服务器

温馨提示

安装好 SQL Server 2012 Express 的核心组件之后,还需要安装 SQL Server Management Studio,用于管理 SQL Server 服务器实例。

Demo1-3 Internet 信息服务(IIS)的安装与配置

ASP.NET 开发的 Web 应用程序可以在 Visual Studio 中进行调试运行,如果需要发布到 Web 服务器运行,则需要安装 Internet 信息服务(Internet Information Services,IIS)。

在大部分 Windows 操作系统中,IIS 是需要在 Windows 组件中单独安装的。本书以 Windows 7 为例,说明 IIS 的安装步骤。

详细安装步骤请参考"指导手册"。

Demo1-4 显示问候信息

开发 ASP.NET 网站主要包括创建网站、设计网站页面、添加网页程序代码、运行网站应用程序、发布网站和配置 IIS 虚拟站点等步骤。

以下将通过制作一个简单的 ASP.NET 网站,来讲解 ASP.NET 网站的基本开发流程。

➢ **DEMO**(项目名称:**DemoHelloXYY**)

制作 ASP.NET 动态网页,在 ASP.NET 网页中放置一个按钮,单击按钮弹出消息框 "Hello World!",显示效果如图 1-6 所示。

图 1-6　显示问候语的动态页面效果

主要步骤

1.准备工作

(1)所有程序统一放在一个目录下,如:Code_XYY。其中:XYY 的 X 为班号,YY 为学号后 2 位。

(2)每个单元的项目/网站都放在一个解决方案中,解决方案所在的目录均为统一格式:UnitXYY-NN。其中:XYY-NN 的 X 为班号,YY 为学号后 2 位,NN 为单元编号。如:1 班的 1 号同学,其第 1 单元解决方案目录为:Code_101\Unit101-01。

2.新建解决方案:UnitXYY-01

启动"Visual Studio 2017",单击"文件"→"新建项目"菜单项,弹出对话框如图 1-7 所示。在对话框的左侧模板列表内选择"其他项目类型"→"Visual Studio 解决方案",在解决方案的"名称"处输入"UnitXYY-01","位置"选择"E:\Code_XYY\"。然后单击"确定"按钮开始建立网站。

3.新建项目:DemoHelloXYY

(1)新建项目

在 VS 2017 解决方案中,右击解决方案"UnitXYY-01",单击"添加"→"新建项目"菜单项,弹出对话框如图 1-8 所示。在对话框的左侧模板列表内选择"Visual C#"→"Web",然后在中间列表选择"ASP.NET Web 应用程序(.NET Framework)"。项目名称为"DemoHelloXYY",位置为:"E:\Code_XYY\UnitXYY-01"。选择".NET Framework 4.5"框架,然后单击"确定"按钮。在弹出的"新建 ASP.NET Web 应用程序"对话框中,选择"空",单击"确定"按钮完成空项目的建立。

图1-7　新建解决方案 UnitXYY-01 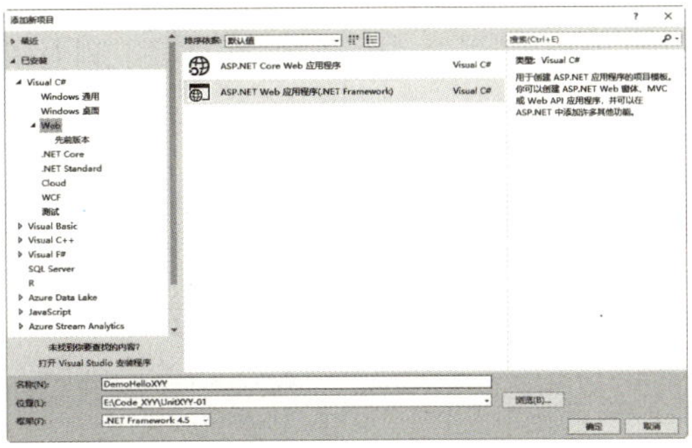　　　　　图1-8　新建项目 DemoHelloXYY

（2）添加窗体

右击项目名称，单击"添加"→"Web 窗体"菜单项，新建一个"Default.aspx"Web 窗体，如图 1-9 所示。

（3）添加控件，编写代码

单击位于 Default.aspx 窗体左下角的"设计"按钮 ，切换到"设计视图"。然后从"标准"工具箱中拖曳一个按钮到窗体中，并将该按钮的 Text 属性设置为"SayHelloXYY"，如图 1-10 所示。双击该按钮，即可进入代码页"Default.aspx.cs"。

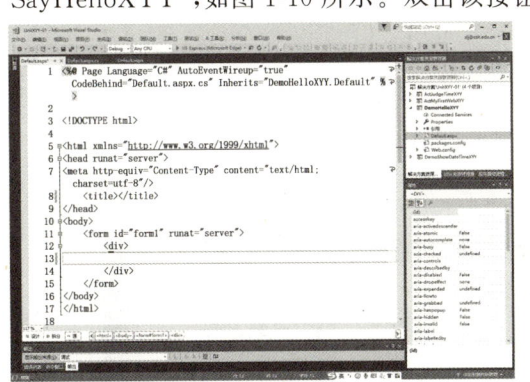

图1-9　新建 Web 窗体：Default.aspx 　　　　　图1-10　添加按钮并设置 Text 属性

按钮事件的代码如下：

```
protected void Button1_Click(object sender, EventArgs e)
{
    //使用 Page.RegisterStartupScript 方法，在页响应中发出客户端脚本块
    Page.RegisterStartupScript("Hello", "<script>alert('Hello World!')</script>");
}
```

（4）运行调试

单击"调试"→"开始执行（不调试）"菜单项或按"Ctrl+F5"快捷键启动应用程序。将直接通过浏览器打开该网站，并浏览当前页面"Default.aspx"，单击页面中的"SayHelloXYY"按钮，弹出消息框"Hello World!"，如图 1-6 所示。

> **温馨提示**
>
> 除了使用 Page.RegisterStartupScript 方法输出客户端信息外，还可直接使用如下代码实现弹窗提示。
>
> Response.Write("<script>alert('Hello World!')</script>");

9

Demo1-5　显示当前的日期和时间

参照任务 Demo1-4 完成任务 Demo1-5。

➤ **DEMO（项目名称：DemoShowTimeXYY）**

新建一个 ASP.NET 项目，添加一个 ASP.NET 网页，实现显示当前的日期和时间，显示效果如图 1-11 所示。

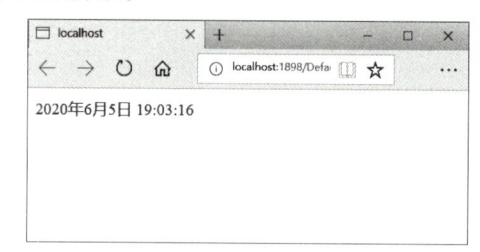

图 1-11　显示当前日期和时间的动态页面效果

主要步骤

1. 新建项目：DemoShowTimeXYY

用同样的方法，新建 ASP.NET 项目，项目名称为"DemoShowTimeXYY"，位置为"E:\Code_XYY\UnitXYY-01"。然后在新建的空项目中，添加 Web 窗体 Default.aspx，并在窗体中添加 Label 标签，将该 Label 标签的 Text 属性设置为空。如图 1-12 所示。

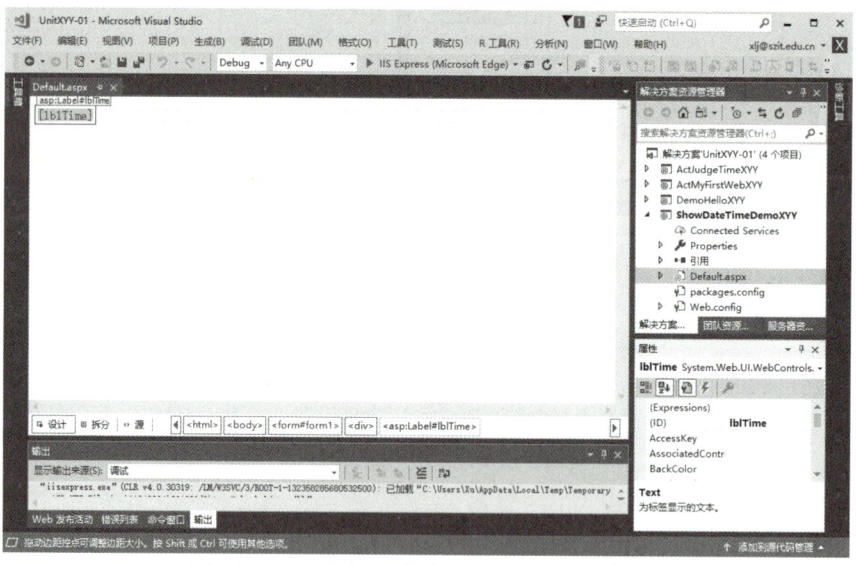

图 1-12　显示当前日期和时间的网页设计视图

2. 编写代码

单击页面空白处，进入代码页"Default.aspx.cs"，在"protected void Page_Load(object sender, EventArgs e)"下面的一对花括号{}之间填入如下代码：

string strDateTime = "";

strDateTime = System.DateTime.Now.ToString("F");

Label1.Text = strDateTime;

3.运行调试

单击"调试"→"开始执行(不调试)"菜单项或按"Ctrl+F5"快捷键启动应用程序。将直接通过浏览器打开该网站,并浏览当前页面"Default.aspx",显示效果如图 1-11 所示。

> **温馨提示**
>
> 在本案例使用的日期处理函数 System.DateTime.Now.ToString("F")中,还可以根据实际输出格式的要求,将字符 F 更换为:D、d、F、f、G、g、T、t、U、u、M、m、R、r、Y、y、O、o、S、s 或者组合如"yyyy-MM-dd HH:mm:ss:ffff"、"yyyy 年 MM 月 dd 日 HH 时 mm 分 ss 秒"等格式。

1.4 案例实践

在学习了前面的 2 个 Demo 任务之后,完成以下 2 个 Activity 案例的操作实践。

Act1-1 显示个人信息

新建项目,在窗体中显示个人信息。

▶ **ACTIVITY(项目名称:ActMyFirstWebXYY)**

新建 ASP.NET 空项目,并新建 Web 窗体 Default.aspx,在窗体中插入 1 个 Button 按钮、1 个 TextBox 文本框和 1 个 Label 标签。

在 TextBox 文本框中输入个人的姓名或称谓,单击 Button 按钮后,在 Label 标签中显示"您好,某某某。这是我的第一个 ASP.NET 网站!"。如图 1-13 所示。

图 1-13 我的第一个 ASP.NET 网站

Act1-2 显示不同时间段的问候语

新建项目,在窗体中实现不同时间段显示不同问候语。

▶ **ACTIVITY(项目名称:ActJudgeTimeXYY)**

新建 ASP.NET 空项目,并新建 Web 窗体 Default.aspx,在窗体中插入 1 个 Button 按钮和 1 个 Label 标签。

单击 Button 按钮后,Label 标签可以根据客户端浏览器访问 Web 服务器的时间,自动显示不同的问候语。0 点和 6 点之间,显示"凌晨好";6 点和 12 点之间,显示"上午好";12 点和 18 点之间,显示"下午好";18 点和 24 点之间,显示"晚上好"。如图 1-14 所示。

图 1-14　不同时间段的问候语

将该网站发布，并在 IIS 中创建虚拟网站，在本机浏览结果。在同一个局域网中，使用另外一台计算机访问服务器(本机)的虚拟网站(访问方法为"http：//服务器 IP：端口号/路径")，查看显示结果。

1.5　课外实践

在学习了前面的 Demo 任务和 Activity 案例实践之后，利用课外时间，完成以下 2 个 Home Activity 案例的操作实践。

HomeAct1-1　为自己的计算机安装 ASP.NET 并配置开发和运行环境

1.在自己的计算机上安装 Visual Studio 2017(中文版)，设置开发环境；

2.在自己的计算机上安装 SQL Server 2012 Express。

3.在自己的计算机上安装 IIS 并配置 IIS 站点。

HomeAct1-2　新建带项目模板的 ASP.NET Web 应用程序

项目名称：HomeActASPNETWebSiteXYY。

1.操作步骤：新建项目→ASP.NET Web 应用程序→选择"Web 窗体"。

要求：与之前新建 ASP.NET Web 应用程序的空项目不同，本次操作要求在 VS 2017 中新建一个 ASP.NET Web 窗体，如图 1-15 所示。

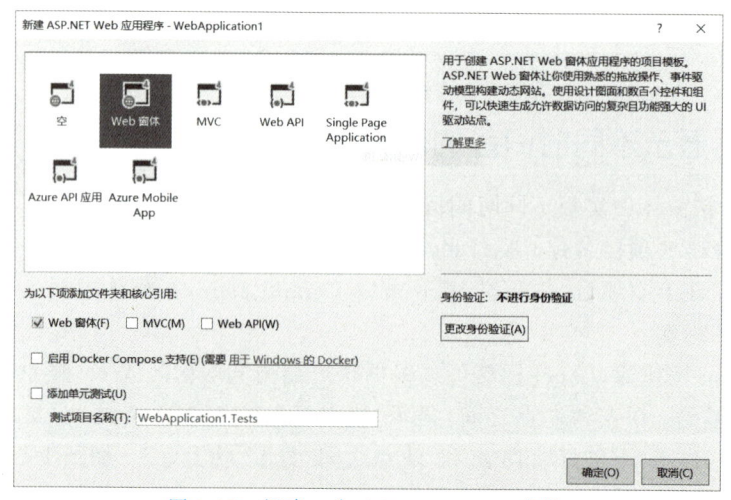

图 1-15　新建一个 ASP.NET Web 窗体

2.体会带有项目模板的 ASP.NET Web 应用程序与空项目的 ASP.NET Web 应用程序的区别,并完成如下操作:

(1)在 About.aspx 中,分别添加个人的班级、学号和姓名等信息。

(2)在 Contact.aspx 中,添加个人的联系方式。

(3)调试并运行该网站,浏览结果。

1.6 单元小结

本单元使学生了解了 ASP.NET 开发的基础知识,并通过 5 个任务(Demo)的学习,完成了 2 个课内案例实践(Activity)和 2 个课外案例实践(Home Activity),做好了综合项目的开发准备。

主要学习了如下内容:

(1).NET 框架的基本概念和发展历史。

(2)ASP.NET 运行机制及开发环境的要求。

(3)Internet 信息服务(IIS)的安装与配置。

(4)Visual Studio 2017 开发环境的安装与使用。

(5)SQL Server 2012 Express 的安装与配置。

(6)ASP.NET 网站的开发流程。

(7)ASP.NET 网站开发的技巧与方法。

1.7 单元知识点测试

1.填空题

(1).NET 框架是一种采用系统虚拟机运行的编程平台,它由_____、_____、_____和_____四部分组成。

(2)通过计算机上的文件夹_____,可以查看本机是否已经安装了.NET 框架。

(3)ASP.NET 页面文件分为前台页面文件_____和后台代码文件_____。

(4)在命令行模式下重新注册.NET Framework 的命令行是:_____。

(5)在 Visual Studio 集成开发环境中,启动调试的快捷键是:_____。

2.选择题

(1)静态网页文件的扩展名是(   )。

    A..asp   B..aspx   C..htm   D..jsp

(2)在 ASP.NET 中源程序代码先被生成中间代码(IL 或 MSIL),待执行时再转换为 CPU 所能识别的机器代码,是(   )的需要。

    A.提高效率   B.保证安全

    C.程序跨平台   D.易识别

(3)假设 txtName 是控件 TextBox 的 ID,那么(   )是用户输入的内容。

    A.txtName.Value   B.txtName.Name

    C.txtName.Text   D.txtName.ID

(4)App_Data 目录用来放置(　　)
A.专用数据文件　　　　　　　　B.共享文件
C.被保护的文件　　　　　　　　D.代码文件
(5)IIS 默认网站使用的端口号是(　　)
A.21　　　　　B.23　　　　　C.80　　　　　D.110
(6)ASP.NET 网站的 Web 配置文件是(　　)
A.App.config　　B.Web.config　　C.App.xml　　D.Web.xml

3.判断题

(1)和 ASP 一样,ASP.NET 也是一种基于面向对象的系统。　　　　　(　　)
(2)在 ASP.NET 中能够运行的程序语言只有 C♯和 VB.NET 两种。　　(　　)
(3)ASP.NET 编译后将.cs 代码文件编译成 dll 文件存放在 bin 目录下。　(　　)

1.8　单元实训

Project0：综合项目实训准备

在本课程的学习过程中,学习者将结合每个单元的学习内容,掌握相应的操作,在每个单元实训中循序渐进地完成综合项目的各个环节和模块。

本单元实训需要完成综合项目实训的准备工作。

1.完成开发环境的准备

(1)完成 Visual Studio 2013/2017 或以上版本的安装与配置;
(2)完成 SQL Server 2012 Express 或其他版本的安装与配置;
(3)完成 IIS 的安装。

2.完成综合项目的新建任务

新建项目的具体要求如下：

(1)项目名称：EntWebSiteActXYY。

(2)项目文件位置：本课程所有程序统一放在一个目录下,如 E:\Code_XYY,其中 XYY 的 X 为班号,YY 为学号后 2 位。本综合实训所在目录为 E:\Code_XYY\EntWebSiteActXYY。

(3)新建项目为"ASP.NET Web 应用程序"的空项目。

(4)在项目中新建 Web 窗体 Index.aspx,并调试运行。

(5)调试运行成功之后,在 IIS 中添加一个新网站,网站信息如下：

①网站名称为 EntWebSiteActXYY。

②网站物理路径为 E:\Code_XYY\EntWebSiteActXYY。

③端口：8XYY。

④在网站的默认文档中,新添加"Index.aspx"。

⑤在"应用程序池"中,确认该网站的".NET CLR 版本"为 v4.0。

(6)完成以上操作之后,在 IIS 中调试运行。

单元 2　网页布局和设计

学习目标

知识目标：
(1) 熟悉 HTML 语法。
(2) 熟悉 JavaScript 的基本语法。
(3) 熟悉 CSS 的使用。
(4) 熟悉 HTML5、CSS3 及 Bootstrap 的使用。

技能目标：
(1) 能够掌握 HTML 文件结构。
(2) 能够使用表格设计标记进行页面表格设计。
(3) 能够使用表单设计标记进行页面表单设计。
(4) 能够使用 JavaScript 进行脚本编写。
(5) 能够使用 CSS 进行样式设计。
(6) 能够使用 HTML5、CSS3 及 Bootstrap 常用技术进行网页设计。

重点词汇

(1) HTML：_____
(2) Table：_____
(3) Form：_____
(4) CSS：_____
(5) JavaScript：_____
(6) Bootstrap：_____

2.1　引例描述

一个完整的动态网站,除了后端开发技术外,还有一项非常重要的任务是网站前端开发,如果能较好地掌握前端开发技术,会对后端开发起到很好的促进作用。

前端开发是创建 Web 页面或 App 等前端界面并呈现给用户的过程,通过 HTML、CSS、JavaScript 以及衍生出来的各种技术、框架、解决方案,来实现互联网产品的用户界面交互。它从网页制作演变而来,在名称上有很明显的时代特征。在互联网的演化进程中,网页制作是 Web 1.0 时代的产物,早期网站的主要内容是静态的,以图片和文字为主,用户使用网站的行为也以浏览为主。随着互联网技术的发展和 HTML5、CSS3 的应用,现代网页更加美观,交互效果显著,功能更加强大。

本单元将为学习者讲解网站前端开发必须掌握的 HTML 标识符、JavaScript 基本语法、CSS 样式知识,以及常用的 HTML5、CSS3 及 Bootstrap 前端开发框架的使用方法。

本单元的学习导图,如图 2-1 所示。

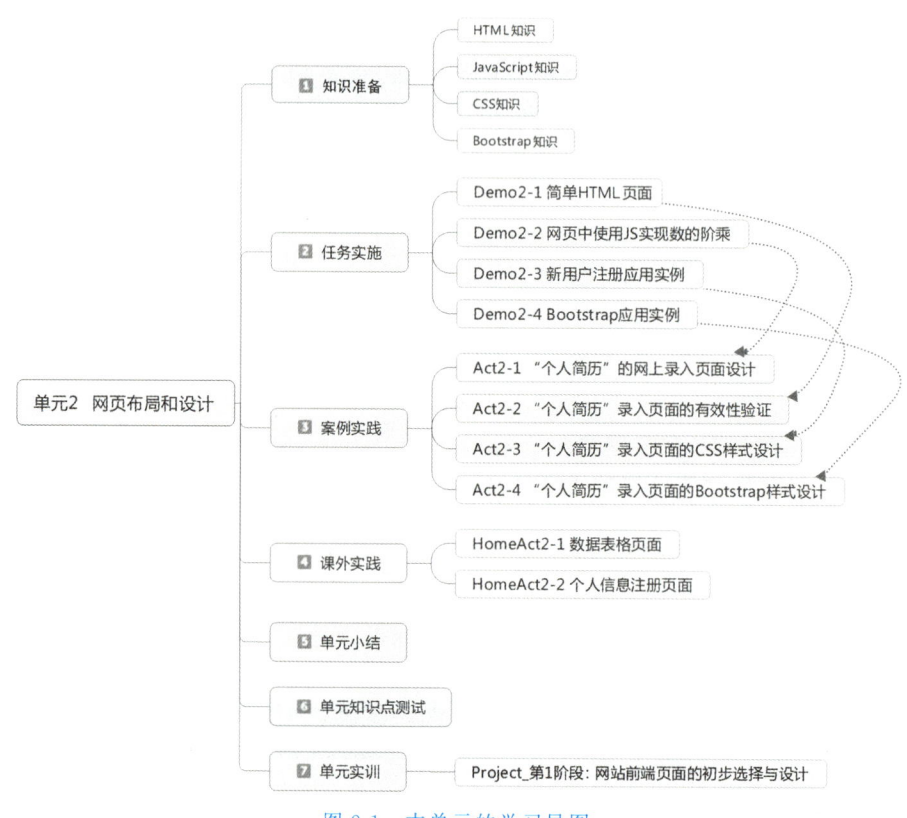

图 2-1 本单元的学习导图

2.2 知识准备

2.2.1 HTML 知识

1.HTML 概述

HTML(HyperText Markup Language,超文本标记语言)是一种文件的编排语言,由蒂姆·伯纳斯·李(Tim Berners-Lee)在 1989 年提出。经过不断升级,目前主要使用 HTML 5

版本,可以说 HTML 历经了一个从萌芽发展、遭受非议到全面革新的过程。

HTML 使用了标记和属性的语法,如下所示:

(1)标记:HTML 标记是一个字符串符号,主要是在文字内容中标示需要使用的编排格式,在标记内的文字使用指定的格式编排。

(2)属性:每一个标记可以拥有一些属性,用来定义文字内容的细部编排。

HTML 的功能比较单一,它的目标是文件,是组成 HTML 文件的元素,包含文字、段落、图片、表格和表单,HTML 标记组合这些元素并编排成一份精美的文件。

HTML 文件统一了 Web 的文件格式,用户只需打开浏览器,就可以将 HTML 标记所建立的文件显示出其编排的效果。

2.HTML 文件的基本结构

HTML 文件是一种使用 HTML 进行内容格式编排的文件,拥有一组预建的标记集,因此在编写 HTML 文件的时候,必须遵循 HTML 的语法规则,只有这样浏览器才能正确地预览文件的内容。实际上整个 HTML 文件就是由元素与标记组成的。

HTML 文件的基本结构如下所示:

```
<! DOCTYPE html>
<html><! -- HTML 文件开始-- >
  <head><! -- HTML 文件的头部开始-- >
    <title></title><! -- HTML 文件的头部内-- >
  </head><! -- HTML 文件的头部结束-- >
  <body><! -- HTML 文件的主体开始-- >
    <! -- HTML 文件的主体内容-- >
  </body><! -- HTML 文件的主体结束-- >
</html><! -- HTML 文件结束-- >
```

可以看出,HTML 文件的结构分为 3 个部分。

首先,DOCTYPE 标签是一种标准通用标记语言的文档类型声明,它的目的是告诉标准通用标记语言解析器它应该使用什么文档类型定义(DTD)来解析文档。声明必须在 HTML 文档的第一行,位于<html> 标记之前。

<html> …… </html>:定义浏览器 HTML 文件的开始和结束,其中包含<head>和<body>标记。

<head>……</head>:HTML 文件的头部标记,主要用来定义文件的标题、文件的网址和文件本身。一般来说,位于头部的内容都不会在网页上直接显示,例如标题是在头部定义的,但是它在网页的标题栏上显示。

<body>……</body>:HTML 文件的主体标记,绝大部分 HTML 内容都放置在这个区域里面。

HTML 文件在浏览器中显示时并不会检查语法,如果有浏览器看不懂的标记,就直接跳过,所以在编写 HTML 文件时需要注意以下事项。

(1)HTML 文件使用"<"和">"符号"夹"着指令,称为标记,大部分标记都是成对使用的,并且结束的标记总是在开始的标记前面加一个"/"(斜杠)。

(2)HTML 标记可以嵌套,例如:

```
<h1><center>我的第一个 HTML 文件</center></h1>
```

(3) HTML 标记不区分大小写,例如:<HEAD><HeAD><head>代表相同的标记。

(4) Enter 键和空格键在 HTML 文件显示时并不起作用。如果需要强制换行,可以使用
标记;HTML 文件中的连续空格在浏览器显示时会自动简化成一个空格,若需要多个空格,则可以使用" "符号代码(注意:分号不能省略)。

(5) HTML 文件的注释以"<!--"开始,以"-->"结束,浏览器将会在显示时忽略注释行,如下所示:

<!--文件说明:第一个 HTML 文件-->

2.2.2 JavaScript 知识

JavaScript 是一种基于对象的脚本语言,使用它可以开发 Internet 客户端的应用程序。JavaScript 是一种嵌入 HTML 文件的脚本语言,它是基于对象和事件驱动的,能对诸如鼠标单击、表单输入、页面浏览等用户事件做出反应并进行处理。

JavaScript 是 Netscape 公司为了扩充 Netscape Navigator 浏览器功能而开发的一种可以嵌入 Web 主页的编程语言。它由 Netscape 公司在 1995 年的 Netscape 2.0 中首次推出,最初被叫作"Mocha",当在网上测试时,又将其改称为"LiveScript",到 1995 年 5 月 Sun 公司正式推出 Java 语言后,Netscape 公司引进 Java 的有关概念,将"LiveScript"更名为"JavaScript"。在随后的几年中,JavaScript 被大多数浏览器所支持。就广泛使用的两种浏览器 Netscape 和 Internet Explorer 来说,Netscape 2.0 及以后的版本、IE 3.0 及以后的版本都支持 JavaScript 脚本语言,所以 JavaScript 具有通用性好的优点。

JavaScript 语言具有如下特点:

(1) JavaScript 是一种脚本语言。JavaScript 的表示符形式上与 C、C++、Pascal 和 Delphi 十分类似。另外,它的命令和函数可以同其他的正文和 HTML 标识符一同放置在用户的 Web 主页中。当用户的浏览器检索主页时,将运行这些程序并执行相应的操作。

(2) JavaScript 是基于对象的语言。相同类型的对象作为一个类(Class)被组合在一起(例如:"公共汽车""小汽车"对象属于"汽车"类)。并且它可以用系统创建的对象,许多功能可以由脚本环境中的对象与脚本的相互作用来完成。

(3) JavaScript 是事件驱动的语言。当在 Web 主页中进行某种操作时,就产生了一个"事件"。事件可以是单击一个按钮、拖动鼠标等。JavaScript 是由事件驱动的,当事件发生时,它可以对事件做出响应,但具体如何响应某个事件取决于事件响应处理程序。

(4) JavaScript 是安全的语言。JavaScript 被设计为通过浏览器来处理并显示信息,它不能修改其他文件中的内容。也就是说,它不能将数据存储在 Web 服务器或用户的计算机上,更不能对用户文件进行修改或删除。

(5) JavaScript 是与平台无关的语言。对于一般的计算机程序而言,它们的运行与平台有关。JavaScript 则不依赖于具体的计算机平台(虽然有一些限制),它只与解析它的浏览器有关。不论使用的是 Macintosh 还是 Windows,抑或是 UNIX 版本的 Netscape Navigator,JavaScript 都可以正常运行。

2.2.3 CSS 知识

CSS 指层叠样式表(Cascading Style Sheets),简称样式表。要理解层叠样式表的概念先要理解样式的概念。样式就是对网页中元素(字体、段落、图像、列表等)属性的整体概括。

1997 年 W3C 组织颁布 HTML 4.0 标准的同时公布了 CSS 的第一个标准 CSS1。由于 CSS 使用简单、灵活，很快得到了很多公司的青睐和支持。接着 1998 年 5 月 W3C 组织又推出了 CSS2,使得 CSS 的影响力不断扩大。2001 年 5 月 W3C 完成了 CSS3 的工作草案。

样式定义如何显示 HTML 元素，样式通常存储在样式表中，把样式添加到 HTML 中，是为了解决内容与表现分离的问题。外部样式表可以极大地提高工作效率。外部样式表通常存储在 CSS 文件中，多个样式定义可层叠为一。CSS 和 HTML 一样，也是一种标识语言，也需要通过浏览器解析执行，可以使用任何文本编辑器来编写，可以直接嵌入 HTML 网页文件，也可以单独存储，单独存储时文件扩展名为.css。CSS 对网页内容的控制比 HTML 更精确,行间距和字间距等都能控制,利用 CSS 修饰的网页易于更新。一个 CSS 文件可以同时控制多个网页内容的样式,需要修改时,修改单个 CSS 文件即可。

2.2.4　Bootstrap 知识

Bootstrap 来自 Twitter,是目前非常受欢迎的前端框架之一。Bootstrap 是基于 HTML、CSS、JavaScript 的,它简洁灵活,使得 Web 开发更加快捷。读者如果对 Bootstrap 感兴趣,学习 Bootstrap 时需要主要学习:基本结构、Bootstrap CSS、Bootstrap 布局组件和 Bootstrap 插件四个部分。为什么使用 Bootstrap?

- 移动设备优先:自 Bootstrap 3 起,框架包含了贯穿整个库的移动设备优先的样式。
- 浏览器支持:所有的主流浏览器都支持 Bootstrap。
- 容易上手:只要具备 HTML 和 CSS 的基础知识,就可以开始学习 Bootstrap。
- 响应式设计:Bootstrap 的响应式 CSS 能够自适应于台式计算机、平板电脑和手机。
- 它为开发人员创建接口提供了一个简洁统一的解决方案。
- 它包含了功能强大的内置组件,易于定制。
- 它还提供了基于 Web 的定制。
- 它是开源的。

2.3　任务实施

> 温馨提示
>
> 以下的 Demo 案例统一存放在本单元的项目"UnitXYY-02"中。

Demo2-1　简单 HTML 页面

▶ DEMO

设计一个非常简单的 HTML 页面。(页面名称:DemoFirstHtmlXYY.html)

使用代码编辑器 SubLime 或 Visual Studio Code 等工具,或者利用在线编辑网站(比如 RUNOOB.COM 网站),编写简单的 HTML 页面,显示一个标题和段落,如图 2-2 所示。熟悉 HTML 页面的基本结构,掌握用代码编辑器编写网页的方法。

图 2-2　简单 HTML 页面

Demo2-2　网页中使用 JS 实现数的阶乘

> **DEMO**

设计一个页面，显示指定数的阶乘。（页面名称：DemoFactorXYY.html）
HTML 源文件如下所示，要注意说明函数的定义和调用方法。

```html
<html>
  <head><title>函数简例</title>
  <script language="JavaScript">
    function factor(num){
      var i,fact=1;
      for (i=1;i<num+1;i++)
        fact=i*fact;
      return fact;
    }
  </script>
  </head>
  <body>
    <p>
      <script>
        document.write("调用 factor 函数,6 的阶乘等于：",factor(6),"。");
      </script>
    </p>
  </body>
</html>
```

微课：网页中使用 JS 实现数的阶乘

上例在 HTML 文件头部定义了函数 factor(num)，它计算 num! 并返回该值；在 HTML 主体的脚本程序中调用了 factor(num)，实际参数值为 6，即计算 6!。

> **注意**
>
> （1）函数定义位置。虽然语法上允许在 HTML 文件的任意位置定义和调用函数，但我们建议在 HTML 文件的头部定义所有的函数，因为这样可以保证函数的定义可以先于其调用语句载入浏览器，从而不会出现调用函数时由于函数定义尚未载入浏览器而引起的函数未定义错误。
>
> （2）函数的参数。函数的参数是在主调程序与被调函数之间传递数据的主要手段。在定义函数时，可以给出一个或多个形式参数，而在调用函数时，却不一定要给出同样多的实际参数。这是 JavaScript 在处理参数传递上的特殊性。在 JavaScript 中，系统变量 arguments.length 保存了调用者给出的实际参数的个数。

Demo2-3　新用户注册应用实例

以简单的新用户注册网页为例,利用此页面用户仅需完成填写操作,不向服务器提交。

➤ **DEMO**

1.用 HTML 完成新用户注册网页的设计。(页面名称:DemoUserRegXYY-1.html)制作一个"用户注册"页面,预览效果如图 2-3 所示。

图 2-3　"用户注册"页面预览效果

主要步骤

(1)打开记事本(或 SubLime、Visual Studio Code 等编辑工具),编写如下代码:

```html
<html>
<head>
   <meta charset="UTF-8">
     <title>新用户注册(HTML 实现)_XYY-Name</title>
</head>
<body>
   <form action="submitpage.html" method="post">
      <table border="1" align="center">
         <tr> <td colspan="2"><h2><font face="楷体_GB2312">用户注册</font></h2></td> </tr>
         <tr><td>用户名:</td><td><input type="text" name="UserName" size="30"></td></tr>
         <tr><td>密码:</td><td><input type="password" name="Pwd" size="30"></td></tr>
         <tr><td>确认密码:</td> <td><input type="password" name="Pwd2" size="30"></td></tr>
         <tr><td>E-mail:</td><td><input type="text" name="email" size="30"></td></tr>
         <tr><td colspan="2"><input type="submit" value="注册"></td></tr>
      </table>
   </form>
</body>
</html>
```

(2)保存文件为"DemoUserRegXYY-1.html"，存放在本单元UnitXYY-02目录中。双击打开该页面，在浏览器中查看实际效果。

2.用HTML和JavaScript完成新用户注册网页的设计。（页面名称：DemoUserRegXYY-2.html）

新用户注册应用实例-2(1-表单验证JS脚本编写)　新用户注册应用实例-2(2-表单form的属性设置)　新用户注册应用实例-2(3-总结与调试)

制作一个带输入验证的"用户注册"页面，预览效果如图2-4所示。

图2-4　带输入验证的"用户注册"页面

本案例将进一步深入讨论如何用HTML和JavaScript来实现新用户注册网页。

用户通过表单将数据传递给服务器，如果将表单内的所有数据都交由服务器处理，就会加重服务器数据处理的负担。可利用JavaScript的交互能力，对用户输入的数据在客户端进行语法检查，然后把合法数据传递给服务器。本案例就是在用户填写好表单后，对用户所输入的数据在客户端进行合法性检查。如图2-4所示，完成的功能主要有：

(1)非空验证。如，昵称不能为空。

(2)两次输入的密码不相同验证。

(3)电子邮箱格式是否正确等验证。

主要步骤

(1)打开记事本(或SubLime、Visual Studio Code等编辑工具)，修改DemoUserRegXYY-1.html中的HTML文件。

(2)在＜head＞＜/head＞中间插入一段实现输入验证的JavaScript代码，如下所示：

```
＜script type="text/javascript"＞
  function validate_required(field,alerttxt){
    with (field){
      if (value==null||value=="")
        {alert(alerttxt);return false;}
      else {return true;}
    }
  }
  function validate_form(thisform){
    with (thisform){
      if (validate_required(UserName,"用户名 必须填写!")==false)
        {UserName.focus();return false;}
      if (validate_required(Pwd,"密码 必须填写!")==false)
```

```
            {Pwd.focus();return false;}
        if (validate_required(Pwd2,"确认密码 必须填写!")==false)
            {Pwd2.focus();return false;}
        if (validate_required(email,"E-mail 必须填写!")==false)
            {email.focus();return false;}
    }
}
//说明:可自行补齐其他校验程序。比如:两次密码要一致的验证
</script>
```

(3)修改部分 HTML 代码。

在<form>标识符中添加 onSubmit 属性,如下所示:

```
<form action="submitpage.html" onSubmit="return validate_form(this)" method="post">
```

(4)浏览增强版注册网页。

在表单属性中设置了 onSubmit 事件的处理函数为 validate_form(),validate_form()函数又调用了 validate_required()函数检查用户名、密码、确认密码和 E-mail 等 4 个用户输入数据的非空验证,若某个输入数据为空,则以警告对话框提示用户输入。全部数据通过检查后,则认为用户输入的数据符合要求,函数 validate_form()返回真值,即 onSubmit 事件的处理函数返回真值,浏览器就开始向服务器发送数据执行 action 操作;否则 onSubmit 事件的处理函数返回假值,数据不会提交给服务器处理。

3.增加 CSS 的新用户注册网页设计。(网页名称:DemoUserRegXYY-3.html)

在前两个 DEMO 中,网页中的文字都没有经过任何修饰和处理。可以用 CSS 来使网页中的文字更加美观,也可以用 CSS 来使注册页面有不同的风格。DemoUserRegXYY-3.html 中简单地使用 CSS 对表格进行了样式设计,实现如图 2-5 所示的效果。

图 2-5 带 CSS 样式的"用户注册"页面

主要步骤

(1)用记事本(或 SubLime、Visual Studio Code 等编辑工具)编辑 DemoUserRegXYY-2.html 的 HTML 文件。在<head></head>中插入代码如下:

```
<style type="text/css">
#customers {
    font-family:"Trebuchet MS", Arial, Helvetica, sans-serif;
    width:100%;
```

```
            border-collapse:collapse;
        }
        #customers td,#customers th{
            font-size:1em;
            border:1px solid #98bf21;
            padding:3px 7px 2px 7px;
        }
        #customers th{
            font-size:1.1em;
            text-align:left;
            padding-top:5px;
            padding-bottom:4px;
            background-color:#A7C942;
            color:#ffffff;
        }
        #customers tr.alt td{
            color:#000000;
            background-color:#EAF2D3;
        }
    </style>
```

（2）修改表格的 HTML 代码为：

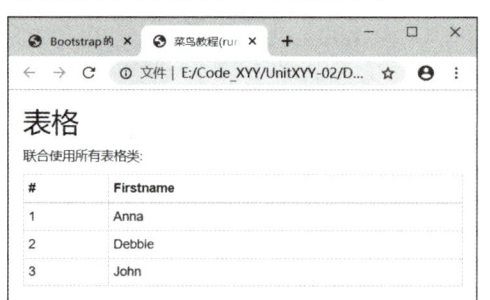

`<table border="1" aligen="center" id="customers">`

同时修改表格中间隔行的`<tr>`标识符，增加样式 alt，如下所示：

`<tr class="alt">`

实现整个网页表格的样式效果如图 2-5 所示。

（3）浏览页面：在以上 CSS 代码中做相应补充，实现效果图中第一行和最后一行的效果。

Demo2-4　Bootstrap 应用实例

这是 Bootstrap 的一个表格类实例。（页面名称：DemoBootstrapXYY-1.html）调用 Bootstrap 的表格类，实现如图 2-6 的效果。

微课

Bootstrap
应用实例

图 2-6　调用 Bootstrap 的表格类实现"用户注册"页面

主要步骤

（1）用记事本（或 SubLime、Visual Studio Code 等编辑工具）编辑 DemoBootstrapXYY-1.

html 的 HTML 文件。参考代码如下:

```html
<!DOCTYPE html>
<html>
    <head>
        <meta charset="utf-8">
        <title>Bootstrap 的应用实例(联合使用所有表格类)</title>
        <meta name="viewport" content="width=device-width, initial-scale=1">
        <link rel="stylesheet" href="https://cdn.staticfile.org/twitter-bootstrap/3.3.7/css/bootstrap.min.css">
        <script src="https://cdn.staticfile.org/jquery/2.1.1/jquery.min.js"></script>
        <script src="https://cdn.staticfile.org/twitter-bootstrap/3.3.7/js/bootstrap.min.js"></script>
    </head>
    <body>
        <div class="container">
            <h2>表格</h2>
            <p>联合使用所有表格类:</p>
            <table class="table table-striped table-bordered table-hover table-condensed">
                <thead>
                    <tr><th>#</th><th>Firstname</th></tr>
                </thead>
                <tbody>
                    <tr><td>1</td><td>Anna</td></tr>
                    <tr><td>2</td><td>Debbie</td></tr>
                    <tr><td>3</td><td>John</td></tr>
                </tbody>
            </table>
        </div>
    </body>
</html>
```

(2)浏览页面:在浏览器中打开该页面,验证实际显示的效果。

温馨提示

更详细的 Bootstrap 教程,请参考 RUNOOB.COM 网站。

2.4 案例实践

在学习了前面的 4 个 Demo 任务之后,完成以下 4 个 Activity 案例的操作实践。

Act2-1 "个人简历"的网上录入页面设计

新建网页,实现个人简历页面的设计。

> ACTIVITY (网页名称:ActPersonalResumeXYY-1.html)

新建 HTML 网页,结合表格 Table 标签,添加"姓名""毕业院校""专业""性别""个人兴趣爱好""个人简介"等内容,完成"个人简历"的网上录入页面。

Act2-2 "个人简历"录入页面的有效性验证

在 Act2-1 的基础上,添加 JavaScript 验证脚本,实现对个人简历中录入信息的验证。
➢ ACTIVITY(网页名称:ActPersonalResumeXYY-2.html)
对上述网页增加 JavaScript 数据有效性验证功能,实现对个人简历中主要输入字段的信息录入验证。

Act2-3 "个人简历"录入页面的 CSS 样式设计

在 Act2-2 的基础上,用 CSS 使"个人简历"具有不同的风格。
➢ ACTIVITY(网页名称:ActPersonalResumeXYY-3.html)
对上述网页增加不同的 CSS 样式,使"个人简历"具有不同的风格。

Act2-4 "个人简历"录入页面的 Bootstrap 样式设计

在 Act2-2 的基础上,用 Bootstrap 使"个人简历"具有不同的风格。
➢ ACTIVITY(网页名称:ActPersonalResumeXYY-4.html)
对上述网页增加不同的 Bootstrap 样式,使"个人简历"具有不同的风格。

2.5 课外实践

在学习了前面的 Demo 任务和 Activity 案例实践之后,利用课外时间,完成以下 2 个 Home Activity 案例的操作实践。

HomeAct2-1 数据表格页面

制作如图 2-7 所示的表格页面 HomeAct2-1.html。
要求:利用表格进行排版,设置 4 行 4 列,在网页上展示公司的库存清单,并使用 Bootstrap 进行样式美化,如图 2-7 所示。

产品名称	品牌	库存量(个)	入库时间
耳机	联想	500	2019-1-2
U盘	金士顿	120	2019-8-10
U盘	爱国者	133	2019-3-25

图 2-7 公司库存清单页面

HomeAct2-2 个人信息注册页面

要求:制作一个 .html 文件,效果如图 2-8 所示。

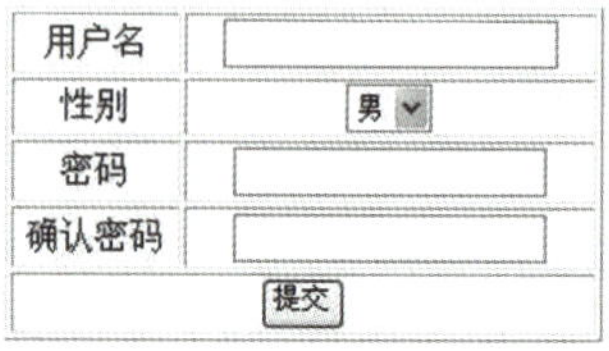

图 2-8 个人信息注册页面

HTML 代码要求：以上界面使用表格布局，密码框和确认密码框要求用密码显示形式。

JavaScript 实现表单验证要求：提交表单时要求非空验证，即用户名、密码、确认密码不能为空，如果为空就弹出对话框提示不能为空。另外，还需验证密码和确认密码是否一致，若不一致则弹出对话框提示不一致。

CSS 样式要求：用 CSS 代码实现整个表格在页面内居中对齐；整个页面的背景颜色为蓝色。

2.6 单元小结

本单元主要学习了如下内容：概括性地回顾了 HTML 语言、JavaScript 脚本以及 CSS 技术；回顾了表格、表单的相关标记，以及怎样利用脚本和样式表来实现一个网页。HTML 语言中的标记是网页的基本组成元素，不管多么复杂的网页，最终都能以标记的形式来展现。另外对学生学习网站前端开发提出了更高的要求，对 HTML5、CSS3 和 Bootstrap 也做了简单介绍，为接下来的进一步学习指明了方向。

2.7 单元知识点测试

1. HTML 中的注释标签是（　　）。
   A. <-- -->　　　　B. <-! -->　　　　C. <! -- -->　　　　D. <-- --! >
2. ……标签的作用是（　　）。
   A. 斜体　　　　　B. 下划线　　　　　C. 上划线　　　　　D. 加粗
3. 网页中的空格在 HTML 代码中表示为（　　）。
   A. &　　　　B. 　　　　C. "　　　　D. <
4. 定义锚记主要用到<a>标签中的（　　）属性。
   A. name　　　　B. target　　　　C. onclick　　　　D. onmouseover
5. 要在新窗口中打开所单击的链接，实现方法是将＜a＞标签的 target 属性设为（　　）。
   A. _blank　　　　B. _self　　　　C. _parent　　　　D. _top
6. 要使表单元素（如文本框）在预览时处于不可编辑状态，呈现灰色，要在 input 中加（　　）属性。
   A. selected　　　　B. disabled　　　　C. type　　　　D. checked

2.8 单元实训

Project_第 1 阶段：网站前端页面的初步选择与设计

在学习了本单元网页布局与设计的知识，掌握了网站前端开发的相关技术后，在上一单元"Project0：综合项目实训准备"的基础上，完成第 1 阶段的"网站前端页面的初步选择与设计"任务。主要训练任务如下：

1.选择主题：中小型企业网站、网上书店、网上商城、企业信息化管理系统等。

2.根据所选主题，自行设计网站或参考现有网上资源进行设计。

根据所需的主题，结合实际需要，自行设计搭建网站前端页面。或者从网上搜索与主题相关的网站模板资源，加以修改设计。常用的网站模板资源如下：

- 源码之家（各种免费源码、网页模板）
- 站长素材（偏英文类）
- 模板之家（偏英文类）

3.从上述的几个资源网站中，选择下载1～2个网站模板。

（1）某塑业制品公司网站模板，如图2-9所示。

（2）某防水科技有限公司网站模板，如图2-10所示。

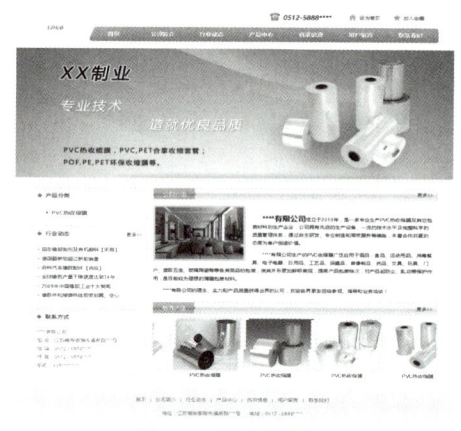

图2-9　网站模板1 　　　　　　　　　图2-10　网站模板2

4.选择一个网站模板，以"某塑业制品公司网站模板"为例，对模板的HTML页面进行修改设计，包括：网站标题、网站LOGO、网站信息等，作为本训练项目的网站页面。

5.将修改设计后的网站页面添加到现有的单元实训项目EntWebSiteActXYY中。

将本单元重新修改设计的网站页面和相关目录添加到上一单元"Project0：综合项目实训准备"实训项目所在的文件目录中，路径为 E:\Code_XYY\EntWebSiteActXYY，如图2-11所示。并对现有的HTML页面进行调试运行，确保能在新建的实训项目中正常显示运行，如图2-12所示。

图2-11　EntWebSiteActXYY项目资源文件 　　　图2-12　EntWebSiteActXYY项目运行界面

至此，已完成单元实训项目的网站前端页面的初步选择与设计，为后续实训做好了准备。

单元3 C♯语言基础

学习目标

知识目标：
(1)熟悉C♯语言的特点。
(2)熟悉C♯的主要数据类型及其使用方法。
(3)熟悉变量、常量及其使用方法。
(4)熟悉控制结构的类型及其使用方法。
(5)熟悉常用运算符及其使用方法。
(6)熟悉类、命名空间及其使用方法。

技能目标：
(1)能够使用变量进行声明与赋值。
(2)能够使用条件及分支语句进行程序设计。
(3)能够使用内建函数进行程序设计。
(4)能够使用常用命名空间进行函数调用。
(5)能够掌握不同数据类型的转换方法。

重点词汇

(1)class：_____
(2)namespace：_____
(3)DateTime：_____
(4)string：_____
(5)interface：_____

3.1 引例描述

.NET Framework 的运行环境支持多种编程语言：C♯、VB .NET、C++等。

作为一名编程人员至少应熟练掌握其中一种编程语言。

C♯的正确读法是"C Sharp"。C♯和.NET Framework 同时出现和发展。由于C♯出现较晚,吸收了许多其他语言的优点,解决了许多之前出现的问题。C♯是专门为.NET 开发的语言,并且成为.NET 最好的开发语言之一,这是由C♯的自身语言结构决定的。作为专门为.NET 设计的语言,C♯不但结合了C++的强大灵活性和Java 语言的简洁特性,还吸取了Delphi 和VB 所具有的易用性。因此,C♯是一种使用简单、功能强大、表现力丰富的语言。本教材的ASP.NET 开发技术主要使用的开发语言就是C♯。

本单元将为学习者介绍C♯语言的优点、C♯的主要数据类型;重点讲解如何使用表达式进行数学运算、不同数据类型的转换方法,以及条件及分支语句的使用;并介绍了类与命名空间、异常处理,以及常用类和常用属性、方法的使用。

本单元的学习导图,如图 3-1 所示。

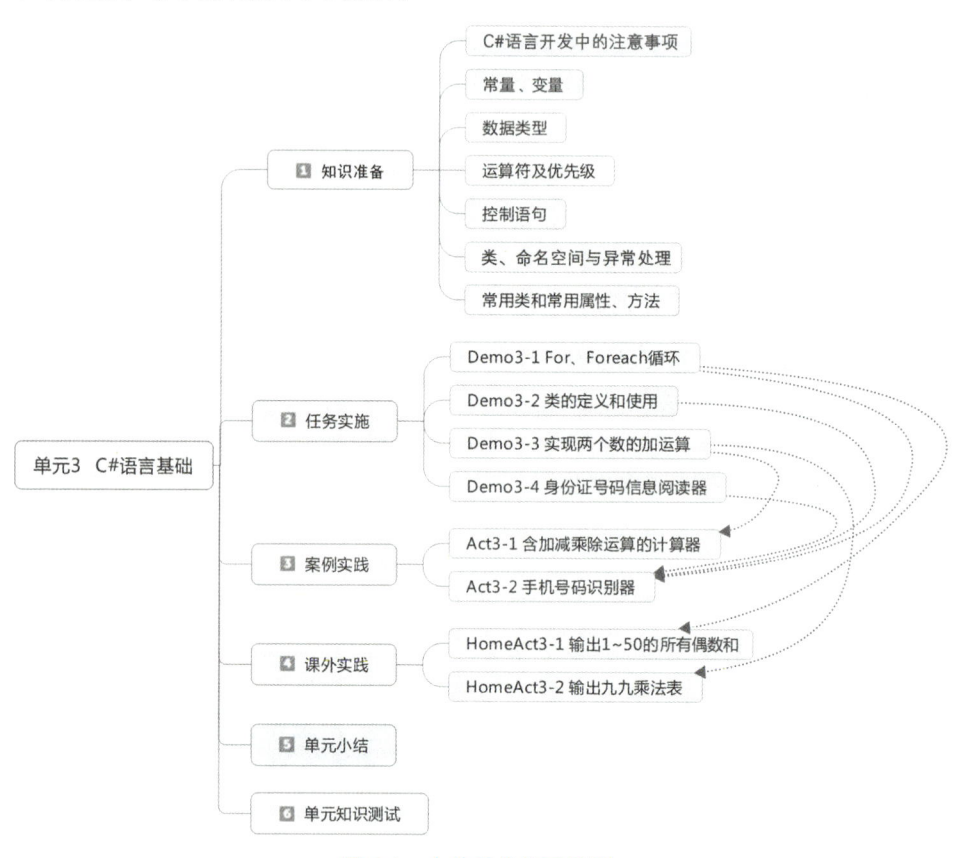

图 3-1 本单元的学习导图

3.2 知识准备

3.2.1 C♯语言开发中的注意事项

C♯语言在使用时应该注意以下几点。

(1) C♯语言区分大小写

C♯是一种对大小写敏感的编程语言。在C♯中,其语法规则对字符串中字母的大小写敏感,例如"CSharp""cSharp""csHaRp"是不同的字符串,在编程中应当注意。

(2) 保持代码缩进

缩进可以帮助开发人员阅读代码,能够给开发人员带来层次感。缩进让代码保持优雅,同一语句块中的语句应该缩进到同一层次,这是一个非常重要的约定,因为它直接影响代码的可读性。虽然缩进不是必需的,同样也没有编译器强制,但是为了在不同人员的开发中能够进行良好的协调,这是一个值得遵守的约定。

(3) 养成添加注释的好习惯

在C/C++中,编译器支持开发人员添加注释,以便开发人员能够方便地阅读代码。C♯继承了这个良好的习惯。这里之所以说的是"习惯",是因为添加注释同缩进一样,不是强迫性的,但是良好的注释习惯能够让代码更加优雅,具有良好的可读性,谁也不希望自己的代码在某一天连自己也"不认识"了。注释的写法是以符号"/*"开始,并以符号"*/"结束,这样能够让开发人员更加轻松地了解代码的作用,同时,也可以使用符号"//"双斜线来添加注释,但是这样的注释是单行的。示例代码如下所示:

```
/*
 * 多行注释
 * 本例演示了在程序中添加注释的方法,在注释内也可以不写开头的*号
 */
//单行注释,一般对单个语句进行注释
```

3.2.2 常量、变量

1. 常量

常量就是值固定不变的量。如圆周率就是一个常量。在程序的整个执行过程中其值一直保持不变,常量的声明就是声明它的名称和值。声明格式如下:

```
const 数据类型  常量表达式;
```

例如,圆周率的声明如下所示,声明后每次使用时就可以直接引用pi,可避免数字冗长出错。

```
const float pi=3.1415927f;
```

2. 变量

程序要对数据进行读写等运算操作,当需要保存特定的值或计算结果时,就需要用到变量。变量是存储信息的基本单元,变量中可以存储各种类型的信息。当需要访问变量中的信息时,只需要访问变量的名称。

C♯语言的变量命名规范如下:

(1) 变量名只能由字母、数字和下划线组成,而不能包含空格、标点符号、运算符等其他符号。

(2) 变量名不能与C♯中的关键字名称相同。

(3) 变量名最好以小写字母开头。

(4) 变量名应具有描述性质。

(5)在包含多个单词的变量名中,从第二个单词开始每个单词都采取首字母大写形式。

变量的使用原则:先声明,后使用。变量声明的方法如下:

  数据类型 变量名;

例如,需要声明一个变量来保存学生年龄,可声明一个 int 类型的变量,格式如下:

  int age;

3.2.3 数据类型

数据类型定义了数据的性质、表示、存储空间和结构。C♯数据类型可以分为值类型和引用类型:值类型用来存储实际数值;引用类型用来存储对实际数值的引用。C♯数据类型如图 3-2 所示。

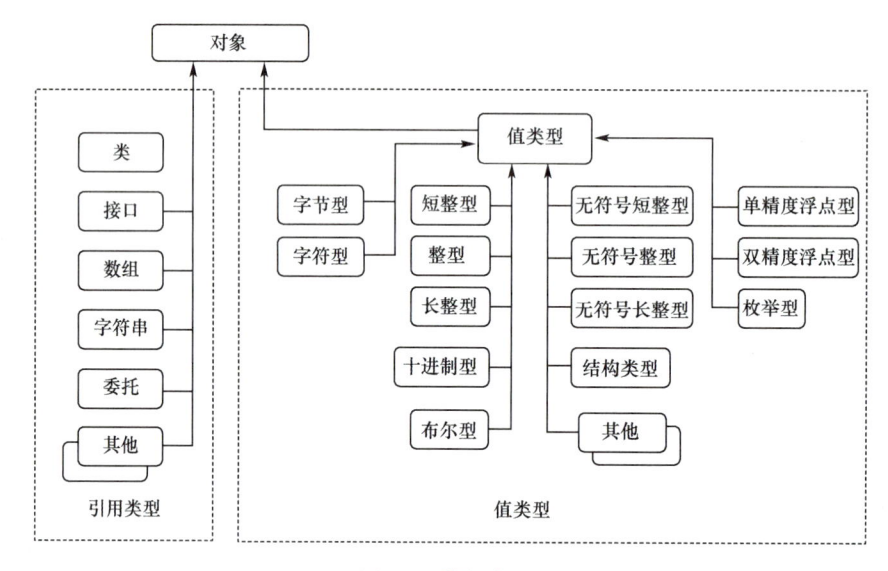

图 3-2 数据类型

引用类型主要包括类(class)、接口(interface)、数组(array)和字符串(string)。本节重点介绍值类型,C♯中常用的值类型见表 3-1。

表 3-1   C♯中常用的值类型

类型	描述	取值范围
bool	布尔型	True 或 False
sbyte	有符号整数	$-128 \sim 127$
short		$-32\ 768 \sim 32\ 767$
int		$-2\ 147\ 483\ 648 \sim 2\ 147\ 483\ 647$
long		$-9\ 223\ 372\ 036\ 854\ 775\ 808 \sim 9\ 223\ 372\ 036\ 854\ 775\ 807$
float	单精度浮点型	$1.5 \times 10^{-45} \sim 3.4 \times 10^{38}$
double	双精度浮点型	$5.0 \times 10^{-324} \sim 1.7 \times 10^{308}$
char	字符型	$0 \sim 65\ 535$
decimal	十进制型	$1.0 \times 10^{-28} \sim 7.9 \times 10^{28}$

(续表)

类型	描述	取值范围
byte	无符号整数	0~255
ushort		0~65 535
uint		0~4 294 967 295
ulong		0~18 446 744 073 709 551 615

3.2.4 运算符及优先级

C♯语言中的表达式类似于数学中的运算表达式,由一系列运算符和操作数构成。常用的运算符如加号(+)用于加法,减号(-)用于减法。当一个表达式有多个运算符时编译器就会按照默认的优先级控制求值的顺序,常用运算符及从高到低的优先级见表 3-2。

表 3-2　　　　　　　　常用运算符及从高到低的优先级

运算符类型	运算符
初级运算符	x.y, f(x), a[x], x++, x--, new, typeof, checked, unchecked
一元运算符	!, ~, ++, --, (T)x
乘法、除法、取模运算符	*, /, %
增量运算符	+, -
移位运算符	<<, >>
关系运算符	<, >, <=, >=, is, as
等式运算符	==, !=
逻辑"与"运算符	&
逻辑"异或"运算符	^
逻辑"或"运算符	|
条件"与"运算符	&&
条件"或"运算符	||
条件运算符	?:
赋值运算符	=, *=, /=, %=, +=, -=, <<=, >>=, &=, ^=, |=

3.2.5 控制语句

1. 条件语句

当程序中需要进行两个或两个以上的选择时,可以根据条件来判断选择执行哪一组语句。C♯中提供了 if 和 switch 语句。

(1) if 语句

if 语句是指当在条件成立时执行指定的语句,不成立时执行另外的语句。

if 语句的语法如下：
```
if(布尔表达式)
{
    执行操作的语句；
}
```
或者
```
if(布尔表达式)
{
    执行操作的语句；
}
else
{
    执行操作的语句；
}
```

（2）switch 语句

if 语句最多只能判断两个分支，如果要实现多种选择就可以使用 switch 语句。

switch 语句的语法如下：
```
switch(控制表达式)
{
    case 常量表达式 1：
        语句组 1；
        [break；]
    case 常量表达式 2：
        语句组 2；
        [break；]
    ……
    case 常量表达式 n：
        语句组 n；
        [break；]
    [default：
        语句组 n+1；
        [break；]]
}
```

2. 循环语句

许多复杂问题往往需要做大量的重复处理，因此循环结构是程序设计的基本结构。C# 提供了 4 种循环语句，分别适用于不同的情况。

（1）while 循环语句

while 循环语句的语法格式如下：
```
while(条件)
{
    //需要循环执行的语句；
}
```

(2) do…while 循环语句

do…while 循环语句的语法结构如下：

```
do
{
    //需要循环执行的语句；
}
while(条件);
```

do…while 循环语句与 while 循环语句的区别在于前者先执行后判断，后者先判断后执行。

(3) for 循环语句

for 循环语句必须具备以下条件：

①条件一般需要进行一定的初始化操作。
②有效的循环能够在适当的时候结束。
③在循环体中能够改变循环条件的成立因素。

for 循环的语法格式如下：

```
for(条件初始化;循环条件;条件改变)
{
    //需要循环执行的语句；
}
```

(4) foreach 循环语句

foreach 循环语句用于循环访问集合中的每一项以获取所需的信息，但不会改变集合的内容。

foreach 循环语句的语法格式如下：

```
foreach (var item in collection)    //对象类型 局部变量 in 集合或数组名称
{
    //需要循环执行的语句；
}
```

3.2.6 类、命名空间与异常处理

1.类

类是一种数据结构，它可以包含数据成员（常量和字段）、函数成员（方法、属性、事件、索引器、运算符、实例构造函数、析构函数和静态构造函数）和嵌套类型。类支持继承，这是一个派生类可以扩展和专用化基类的机制。

类就是具有相同或相似性质的对象的抽象。对象的抽象是类，类的具体化就是对象，也可以说类的实例就是对象。

类的定义是以关键字 class 开始的，后跟类的名称。类的主体包含在一对花括号内。下面是类的一般形式：

```
<访问权限修饰词> class 类名
{
    // 成员参数
    // 成员方法
}
```

2.命名空间

C#中的类是利用命名空间组织起来的。与文件或组件不同,命名空间是一种逻辑组合,而不是物理组合,是从逻辑上组织类的方式,防止命名冲突。using 语句必须放在 C# 文件开头。

(1)命名空间的声明

namespace 关键字用于声明一个命名空间。此命名空间允许组织代码并提供了创建全局唯一类型的方法。namespace 的语法格式如下:

```
namespace name
{
    类型定义;
}
```

在命名空间中,可以声明类、接口、结构、枚举、委托。

(2)命名空间的使用

在 C# 中通过 using 语句来导入其他命名空间和类型的名称。

using 语句的语法格式如下:

```
using 语句;
```

例如,一个使用命名空间的实例如下:

```
using System.Data;
```

3.异常处理

程序运行时出现的错误有两种:可预料的和不可预料的。对于可预料的错误,可以通过各种逻辑判断进行处理;对于不可预料的错误,必须进行异常处理。C#语言的异常处理功能提供了程序运行时任何意外情况的处理方法。异常处理使用 try、catch 和 finally 关键字 来处理可能未成功的操作、处理失败并在事后清理资源。C#语言处理可能的错误情况时,一般把程序的相关部分分成三种不同类型的代码块。

(1)try 块包含的代码组成了程序的正常操作部分,但可能遇到某些严重的错误情况。

(2)catch 块包含的代码处理各种错误情况,这些错误是 try 块中的代码执行时遇到的。

(3)finally 块包含的代码清理资源或执行要在 try 块或 catch 块末尾执行的其他操作。

异常处理的语法格式如下:

```
try
{
    //可能出现异常、错误的代码块
}
catch
{
    //错误捕捉处理
}
finally
{
    //负责清理资源
}
```

3.2.7 常用类和常用属性、方法

1. 常用类

System.Math：在 C# 中用到数学函数时会应用此类。

System.IO：对文件进行操作，包括文件的创建、删除、读写、更新等时会应用此类。

System.Data：ADO.NET 的基本类。

System.Data.SqlClient：为 SQL Server 7.0 或更新版本的 SQL Server 数据库设计的数据存取类。

System.Data.OleDb：为 OLE DB 数据源、SQL Server 6.5 或更早版本数据库设计的数据存取类。

System.Drawing：绘制图形时，需要使用的是 System.Drawing 命名空间下的类。

2. 常用属性和方法

(1) DateTime 结构。例如：

System.DateTime currentTime＝new System.DateTime();

取当前年月日时分秒：currentTime＝System.DateTime.Now;

取当前年：int year＝currentTime.Year;

取当前月：int month＝currentTime.Month;

取当前日：int day＝currentTime.Day;

取当前时：int hour＝currentTime.Hour;

取当前分：int minute＝currentTime.Minute;

取当前秒：int second＝currentTime.Second;

取当前毫秒：int millisecond＝currentTime.Millisecond;

取中文日期显示：年月日时分。

string strY＝currentTime.ToString("f"); //不显示秒

取中文日期显示：年月。

string strYM＝currentTime.ToString("y");

取中文日期显示：月日。

string strMD＝currentTime.ToString("m");

取当前年月日，如：2020-08-21。

string strYMD＝currentTime.ToString("d");

取当前时分，格式为 19:31。

string strT＝currentTime.ToString("t");

(2) Int32.Parse(变量) 或 Int32.Parse("常量")：字符型转换，转换为 32 位数字。

(3) 变量.ToString()：字符型转换为字符串。例如：

12345.ToString("n"); //生成　12345.00

12345.ToString("C"); //生成　￥12345.00

12345.ToString("e"); //生成　1.234500e+004

12345.ToString("f4"); //生成　12345.0000

12345.ToString("x"); //生成　3039(十六进制)

12345.ToString("p"); //生成　1234500.00%

(4) 变量.Length：求变量的长度，返回值为数字。例如：

　　string str＝"中国";

　　int Len ＝ str.Length; //Len 是自定义变量，str 是被测字符串的变量名

(5) System.Text.Encoding.Default.GetBytes(变量)：字码转换，转换为比特码。例如：

　　byte[] bytStr ＝ System.Text.Encoding.Default.GetBytes(str);

然后可得到比特码长度如下：

　　len ＝ bytStr.Length;

(6) System.Text.StringBuilder("")：字符串相加。例如：

　　System.Text.StringBuilder sb ＝ new System.Text.StringBuilder("");

　　sb.Append("沙洲");

　　sb.Append("职业");

　　sb.Append("工学院");

此时 sb 的值为"沙洲职业工学院"。

(7) 变量.Substring(参数 1,参数 2)：截取字符串的一部分，参数 1 为左起始位数，参数 2 为截取几位。例如：

　　string s1 ＝ str.Substring(0,2);

(8) (char)变量：把数字转换为字符，查询代码代表的字符。例如：

　　Response.Write((char)22269); //返回"国"字

(9) Trim()：清除字符串前后的空格。

(10) 字符串变量.Replace("子字符串","替换为")：字符串替换。例如：

　　string str＝"沙洲";

　　str＝str.Replace("洲","工"); //将"洲"字替换为"工"字

　　Response.Write(str); //输出结果为"沙工"

(11) Math.Max(i,j)：取 i 与 j 中的较大值。例如：

　　int x＝Math.Max(5,10); // x 将取值 10

3.3　任务实施

> **温馨提示**
>
> 以下新建的 Demo 项目，统一放在本单元的解决方案"UnitXYY-03"中。

Demo3-1　For、Foreach 循环

在本单元的解决方案中，新建一个 ASP.NET 项目，并设计相应的 Web 窗体，使用 for、foreach 循环实现整数累加和数组项输出的功能。

➤ DEMO（项目名称：DemoForAndForeachXYY）

1. 使用 for 循环，将 1 到 100 的整数累加，在页面上输出结果

使用 for 循环，设计完成一个 ASPX 页面 ForXYY.aspx，实现将 1 到 100 的整数累加，效果如图 3-3 所示。

微课

for 循环

图 3-3 将 1 到 100 的整数累加后,输出到页面上

主要步骤

(1)在解决方案中,添加→新建项目(DemoForAndForeachXYY),并在新建项目中,添加→Web 窗体,新建 Web 窗体:"ForXYY.aspx"。

(2)页面的界面设计:页面空白,无须添加任何控件。

(3)编写 ForXYY.aspx 程序代码。

进入代码编辑模式,在 Page_Load 事件过程中输入代码,如下所示:

```
//使用 for 循环,将 1 到 100 的整数累加,在页面上输出结果
int sum = 0;
for (int i = 1; i <= 100; i++)
{
    sum += i;
}
Response.Write("1 到 100 的整数累加值为:" + sum.ToString());
```

(4)运行调试页面:保存文件,按功能键 F5 测试页面,验证实际效果。

2. 使用 foreach 循环语句,将数组中的每一项数据输出到页面上

使用 foreach 循环语句,设计完成一个 ASPX 页面 ForeachXYY.aspx,实现将数组中的每一项数据输出到页面上。效果如图 3-4 所示。

微课

foreach 循环

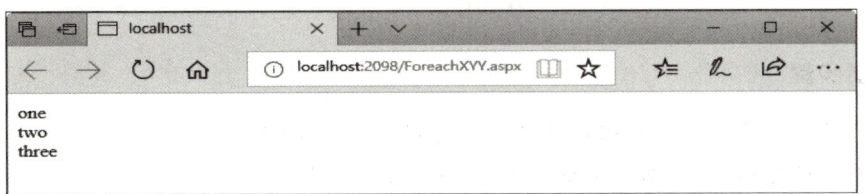

图 3-4 将数组中的每一项数据输出到页面上

主要步骤

(1)在项目 DemoForAndForeachXYY 中,添加→Web 窗体:ForeachXYY.aspx。

(2)页面的界面设计:页面空白,无须添加任何控件。

(3)编写 ForeachXYY.aspx 程序代码。

进入代码编辑模式,在 Page_Load 事件过程中输入代码,如下所示:

```
//定义一个数组,设置几个元素值
string[] arr = new string[] { "one", "two", "three" };
//从数组中循环取出数值并输出,每行一个元素
foreach (string item in arr)
```

```
{
    Response.Write(item + "<br>");
}
```

(4) 运行调试页面：保存文件，按功能键 F5 测试页面，验证实际效果。

Demo3-2 类的定义和使用

在本单元的解决方案中，新建一个 ASP.NET 项目，首先使用类的方法定义一个 Student 类，在类中添加两个属性 Age、Name，构造重载方法；然后，在新建 ASPX 页面中调用刚才定义的 Student 类中的方法，实现信息的获取与输出。

➤ **DEMO（项目名称：DemoClassStudentXYY）**

在项目中新建一个 StudentXYY 类（文件名：StudentXYY.cs），其中有两个属性 Age、Name，如图 3-5 所示。

然后新建 ASPX 页面 Default.aspx，在页面中利用刚定义的 StudentXYY 类的两个属性存储页面中两个文本框的值，并通过类中定义的 SayHello 方法输出结果。运行效果如图 3-6 所示。

图 3-5 新建 StudentXYY.cs 类文件

图 3-6 调用 StudentXYY 类的方法

主要步骤

(1) 在解决方案中，添加→新建项目（DemoClassStudentXYY）。

(2) 在新建项目中，添加一个类（文件名：StudentXYY.cs）。

(3) 在 StudentXYY.cs 文件的类中添加两个属性 Age、Name，编写构造函数的三种重载方法，并编写一个 SayHello 方法，按格式输出两个属性值，参考代码如下：

```
public class StudentXYY
{
    //定义属性字段
    private int Age;
    private string Name;
    //封装字段 Age，快捷键为 Ctrl+R+E
    public int Age
    {
        get { return Age; }
        set { Age = value; }
    }
```

```csharp
//封装字段 Name
public string Name
{
    get { return Name; }
    set { Name = value; }
}
//构造函数重载方法
//方法一:无参数
public StudentXYY()
{
}
//方法二:使用属性为参数
public StudentXYY(int Age, string Name)
{
    this.Age = Age;
    this.Name = Name;
}
//方法三:使用类名为参数
public StudentXYY(StudentXYY stu)
{
    this.Age = stu.Age;
    this.Name = stu.Name;
}
//编写 SayHello 方法,输出问候信息
public string SayHello(StudentXYY stu)
{
    string strMsg="我是:" + stu.Name + ",我的年龄:" + stu.Age;
    return strMsg;
}
}
```

(4)新建 ASPX 页面 Default.aspx,在页面中调用刚才定义的 StudentXYY 类,页面设计如图 3-7 所示。

2-编写 Student 类,编写重载方法   3-调用 Student 类   4-在类中新增属性的处理方法

图 3-7 调用 StudentXYY 类后的页面设计

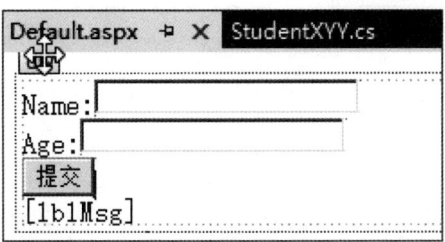

页面程序代码参考如下：

```
protected void btnSayHello_Click(object sender，EventArgs e)
{
    //编写代码，调用 StudentXYY 类
    StudentXYY stu = new StudentXYY();//定义一个 StudentXYY 类
    //从 2 个文本框中获取 Age 和 Name 的值，并将其赋予 StudentXYY 类的两个属性 Age 和 Name
    stu.Age = Convert.ToInt32(tbAge.Text.ToString());
    stu.Name = tbName.Text.ToString();
    string strMsg = stu.SayHello(stu); //调用 StudentXYY 类的 SayHello 方法
    lblMsg.Text = strMsg;//将获取的信息输出到文本标签
}
```

（5）测试页面。

保存 ASPX 文件，按功能键 F5 测试页面，验证实际效果。

Demo3-3　实现两个数的加运算

在本单元的解决方案中，新建一个 ASP.NET 项目，并新建 ASPX 页面，在页面中实现两个数的加运算。

> **DEMO**（项目名称：DemoPlusXYY）

加法器实现两个数的加运算，如图 3-8 所示。

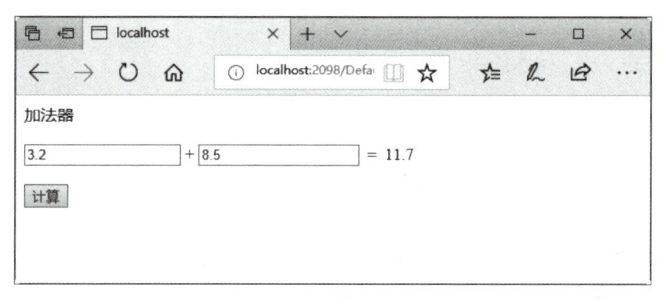

图 3-8　加法器

主要步骤

（1）在解决方案中，添加→新建项目（DemoPlusXYY）。

（2）新建 Web 窗体，并在窗体中添加相应控件，布局如图 3-9 所示。

图 3-9　网页布局（1）

（3）控件属性设置。

单击选定中心工作区中的第一个标签控件，在右下角的"属性"窗口找到 ID 属性，将内容 Label1 修改为 lblHeader，Text 属性为"加法器"。各控件属性设置见表 3-3。

表 3-3　　　　　　　　　　　控件属性设置(1)

属性	控件						
	Label	Textbox	Label	Textbox	Label	Label	Button
ID	lblHeader	tbAdd1	lblAdd	tbAdd2	lblEqual	lblResult	btnAdd
Text	加法器	空	+	空	=	空	计算

页面设计效果如图 3-10 所示。

图 3-10　页面设计效果

(4) 编写代码。

双击"计算"按钮,进入代码页"Default.aspx.cs",在按钮事件中,编写程序实现两个数值相加。参考代码如下：

2-代码编写

```
protected void btnAdd_Click(object sender, EventArgs e)
{
    float add1, add2, result; //定义浮点型变量
    //计算加法运算的结果,采用 try…catch 语句进行错误处理,以避免非法数值输入导致的错误
    try
    {
        add1 = float.Parse(tbAdd1.Text);
        add2 = float.Parse(tbAdd2.Text);
        result = add1 + add2;
        lblResult.Text = result.ToString();
    }
    catch
    {
        lblResult.Text = "输入了非法数值";
    }
}
```

(5) 测试页面。

保存 ASPX 文件,单击工具栏中的"运行"按钮 ▶ 或按功能键 F5,在本机启动应用程序测试页面,运行效果如图 3-8 所示。

Demo3-4　身份证号码信息阅读器

在本单元的解决方案中,新建一个 ASP.NET 项目,并新建 ASPX 页面,实现身份证号码的判断与识别。

➤ DEMO（项目名称：DemoIDCheckXYY）

根据以下规则对身份证号码进行验证，运行效果如图 3-11 所示。

（1）号码长度为 18 位。

（2）18 位全是数字。

（3）第 7～10 位是出生的年份。

（4）倒数第 2 位号码，奇数为男性，偶数为女性。

1-页面设计　　2-获取身份证字符信息

图 3-11　身份证号码信息阅读器

主要步骤

（1）在解决方案中，添加→新建项目（DemoIDCheckXYY）。

（2）新建 Web 窗体，并在窗体中添加相应控件。

从左侧的工具箱中拖曳 2 个 Label 控件、1 个 TextBox 控件和 1 个 Button 控件到中心工作区，布局如图 3-12 所示。

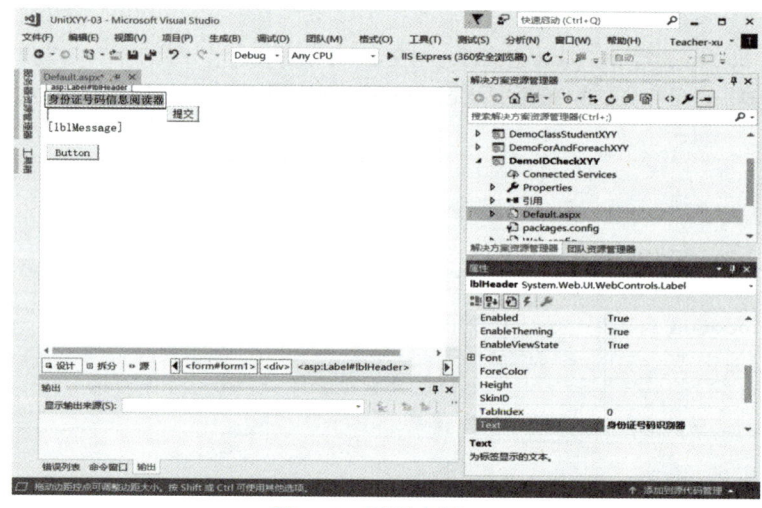

图 3-12　网页布局（2）

（3）设置控件属性。

单击选定中心工作区中的第一个标签控件，在右下角的"属性"窗口找到 ID 属性，将内容 Label1 修改为 lblheader，找到 Text 属性，输入"身份证号码信息阅读器"。各控件属性设置见表 3-4。

表 3-4　控件属性设置（2）

属性	控件			
	Label1	Label2	Textbox1	Button1
ID	lblheader	lblmessage	txtcard	btnconfirm
Text	身份证号码信息阅读器	空	空	提交

(4) 编写代码。

双击设计界面中的"提交"按钮,进入代码页"Default.aspx.cs",在"protected void btnconfirm_Click(object sender,EventArgs e)"下面的一对花括号{}之间填入如下代码:

```
//判断号码长度是否为18位
if (txtcard.Text.Length != 18)
{
    lblmessage.Text ="您应输入18位的号码";
}
else
{
    System.Text.ASCIIEncoding ascii = new System.Text.ASCIIEncoding();
    byte[] bytestr = ascii.GetBytes(txtcard.Text);
    foreach (byte c in bytestr)
    {   //判断是否含有非法字符
        if (c < 48 || c > 57)   //判断输入字符是否为0~9,相应的ASCII码为48~57
        {
            lblmessage.Text ="含有非法字符";
        }
        else
        {
            string year;
            year=txtcard.Text.Substring(6,4);
            lblmessage.Text ="您生于" + year + "年";
            // 判断性别
            if (bytestr[16] % 2 == 1)
            {
                lblmessage.Text= lblmessage.Text + ",您的性别是男";
            }
            else
            {
                lblmessage.Text = lblmessage.Text + ",您的性别是女";
            }
        }
    }
}
```

(5) 测试页面。

保存 ASPX 文件,单击工具栏中的"运行"按钮 ▶ 或按功能键 F5,在本机启动应用程序,测试页面运行效果。

拓展:以上程序无法对末位为 X 的身份证号码进行判断,如何改进?

3.4 案例实践

在学习了前面 4 个 Demo 任务之后,完成以下 2 个 Activity 案例的操作实践。

3-判断合法数字,确定出生日期　　4-判断性别　　5-调试运行及BUG

Act3-1　含加减乘除运算的计算器

新建项目，添加窗体，实现简单计算器的设计。

➢ **ACTIVITY**（项目名称：**ActCalculatorXYY**）

编写代码制作一个计算器，实现加、减、乘、除等运算。运行效果如图3-13所示。

图3-13　简单计算器

Act3-2　手机号码识别器

新建项目，添加窗体，制作一个手机号码识别器。

➢ **ACTIVITY**（项目名称：**ActPhoneNumberCheckXYY**）

编写代码制作一个手机号码识别器：以13、17、18开头的11位手机号码能被识别为正确的手机号码，否则为错误的手机号码。运行效果如图3-14所示。

图3-14　手机号码识别器

3.5　课外实践

在学习了前面的Demo任务和Activity案例实践之后，利用课外时间，完成以下2个Home Activity案例的操作实践。

HomeAct3-1　输出1～50的所有偶数和

新建项目，项目名称为HomeActEvenNumAddXYY，添加Web窗体，实现在页面上输出1～50的所有偶数和。运行效果如图3-15所示。

图 3-15　输出 1~50 的所有偶数和

HomeAct3-2　输出九九乘法表

新建项目,项目名称为 HomeAct99CFBXYY,添加 Web 窗体,实现在 ASP.NET 页面上输出九九乘法表。运行效果如图 3-16 所示。

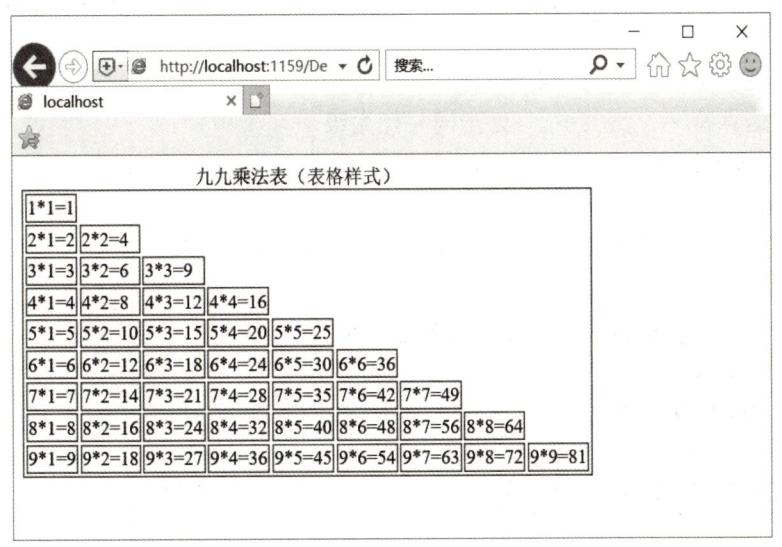

图 3-16　输出九九乘法表

提示:

(1)在页面上实现输出可以用语句 Response.Write(s),参数 s 为要输出的字符串;换行可以用语句 Response.Write("<br>")。

(2)也可以用表格的方式输出九九乘法表的内容。

3.6　单元小结

本单元主要学习了如下内容:

Demo 任务介绍了 C#语言的基本语法结构,变量的声明、数据类型定义方法,数据类型的转换函数和对程序异常的处理,还介绍了一些常见的判断语句的结构。Activity 案例强化了要掌握的知识点。

3.7 单元知识点测试

1.填空题

(1)如果 int x 的初始值为 1,那么执行表达式 x+=1 之后,x 的值为_____。

(2)存储整型的变量应当用关键字_____来声明。

(3)布尔型的变量可以赋值为关键字_____或_____。

2.选择题

(1)在 C♯中无须编写任何代码就能将 int 型数值转换为 double 型数值,称为(　　)。

A.显式转换　　　　B.隐式转换　　　　C.数据类型变换　　　　D.变换

(2)如果左操作数大于右操作数,(　　)运算符返回 false。

A.=　　　　　　　B.<　　　　　　　C.<=　　　　　　　D.以上都是

(3)在 C♯中,(　　)表示为""。

A.空字符　　　　　B.空字符串　　　　C.空值　　　　　　D.以上都不是

3.判断题

(1)使用变量前必须声明其数据类型。　　　　　　　　　　　　　　　(　　)

(2)算术运算符 *、/、%、+、- 处于同一优先级。　　　　　　　　　　(　　)

(3)每组 switch 语句中必须有 break 语句。　　　　　　　　　　　　 (　　)

4.简答题

(1)计算下列表达式的值,并在 Visual Studio 2008 中进行验证。

A.5+3*4　　　　B.(4+5)*3　　　　C.7%4

(2)下列代码运行后,scoreInteger 的值是多少?

```
int scoreInteger;
double scoreDouble=6.66;
scoreInteger=(int)scoreDouble;
```

(3)指出下列程序段的错误并改正。

```
i = 1;
while (i <= 10 );
i++;
}
```

5.操作题

(1)求 1～50 的所有奇数和,使用 for 语句。

(2)求出当前日期后面第 20 天的日期。

(3)利用 replace()函数将字符串 abcd'c--ef 中的'替换为",将-替换为 a。

单元 4　Web 服务器控件

学习目标

知识目标：
(1) 熟悉 ASP.NET 服务器控件的类型。
(2) 熟悉 Web 服务器控件的基本类型。
(3) 掌握基本 Web 服务器控件的属性与方法。
(4) 掌握选择控件和列表控件的属性与方法。
(5) 掌握文件上传控件的属性和方法。
(6) 掌握表控件和容器控件的属性和方法。

技能目标：
(1) 能够区分 ASP.NET 服务器控件与 HTML 控件。
(2) 能够使用 Web 服务器控件的共有属性和方法进行编程。
(3) 能够使用基本 Web 服务器控件的属性和方法进行编程。
(4) 能够使用选择控件和列表控件的属性和方法进行编程。
(5) 能够使用文件上传控件的属性和方法进行编程。
(6) 能够使用表控件和容器控件的属性和方法进行编程。

重点词汇

(1) Web Server Control：_____
(2) ID：_____
(3) ClientID：_____
(4) runat：_____
(5) Visible：_____
(6) Wrap：_____
(7) Multiline：_____
(8) AutoPostBack：_____
(9) RepeatDirection：_____

4.1 引例描述

ASP.NET 页面框架包含许多内置的服务器控件，可以为 Web 提供结构化程度更高的编程模型。这些控件提供下列功能：

- 自动状态管理。
- 简单访问对象值，而无须使用 Request 对象。
- 能够对服务器端代码中的事件进行响应，以创建结构更好的应用程序。
- 为网页构建用户界面的公用方法。
- 根据浏览器的功能自定义输出。

除内置控件外，ASP.NET 页面框架还能够创建用户控件和自定义控件。用户控件和自定义控件可以增强和扩展现有控件以构建更加丰富多彩的用户界面。

在 ASP.NET 中，不同类型的服务器控件按照 Visual Studio 工具栏的布局可以分为如下几种类型：Web 标准服务器控件、数据控件、验证控件、导航控件、登录控件、WebParts 控件、AJAX 扩展控件、动态数据以及 HTML 服务器控件等。

本单元将为学习者讲解 ASP.NET 服务器控件的类层次结构、控件类型和共有属性，以及 Demo 演示和 Activity 实践，使学习者掌握 Web 服务器控件的属性、方法及编程应用，掌握综合运用 Web 服务器控件实现某一具体 Web 应用的编程方法。

本单元的学习导图如图 4-1 所示。

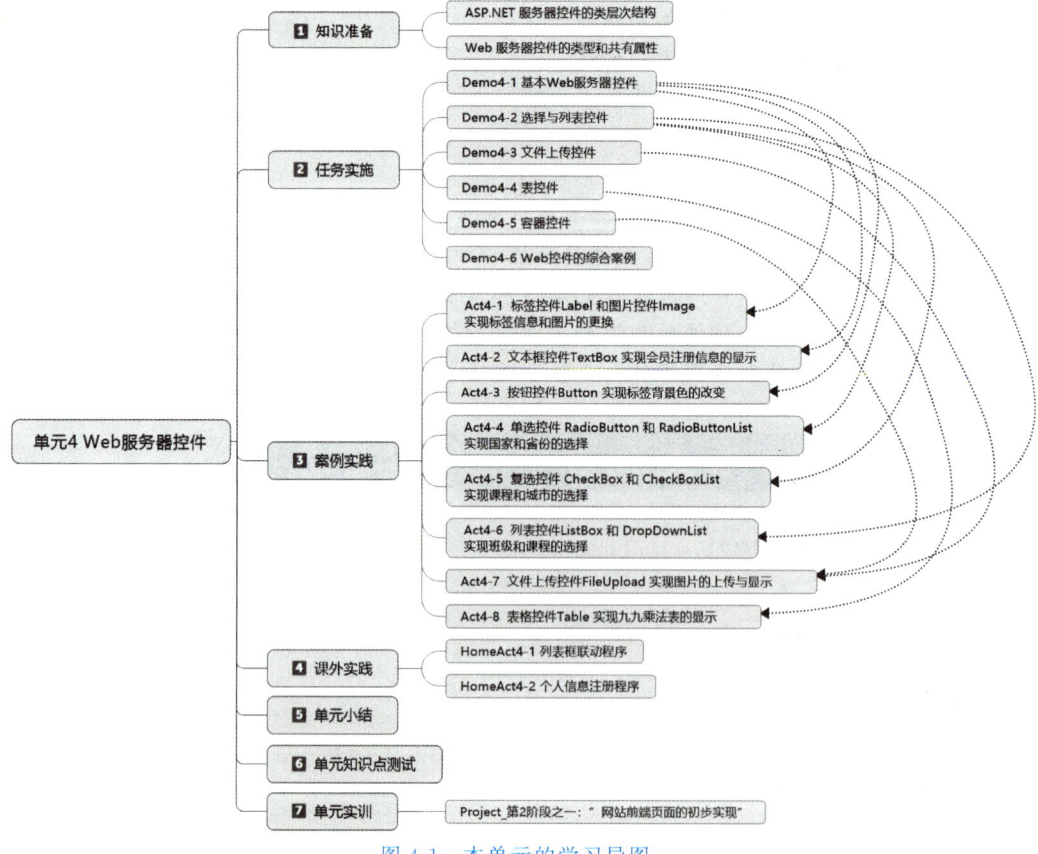

图 4-1 本单元的学习导图

4.2 知识准备

4.2.1 ASP.NET 服务器控件的类层次结构

在 ASP.NET 中,所有的服务器控件都是直接或间接地派生自 System.Web.UI 命名空间中的 System.Web.UI.Control 基类,无论是 HTML 服务器控件、Web 服务器控件,还是用户自定义控件,都是从 System.Web.UI.Control 基类继承而来的,如图 4-2 所示。

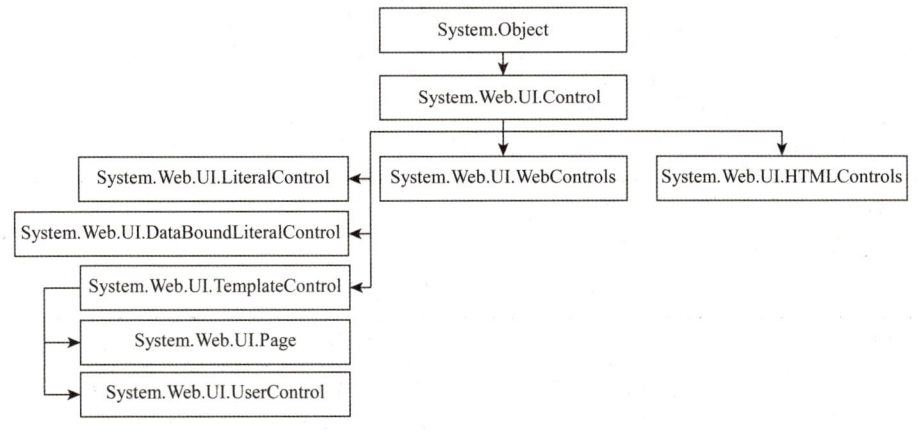

图 4-2　ASP.NET 服务器控件的类层次结构

其中 System.Web.UI.WebControls 包含了 Web 服务器控件,System.Web.UI.HTMLControls 包含了 HTML 服务器控件。System.Web.UI.Page 是所有 ASP.NET Web 页面(.aspx 文件)的基类,System.Web.UI.UserControl 是所有 ASP.NET Web 用户控件(.ascx 文件)的基类。System.Web.UI.Page 和 System.Web.UI.UserControl 不能同时被继承。

4.2.2 Web 服务器控件的类型和共有属性

Web 服务器控件都被放置在 System.Web.UI.WebControls 命名空间下,用来组成与用户交互的界面。本单元重点讲解 Web 服务器控件。VS 2017 工具箱"标准"组中的控件一般是 Web 服务器控件,下面将对常用的 Web 服务器控件进行介绍。

(1) Web 服务器控件的基本类型

一些基本类型见表 4-1。

表 4-1　　Web 服务器控件的基本类型

控件名称	控件功能
Label	用于显示普通文本
Image	用于插入图片
TextBox	用于生成单行、多行文本框和密码框
Button	用于生成普通按钮
ImageButton	用于生成图片按钮

(续表)

控件名称	控件功能
LinkButton	用于生成链接按钮
RadioButton	用于生成单选按钮
RadioButtonList	用于生成支持数据链接方式建立的单选按钮列表
CheckBox	用于生成复选框
CheckBoxList	用于生成支持数据链接方式建立的复选框列表
ListBox	用于生成下拉列表,支持多选
DropDownList	用于生成下拉列表,只支持单选
FileUpload	用于上传文件
Table	用于建立动态表格
Panel	容器控件,存放控件并控制其显示或隐藏
PlaceHolder	容器控件,动态存放控件

(2) Web 服务器控件的共有属性

Web 服务器控件有一些共有属性,见表 4-2。

表 4-2　　　　　　　　　　Web 服务器控件的共有属性

属性	说明
AccessKey	用来指定键盘上的快捷键。可以指定这个属性的内容为数字或英文字母,当使用者按下键盘上的 Alt 键再加上所指定的值时,表示选择该控件
BackColor	控件的背景色
BorderWidth	控件的边框宽度
BorderStyle	控件的外框样式
Enabled	控件是否激活(有效)。本属性默认为 True,如果想使控件失去作用,只要将控件的 Enabled 属性设为 False 即可
Font	控件的字体
Height	控件的高度,单位是像素(pixel)
Width	控件的宽度,单位是像素(pixel)
TabIndex	当用户按下 Tab 键时,Web 服务器控件接收驻点的顺序。如果这个属性没有设置值,就取默认值 0。如果 Web 服务器控件的 TabIndex 属性相同,就由 Web 服务器控件在 ASP.NET 网页中被配置的顺序决定
ToolTip	设置该属性时,若用户停留在该控件上则出现提示文字
Visible	控件是否可见。设置该属性为 False 时,该控件不可见

Web 服务器控件被从工具箱拖曳到工作区后,在源代码视图模式会自动生成相应的代码。控件虽然可以直接使用,但是只有了解了代码的含义,才能更好地利用控件。代码在书写时有一定的结构要求,格式如下:

<asp:Control ID="name" runat="server"></asp:Control>

或者写成

<asp:Control id="name" runat="server" />

代码需要写在一对尖括号内,前缀 asp 为必加项,Control 表示控件的类型;ID 为该控件的属性,是控件的唯一标识,即编程时使用的名字;runat 是固有属性,其值为固定值"server",表示这是一个服务器控件。根据实际情况,尖括号内还可以有更多的属性,可以在"属性"窗口设置或在源代码中直接添加。

4.3 任务实施

Demo4-1 基本 Web 服务器控件

在 ASP.NET 服务器控件中,基本 Web 服务器控件有:Label 控件、Image 控件、TextBox 控件、Button 控件、ImageButton 控件和 LinkButton 控件。

新建项目,完成基本 Web 服务器控件的使用。

➤ **DEMO:(项目名称:DemoBasicWebControlsXYY)**

新建一个 ASP.NET 项目,分别添加多个 ASP.NET 网页,实现如下与标签、图片、文本及按钮相关的多项功能。

(1)显示控件 Label 和 Image

显示控件包含:标签控件(Label 控件)和图片控件(Image 控件)。

Label 控件为开发人员提供了一种以编程方式设置 Web 页面中文本和图片的方法。通常,如果在运行时需要更改页面中的文本和图片,就可以使用 Label 控件和 Image 控件。

Label 控件用于在页面上显示文本,Image 控件用于在页面上显示图片,在工具箱中对应的图标为 A Label 和 Image ,拖曳到工作区时分别显示 Label 和 。使用 Image 控件的 ImageUrl 属性设置图形文件所在的目录或网址,如果在同一个目录下,就可以省略目录名,直接指定文件名。设置完成后对应的图标才会显示相应的图形。

Label 控件的语法格式如下:

<asp:Label ID="Label1" runat="server" Text="显示的文字"></asp:Label>

Image 控件的语法格式如下:

<asp:Image ID="Image1" runat="server" ImageUrl="图片所在地址" AlternateTet="图形未加载时的替代文字"/>

在下面的例子中,页面包括 Label 控件和 Image 控件。

➤ **Demo4-1-1 显示标签文本和图片(页面名称:ShowLabelImageXYY.aspx)**

在新建的项目中新建 ASP.NET 页面,在页面上插入 Label 控件和 Image 控件,分别用于显示文本内容和图片,如图 4-3 所示。

主要步骤

①在解决方案中,添加→新建项目(项目名称:DemoBasicWebControlsXYY),并在新建项目中,添加→Web 窗体:"ShowLabelImageXYY.aspx"。

②页面的界面设计。

将 Label 控件的 Text 属性设置为"您好:ASP.NET!"。

Image 控件通过 ImageUrl 属性设置所使用的图形文件,为了方便管理站点中的图形文件，在站点中新建一个名字叫作"images"的文件夹，用来存放站点中用到的图形。单击 Image 控件"属性"窗口中的"ImageUrl 属性"按钮后，弹出对话框如图 4-4 所示，单击"项目文件夹"中的"images"文件夹，其中的图形文件会在右侧显示，在右侧选择需要的图形文件。

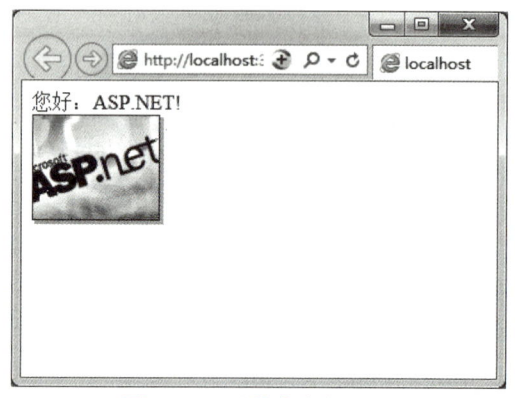

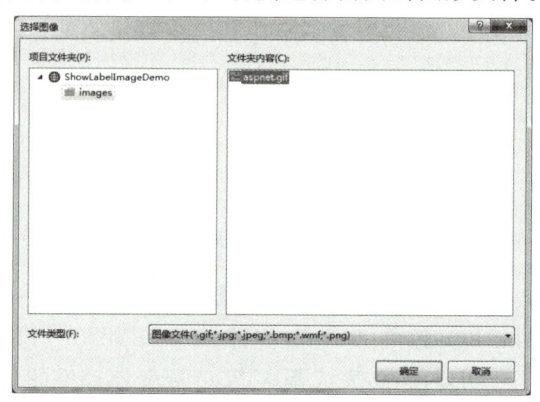

图 4-3　显示控件实例页面　　　　　　　图 4-4　选择图形文件

③测试页面。

保存文件，按功能键 F5 测试页面，验证实际效果。

> **温馨提示**
>
> 在该演示任务的基础上，完成 Act4-1"标签控件 Label 和图片控件 Image 实现标签信息和图片的更换"。

（2）文本框控件 TextBox

TextBox 控件在工具箱中的图标为 ▦ TextBox，拖曳到工作区会显示一个文本框，用户可以在文本框中输入文本。如果切换到源代码视图模式会自动生成如下标签：

<asp:TextBox ID="TextBox1" runat="server"></asp:TextBox>

更多的属性设置，如宽度、默认显示文本等，可以切换到设计视图模式通过"属性"窗口进行设置。TextBox 控件的常用属性见表 4-3。

表 4-3　　　　　　　　　　　　TextBox 控件的常用属性

属性	功能
Columns	设置或得到文本框的宽度，以字符为单位
MaxLength	设置或得到文本框中可以输入的字符的最大长度
Rows	设置或得到文本框中可以输入的字符的行数；当 TextMode 设置为 MultiLine 时有效
Text	设置或得到文本框中的内容
TextMode	设置或得到文本框的输入类型
Wrap	设置或得到一个值，当该值为"true"时，文本框中的内容自动换行；当该值为"false"时，文本框中的内容不自动换行；当 TextMode 设置为 MultiLine 时有效

➤ **Demo4-1-2　显示输入的个人信息（页面名称：ShowInputInfoXYY.aspx）**

在 Web 窗体中，添加 3 个文本框控件，分别用于输入姓名、密码和简介等内容；同时添加 1 个按钮。通过对文本框控件 TextBox 的属性进行设置，编写按钮事件，实现接收用户姓名、密码和简介信息并输出显示功能。

微课

1-页面设计

TextBox 控件实例运行效果如图 4-5 所示。

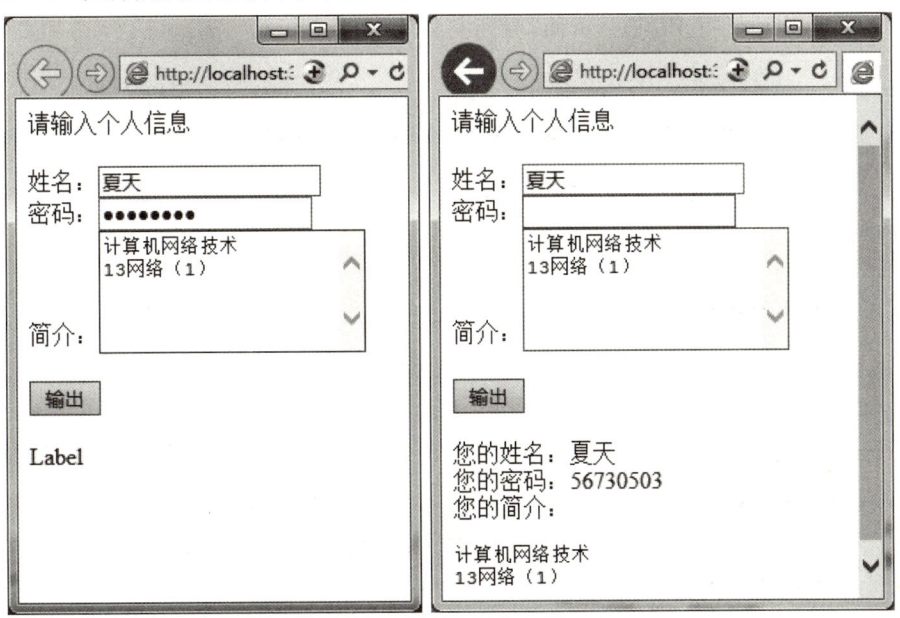

图 4-5　TextBox 控件实例运行效果

主要步骤

①在新建的项目中,添加→Web 窗体:"ShowInputInfoXYY.aspx"。

②页面的界面设计。

在页面中添加 3 个 TextBox 控件、1 个 Button 控件和 1 个 Label 控件。各控件的属性设置见表 4-4。

微课

2-按钮事件代码的编写

表 4-4　　　　　　　　　各控件的属性设置(1)

功能	控件	属性	值	说明
输入姓名	TextBox	ID	txtName	
输入密码	TextBox	ID	txtPassword	
		TextMode	Password	设置为 password,使输入的字符都以"·"显示
		MaxLength	8	确保密码输入的长度不超过 8 位
输入简介	TextBox	ID	txtIntroduce	
		TextMode	MultiLine	
		Rows	5	设置该文本框为 5 行文本框
输出按钮	Button	ID	btnShowInputInfo	
输出标签	Label	Text	空值	

③测试页面。

保存文件，按功能键 F5 测试页面，验证实际效果。

> **注意**
> - 在 Label 标签文本中换行输出，可以加入"
"换行标识符；
> - 在 Label 标签文本中，保留 TextBox 多行文本中的换行格式，可以使用"<PRE>"和"</PRE>"进行格式化输出。

> **温馨提示**
> 在该演示任务的基础上，完成 Act4-2"文本框控件 TextBox 实现会员注册信息的显示"。

（3）按钮控件 Button、ImageButton 和 LinkButton

Button 控件、ImageButton 控件、LinkButton 控件在工具箱中的图标分别为 Button、ImageButton 和 LinkButton，拖曳到工作区会显示 Button、和 LinkButton 这 3 种按钮形式，其中 ImageButton 控件需要在"属性"窗口将 ImageUrl 属性值设置为图片存放的路径，才会生成相应的图形按钮。

3 种控件在源代码视图模式中对应的标签如下：

<asp:Button ID="Button1" runat="server" Text="Button" />
<asp:ImageButton ID="ImageButton1" runat="server" />
<asp:LinkButton ID="LinkButton1" runat="server">LinkButton</asp:LinkButton>

按钮控件均可以把页面上的输入信息提交给服务器，其发生 Click（单击）事件能激活服务器脚本中对应的事件过程代码。

➤ **Demo4-1-3 按钮控件演示（页面名称：ShowButtonClickXYY.aspx）**

在页面上添加 1 个 Button 控件、1 个 ImageButton 控件、1 个 LinkButton 控件和 1 个 Label 控件，分别单击前三种按钮后，会在 Label 标签中显示"您单击了 Button 按钮！""您单击了 ImageButton 按钮！"和"您单击了 LinkButton 按钮！"。按钮控件实例运行效果如图 4-6 所示。

图 4-6 按钮控件实例运行效果

主要步骤

①在新建的项目中，添加→Web 窗体："ShowButtonClickXYY.aspx"。

②页面的界面设计。

a.根据要求，在页面中添加 1 个 Button 控件、1 个 ImageButton 控件、1 个 LinkButton 控件和 1 个 Label 控件。各控件的属性设置见表 4-5。

表 4-5　　　　　　　　　　　　各控件的属性设置(2)

功能	控件	属性	值	说明
普通按钮	Button	ID	btnButton	
		Text	普通按钮	
图片按钮	ImageButton	ID	btnImageButton	
		ImageUrl	~/images/trynow.jpg	图片文件在 images 目录下
		Text	图片按钮	
链接按钮	LinkButton	Text	btnLinkButton	
		Text	链接按钮	
信息标签	Label	ID	lblInfo	用于显示按钮的单击信息
		Text	空值	

b.双击 Button 控件,进入代码编辑模式,在 btnButton_Click 事件过程中输入"lblInfo.Text = "您单击了 Button 按钮!""语句,如下所示:

```
protected void btnButton_Click(object sender, EventArgs e)
{
    lblInfo.Text = "您单击了 Button 按钮!";
}
```

c.回到源代码视图模式,Button 控件的标签已经变为以下内容:

`<asp:Button ID="btnButton" runat="server" OnClick="btnButton_Click" Text="普通按钮"/>`

OnClick 为 Button 控件的一个属性,属性值为 btnButton_Click,表明当 Button 控件发生 Click 事件时,激活了 btnButton_Click 事件过程脚本,该过程通过"lblInfo.Text = "您单击了 Button 按钮!""语句向 Label 控件中写入"您单击了 Button 按钮!"。

d.ImageButton 控件和 LinkButton 控件的事件参照该方法编写。

③测试页面。

保存文件,按功能键 F5 测试页面,验证实际效果。

> **注意**
> - 在 Button 控件的 Click 事件中,有一个 CommandEventArgs 类型的参数 e,利用 e.CommandName 和 e.CommandArgument 属性可以取得被单击 Button 控件的 CommandName 命令名称、CommandArgument 命令参数两个属性。在实际程序开发中,常用这两个属性来确定是哪一个按钮被单击,从而做出不同反应。
> - OnCommand 事件通常用于与特定的命令名(CommandName)关联,可以在一个网页上创建多个 Button 控件,指定不同的 CommandName,然后在同一个事件处理程序中,分别处理不同的 Button 控件。代码如下所示:
> `<asp:Button id="Button1" Text="Sort Ascending" CommandName="Sort" CommandArgument="Asc" OnCommand="CommandBtn_Click" runat="server"/>`
>
> `<asp:Button id="Button2" Text="Sort Descending" CommandName="Sort" CommandArgument="Desc" OnCommand="CommandBtn_Click" runat="server"/>`
>
> `<asp:Button id="Button3" Text="Submit" CommandName="Submit" OnCommand="CommandBtn_Click" runat="server"/>`

> **温馨提示**
>
> 在该演示任务的基础上，完成 Act4-3 "按钮控件 Button 实现标签背景色的改变"。

Demo4-2　选择与列表控件

选择与列表控件包含三组控件：RadioButton 控件和 RadioButtonList 控件、CheckBox 控件和 CheckBoxList 控件、ListBox 控件和 DropDownList 控件。

新建项目，完成选择与列表控件的使用。

▶ **DEMO：（项目名称：DemoSelectListControlsXYY）**

新建一个 ASP.NET 项目，分别添加多个 ASP.NET 网页，实现如下跟选择与列表控件相关的多项功能。

（1）单选控件 RadioButton 和 RadioButtonList

①RadioButton 控件

RadioButton 控件用于从多个选项中选择一项，属于单选控件，其基本功能相当于 HTML 控件的 <input type="radio">。语法格式如下：

```
<asp:RadioButton
ID="RadioButton1"
runat="server"
AutoPostBack="True | False"
GroupName="组名称"
Text="控件的文字"
TextAlign="Left | Right"
OnCheckedChanged="事件程序名称"
/>
```

使用 RadioButton 控件可以生成一组单选按钮。拖曳 RadioButton 控件在工具箱中的图标 到工作区，显示 。拖曳多个 RadioButton 控件构成一组单选按钮，为确保用户选择时只能选中其中的一项，须将这些单选按钮的 GroupName 属性设置为相同的值。Text 属性用来设置按钮上显示的文本信息。如果将组中某个控件的 Checked 属性设置为 True，此项就为默认选中项。也可以通过 Checked 属性判断单选按钮是否被选中：值为 True，表明该按钮被选中；值为 False，表明该按钮没有被选中。

希望在一组 RadioButton 控件中只能选择一个时，只要将它们的 GroupName 属性设置为相同的值即可。RadioButton 控件有 OnCheckedChanged 事件，这个事件在 RadioButton 控件的选择状态发生改变时触发。需要注意的是，要触发该事件，必须把 AutoPostBack 属性设置为 True。

▶ **Demo4-2-1　RadioButton 单选按钮控件演示（页面名称：RadioButtonXYY.aspx）**

在本案例中，使用 RadioButton 控件生成一组用于选择访问者用户身份的单选按钮，默认选中项为"教师"，当单击"确认"按钮后，页面显示效果如图 4-7 所示。

单元 4　Web 服务器控件

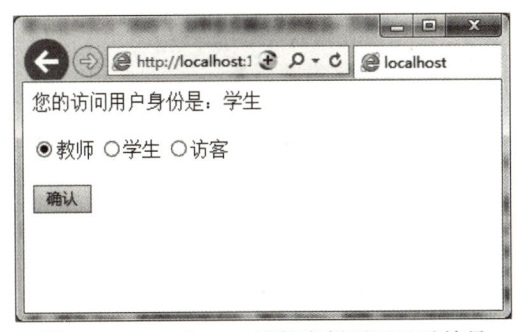

图 4-7　RadioButton 控件实例页面显示效果

主要步骤

a. 在解决方案中，添加→新建项目（项目名称：DemoSelectListControlsXYY），并在新建项目中，添加→Web 窗体："RadioButtonXYY.aspx"。

b. 页面的界面设计。

在本案例中使用了 3 个 RadioButton 控件、1 个用于提交信息的 Button 控件，还有 1 个用于显示提交结果的 Label 控件。

各控件的属性设置见表 4-6。

表 4-6　　　　　　　　　　各控件的属性设置（3）

功能	控件	属性	值	说明
单选按钮	RadioButton	ID	radTeacher	
		GroupName	LoginUser	同一个 GroupName 属性值
		Text	教师	
		Checked	True	默认选中项
单选按钮	RadioButton	ID	radStudent	
		GroupName	LoginUser	同一个 GroupName 属性值
		Text	学生	
单选按钮	RadioButton	ID	radGuest	
		GroupName	LoginUser	同一个 GroupName 属性值
		Text	访客	
信息标签	Label	ID	lblLoginUser	用于显示选择的信息
		Text	空值	
确认按钮	Button	ID	btnLogin	
		Text	确认	

c. 编写代码。

双击"确认"按钮，进入代码编辑模式，在 btnLogin_Click 事件过程中输入代码，如下所示：

59

```
protected void btnLogin_Click(object sender, EventArgs e)
{
    string strMsg = "";
    if (radTeacher.Checked)    //如果选中"教师"
        strMsg = "教师";
    if (radStudent.Checked)    //如果选中"学生"
        strMsg = "学生";
    if (radGuest.Checked)      //如果选中"访客"
        strMsg = "访客";
    lblLoginUser.Text = strMsg;    //输出显示结果
}
```

以上代码显示，当按钮控件发生 Click 事件时，激活 btnLogin_Click 事件过程，在该过程中通过 if 语句对 3 个 RadioButton 控件的 Checked 属性值进行判断，如果其中的一个值为 True，表明该控件被选中，把对应的值（"教师"、"学生"或"访客"）赋给变量 strMsg，最后通过"lblLoginUser.Text = strMsg;"语句给 Label 控件的 Text 属性赋值，在该控件的位置上显示相应的文本信息。

由于每一个 RadioButton 控件都是独立的，要判断一个组内是否有被选中的项，必须判断所有控件的 Checked 属性值，这样在程序上比较复杂。针对这种情况，ASP.NET 提供了 RadioButtonList 控件，该控件具有和 RadioButton 控件同样的功能，并且可以方便地管理各个数据项。

d. 测试页面。

保存文件，按功能键 F5 测试页面，验证实际效果。

② RadioButtonList 控件

当使用多个 RadioButton 控件时，在程序的判断上比较麻烦，RadioButtonList 控件提供一组 RadioButton 控件，可以方便地取得用户所选取的项目。

RadioButtonList 控件的语法格式如下：

```
<asp:RadioButtonList ID="RadioButtonList1" OnSelectedIndexChanged="事件程序名称" runat="server">
    <asp:ListItem>项目1</asp:ListItem>
    <asp:ListItem>项目2</asp:ListItem>
</asp:RadioButtonList>
```

RadioButtonList 控件的常用属性见表 4-7。

表 4-7　　　　　　　　　　RadioButtonList 控件的常用属性

属性	说明
AutoPostBack	设置是否立即响应 OnSelectedIndexChanged 事件
CellPadding	各项目之间的距离，单位为像素
Items	返回 RadioButtonList 控件中的 ListItem 对象
RepeatColumns	一行放置选择项目的个数，默认为 0（忽略此项）
RepeatDirection	选择项目的排列方向，可设置为 vertical（垂直，默认值）或 horizontal（水平）

单元 4　Web 服务器控件

(续表)

属性	说明
RepeatLayout	设置 RadiobuttonList 控件的 ListItem 排列方式：Table 排列或直接排列
SelectedIndex	返回被选取的 ListItem 的 Index 值
SelectedItem	返回被选取的 ListItem 对象
TextAlign	设置各项目所显示的文字是在按钮的左边(Left)还是在右边(Right)，默认值为 Right

ListItem 的语法格式如下：

＜asp：ListItem＞Item1＜/asp：ListItem＞

或

＜asp：ListItem Text＝"Item1"/＞

ListItem 控件的常用属性见表 4-8。

表 4-8　　　　　　　　　　ListItem 控件的常用属性

属性	说明
Selected	此项目是否被选取
Text	项目的文字
Value	和 ListItem 相关的数据

RadioButtonList 控件中的数据项是通过 ListItem 控件来定义的。ListItem 控件表示 RadioButtonList 控件中的数据项，它不是一个独立存在的控件，必须依附在其他的控件下使用，比如 RadioButtonList 控件以及后面要学习的 DropDownList 控件和 CheckBoxList 控件。

RadioButtonList 控件还具有 SelectedItem 对象，代表控件中被选中的数据项，可以通过该对象获取被选中项的相关属性值。

➤ **Demo4-2-2　RadioButtonList 控件演示（页面名称：RadioButtonListXYY.aspx）**

在本案例中，使用 RadioButtonList 控件设定 3 个科目供选择，一旦选中其中的某一个项目，在标签中将会显示出该文本和对应的值。页面显示效果如图 4-8 所示。

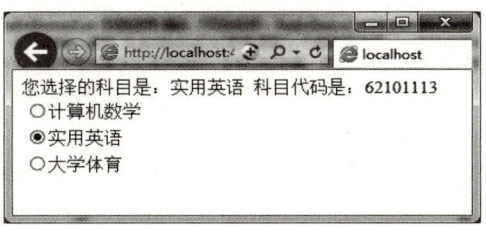

微课

RadioButtonList
按钮控件演示

图 4-8　RadioButtonList 控件实例页面显示效果

主要步骤

a.在新建的项目中，添加→Web 窗体："RadioButtonListXYY.aspx"。

b.页面的界面设计。

在本案例中使用了 1 个 RadioButtonList 控件和 1 个用于显示提交结果的 Label 控件。

RadioButtonList 控件在工具箱中的图标为 ![RadioButtonList]，拖曳该图标到工作区显示 ![未绑定]。选中该控件，在控件上会出现 ![▶] 图标，单击该图标可以显示或隐藏 RadioButtonList 任务菜单。选择"RadioButtonList 任务"→"编辑项"命令，弹出"ListItem 集合编辑器"对话框，可以通过"添加"按钮或"移除"按钮为 RadioButtonList 控件添加或移除数据项，如图 4-9 所示。

图 4-9 为 RadioButtonList 控件添加或移除数据项

c.编写代码。

完成数据项的添加，进入源代码视图模式，RadioButtonList 控件对应的代码如下所示：

```
<asp:RadioButtonList ID="rblCourse" runat="server" AutoPostBack="True" OnSelectedIndexChanged="rblCourse_SelectedIndexChanged">
    <asp:ListItem Value="61106013">计算机数学</asp:ListItem>
    <asp:ListItem Value="62101113">实用英语</asp:ListItem>
    <asp:ListItem Value="64101113">大学体育</asp:ListItem>
</asp:RadioButtonList>
```

双击 RadioButtonList 控件进入代码编辑模式，在 rblCourse_SelectedIndexChanged 事件过程中输入代码，如下所示：

```
protected void rblCourse_SelectedIndexChanged(object sender, EventArgs e)
{
    lblCourse.Text = "您选择的科目是："+ rblCourse.SelectedItem.Text + "  科目代码是：" + rblCourse.SelectedItem.Value;
}
```

"rblCourse.SelectedItem.Text"代表被选中项的 Text 属性值，"rblCourse.SelectedItem.Value"代表被选中项的 Value 属性值，两个字符串连接，赋值给 Label 控件的 Text 属性。

RadioButtonList 控件除了上述的用法外，还支持动态数据绑定，也就是说在代码编辑视图中为该控件添加数据项。对于上面的例子，从工具箱拖曳 RadioButtonList 控件后，进入代码编辑视图模式,在 Page_Load 事件过程中输入如下代码,同样可以实现上例中的效果。

```
if(! Page.IsPostBack)    //如果是第一次加载页面
{
    //添加项目,方法一
    rblCourse.Items.Add("计算机基础");
    //添加项目,方法二
    rblCourse.Items.Add(new ListItem("专业英语","82101013"));
}
```

其中,Items 为 RadioButtonList 控件的对象,使用其 Add 方法可以为 RadioButtonList 控件添加数据项(ListItem)。

d.测试页面。

保存文件,按功能键 F5 测试页面,验证实际效果。

> **注意**
> - 将 RadioButtonList 控件的 AutoPostBack 属性设置为 True,才能触发 rblCourse_SelectedIndexChanged 事件。
> - 创建 ListItem 对象常用以下两种方式:
> ListItem item=new ListItem("Item1");
> ListItem item=new ListItem("Item1","Item Value");
> 第一种方式在创建 ListItem 对象时设置了 Text 属性值;第二种方式则是分别设置 Text 属性值和 Value 属性值。

温馨提示

在该演示任务的基础上,完成 Act4-4"单选控件 RadioButton 和 RadioButtonList 实现国家和省份的选择"。

(2)复选控件 CheckBox 和 CheckBoxList

①CheckBox 控件

CheckBox 控件为用户提供了一种在真/假、是/否或开/关选项之间切换的方法。CheckBox 控件跟 RadioButton 控件不同的地方是它允许多选,其语法格式如下:

```
<asp:CheckBox
ID="CheckBox1"
runat="server"
OnCheckedChanged="CheckBox1_CheckedChanged" />
```

CheckBox 控件的常用属性见表 4-9。

表 4-9   CheckBox 控件的常用属性

属性	说明
AutoPostBack	设置当用户选择不同的项目时,是否自动触发 OnCheckedChange 事件
Checked	返回或设定该项目是否被选取
GroupName	按钮所属组

(续表)

属性	说明
TextAlign	项目所显示文字的对齐方式
Text	CheckBox 中所显示的内容

使用 CheckBox 控件可以生成一组复选框,在工具箱中的图标为 ☑ CheckBox,拖曳到工作区显示 ☐[CheckBox1],通过 Text 属性值来设置控件上显示的文本,选项被选中后,Checked 属性值变为 True。

> **Demo4-2-3** 兴趣爱好的多项选择 1(页面名称:ShowFavCheckBoxXYY.aspx)

在本案例中,使用 CheckBox 控件生成一组兴趣爱好复选框,在选择了其中的数据项提交后,在"提交"按钮下方显示相关信息,如图 4-10 所示。

微课

CheckBox 多选按钮控件演示

图 4-10 CheckBox 控件实例页面显示效果

主要步骤

a. 在新建的项目中,添加→Web 窗体:"ShowFavCheckBoxXYY.aspx"。

b. 页面的界面设计。

在本案例中使用了 6 个 CheckBox 控件(控件 ID 分别为 chkFav1～chkFav6,Text 属性分别为"音乐""电影""运动""读书""旅游""购物");1 个用于提交信息的 Button 控件;还有 1 个用于显示提交结果的 Label 控件。

c. 编写代码。

双击"提交"按钮,进入代码编辑模式,在 btnSubmit_Click 事件过程中输入如下代码:

```
protected void btnSubmit_Click(object sender, EventArgs e)
{
    string msg = "";
    if (chkFav1.Checked == true)//如果被选中
    {
        msg = msg + chkFav1.Text+" ";   //将选中项目的文本加入 msg 字符串中
    }
    if (chkFav2.Checked == true)
    {
        msg = msg + chkFav2.Text + " ";
    }
    if (chkFav3.Checked == true)
    {
```

```
            msg = msg + chkFav3.Text + " ";
        }
        if (chkFav4.Checked == true)
        {
            msg = msg + chkFav4.Text + " ";
        }
        if (chkFav5.Checked == true)
        {
            msg = msg + chkFav5.Text + " ";
        }
        if (chkFav6.Checked == true)
        {
            msg = msg + chkFav6.Text + " ";
        }
        lblFav.Text = "您的爱好是:" + msg + "。";
}
```

d.测试页面。

保存文件,按功能键 F5 测试页面,验证实际效果。

> **注意** 程序中有 6 个 if 语句,对 6 个 CheckBox 控件的 Checked 属性值进行判断,若为 True,则对应的选项被选中,把该选项的 Text 属性值赋给 msg 变量。

> **温馨提示** 以上实现方法,也可采用语句:for each(control ctrl in form1.controls)。

虽然使用 CheckBox 控件可以生成一组复选框,但这种方式对于多个选项来说,在程序判断上比较复杂,因此,CheckBox 控件一般用于数据项较少的复选框,而对于数据项较多的复选框,多使用 CheckBoxList 控件,可以方便地获得用户所选取的数据项的值。

②CheckBoxList 控件

当使用一组 CheckBox 控件时,在程序的判断上比较麻烦,可以使用 CheckBoxList 控件,它跟 RadioButtonList 控件一样,可以方便地取得用户选取的项目。其语法格式如下:

```
<asp:CheckBoxList
ID="CheckBoxList1"
runat="server"
OnSelectedIndexChanged="CheckBoxList1_SelectedIndexChanged">
        <asp:ListItem>选项 1</asp:ListItem>
        <asp:ListItem>选项 2</asp:ListItem>
</asp:CheckBoxList>
```

CheckBoxList 控件的常用属性见表 4-10。

表 4-10　　　　　　　　　　CheckBoxList 控件的常用属性

属性	说明
AutoPostBack	设置是否响应 OnSelectedIndexChanged 事件
CellPadding	各项目之间的距离,单位是像素
Items	返回 CheckBoxList 控件中的 ListItem 对象
RepeatColumns	项目的横向字段数目
RepeatDirection	设置 CheckBoxList 控件的排列方式是水平(Horizontal)排列,还是垂直(Vertical)排列
RepeatLayout	设置 CheckBoxList 控件的 ListItem 对象排列方式是 Table 排列,还是直接排列;默认值是 Table
SelectedIndex	返回被选取的 ListItem 对象的 Index 值
SelectedItem	返回被选取的 ListItem 对象
SelectedItems	由于 CheckBoxList 控件可以复选,被选取的项目会加入 ListItems 集合中,本属性可以返回 ListItems 集合,为只读
TextAlign	设置 CheckBoxList 控件中各项所显示的文字是在按钮的左边(Left)还是在右边(Right),默认值是 Right

➤ **Demo4-2-4　兴趣爱好的多项选择 2（页面名称：ShowFavCheckBoxListXYY.aspx）**

在本案例中,使用 CheckBoxList 控件替代多个 CheckBox 控件生成一组兴趣爱好复选框,当选择了其中的数据项提交后,在"提交"按钮下方显示相关信息,如图 4-11 所示。

图 4-11　CheckBoxList 控件实例页面显示效果

主要步骤

a. 在新建的项目中,添加→Web 窗体:"ShowFavCheckBoxListXYY.aspx"。

b. 页面的界面设计。

在本案例中使用了 1 个 CheckBoxList 控件,并在该控件的编辑项中添加了 6 个项目,分别为"音乐""电影""运动""读书""旅游""购物",设置 CheckBoxList 控件的 RepeatColumns 属性值为 4,RepeatDirection 的属性值为 Horizontal;使用 1 个用于提交信息的 Button 控件;还有 1 个用于显示提交结果的 Label 控件。

c. 编写代码。

双击"提交"按钮,进入代码编辑模式,在 btnSubmit_Click 事件过程中输入代码,如下所示:

```csharp
protected void btnSubmit_Click(object sender, EventArgs e)
{
    string msg = "";
    //遍历 CheckBoxList 的每一项
    for (int i = 0; i <= cblFav.Items.Count - 1; i++)
    {
        if (cblFav.Items[i].Selected)//如果被选中
        {
            //将选中的文字加入字符串 msg 中
            msg = msg + cblFav.Items[i].Text + " ";
        }
    }
    lblFav.Text = "您喜欢的项目有:" + msg + "。";
}
```

d.测试页面。

保存文件,按功能键 F5 测试页面,验证实际效果。

> **注意**
>
> Items 为 CheckBoxList 控件的对象,它的 Count 属性值为控件中数据项的个数,Items[i]为具体的某一项,如果该项被选中,cblFav.Items[i].Selected 的值就为 True,反之为 False。通过代码可以看出,使用 CheckBoxList 控件时,仅用一个 for 循环语句就能判断出所有被选中的数据项。
>
> 以上实现方法,也可采用:
>
> ```
> for each(ListItem item in CheckBoxList1.Items)
>     if(item.Selected)
>         Label1.Text=item.Text
> ……
> ```

> **温馨提示**
>
> 在该演示任务的基础上,完成 Act4-5"复选控件 CheckBox 和 CheckBoxList 实现课程和城市的选择"。

(3)列表控件 ListBox 和 DropDownList

①ListBox 控件

ListBox 控件是一个列表式的选择控件,可以将所有的选项都一次性显示出来。其语法格式如下:

```
<asp:ListBox
ID="ListBox1"
runat="server"
OnSelectedIndexChanged="ListBox1_SelectedIndexChanged">
    <asp:ListItem>项目 1</asp:ListItem>
    <asp:ListItem>项目 2</asp:ListItem>
</asp:ListBox>
```

ListBox 控件的常用属性见表 4-11。

表 4-11　　　　　　　　　　ListBox 控件的常用属性

属性	说明
AutoPostBack	设置是否响应 OnSelectedIndexChanged 事件
Items	返回 ListBox 控件中的 ListItem 对象
Rows	返回 ListBox 控件一次要显示的行数
SelectedIndex	返回被选取的 ListItem 对象的 Index 值
SelectedItem	返回被选取的 ListItem 对象
SelectedItems	由于 ListBox 控件可以多选,被选取的项目会加入 ListItems 集合中,本属性可以返回 ListItems 集合,为只读
SelectMode	设置 ListBox 控件是否可以按 Shift 键或 Ctrl 键进行多选,默认值为 Single;设为 Multiple 时可以多选

▶ **Demo4-2-5　选择向往的城市(页面名称:CityListBoxXYY.aspx)。**

在本案例中,使用 2 个 ListBox 控件分别存放城市列表和被选择的城市名称,通过 2 个按钮,分别使所选城市在 2 个 ListBox 控件之间移动,如图 4-12 所示。

图 4-12　ListBox 控件实例页面显示效果

主要步骤

a.在新建的项目中,添加→Web 窗体:"CityListBoxXYY.aspx"。

b.页面的界面设计。

在本案例中使用了 2 个 ListBox 控件,并在该控件的编辑项中,添加 6 个城市名称(如图 4-12 所示),设置 2 个 ListBox 控件的 SelectMode 属性值为 Multiple;使用 2 个用于左右选择的 Button 控件。

c.编写代码。

双击"-->"按钮,进入代码编辑模式,在 btnGoRight_Click 事件过程中输入代码,如下所示:

```
protected void btnGoRight_Click(object sender, EventArgs e)
{
    //遍历左侧 ListBox 的每一项
    for (int i = lstCity1.Items.Count - 1; i >= 0;i-- )
```

```
            {
                //取得当前项 ListItem
                ListItem itemCity = lstCity1.Items[i];
                if(itemCity.Selected)    //如果被选中
                {
                    //往右侧 ListBox 中加入该项
                    lstCity2.Items.Add(itemCity);
                    //从左侧 ListBox 中移除选中项
                    lstCity1.Items.Remove(itemCity);
                }
            }
        }
```

双击"<--"按钮,进入代码编辑模式,在 btnGoLeft_Click 事件过程中输入代码,如下所示:

```
protected void btnGoLeft_Click(object sender, EventArgs e)
{
        for (int i = lstCity2.Items.Count − 1; i >= 0;i−−)
        {
            ListItem itemCity = lstCity2.Items[i];
            if (itemCity.Selected)
            {
                lstCity1.Items.Add(itemCity);
                lstCity2.Items.Remove(itemCity);
            }
        }
}
```

3-按钮事件代码编写

d.测试页面。

保存文件,按功能键 F5 测试页面,验证实际效果。

> **注意**：在代码中,遍历 ListBox 每一项使用的是 i−− 的递减方式"for (int i = lstCity1.Items.Count − 1; i >= 0;i−−)";如果使用 i++ 的递增方式"for(int i=0;i<=lstCity1.Items.Count−1;i++)",就会出现不同的情况。请验证。

②DropDownList 控件

DropDownList 控件和 ListBox 控件的功能几乎一样,只是 DropDownList 控件不是将所有的选项都一次性显示出来,而是采取下拉列表的选择方式。其语法格式如下:

```
<asp:DropDownList
ID="DropDownList1"
runat="server" OnSelectedIndexChanged="DropDownList1_SelectedIndexChanged">
        <asp:ListItem>项目 1</asp:ListItem>
        <asp:ListItem>项目 2</asp:ListItem>
</asp:DropDownList>
```

DropDownList 控件的常用属性见表 4-12。

表 4-12　　　　　　　　　　　DropDownList 控件的常用属性

属性	说明
AutoPostBack	设置是否响应 OnSelectedIndexChanged 事件
Items	返回 DropDownList 控件中的 ListItem 对象
SelectedIndex	返回被选取的 ListItem 对象的 Index 值
SelectedItem	返回被选取的 ListItem 对象

➢ **Demo4-2-6 城市选择（页面名称：CityDropDownListXYY.aspx）**

在本案例中，将 DropDownList 控件中选择的城市名称显示到 Label 控件中。页面显示效果如图 4-13 所示。

微课

DropDownList
控件演示

图 4-13　DropDownList 控件实例页面显示效果

主要步骤

a. 在新建的项目中，添加→Web 窗体："CityDropDownListXYY.aspx"。

b. 页面的界面设计。

在本案例中使用了 1 个 DropDownList 控件，并在该控件的编辑项中，添加 6 个城市名称，将 AutoPostBack 属性设置为 True；1 个 Label 控件用于显示在 DropDownList 控件中所选择的城市名称。

c. 编写代码。

双击 DropDownList 控件，进入代码编辑模式，在 ddlCity_SelectedIndexChanged 事件过程中输入代码，如下所示：

```
protected void ddlCity_SelectedIndexChanged(object sender, EventArgs e)
{
    lblCity.Text = "您选择的城市是：<font color=red>" + ddlCity.SelectedItem.Text + "</font>";
}
```

d. 测试页面。

保存文件，按功能键 F5 测试页面，验证实际效果。

> **温馨提示**
>
> 在该演示任务的基础上，完成 Act4-6 "列表控件 ListBox 和 DropDownList 实现班级和课程的选择"。

Demo4-3　文件上传控件

文件上传控件 FileUpload 实现的功能是将文件上传到服务器。本节学习如何使用 FileUpload 控件上传文件,以及如何上传大文件和一次上传多个文件。

当使用 FileUpload 控件选定要上传的文件并提交后,该文件将作为请求的一部分进行上传。即当页面提交时,客户端会同时完成向服务器上传文件的过程,用户可以看到浏览器进度条前移。在文件上传完成后,文件被完整缓存在服务器内存中。文件上传完成后页面代码才开始正式运行。此时可以使用 FileUpload 控件的一些属性和方法来访问和保存上传的文件。FileUpload 控件提供了一些属性让开发人员使用,常用的属性见表 4-13。

表 4-13　　　　　　　　　　FileUpload 控件的常用属性

属性	说明
Enabled	允许或禁止 FileUpload 控件
FileBytes	获取上传文件内容的字节数组
FileContent	获取上传文件内容的流式数据
FileName	获取上传文件的文件名
HasFile	上传文件后,该属性值返回 True
PostedFile	获取上传文件的 HttpPostedFile 类型对象

其中,PostedFile 属性是 HttpPostedFile 类型的对象,用于向用户提供一些上传文件的信息。PostedFile 对象公开的属性如下:

➢ ContentLength:允许获取以字节为单位的上传文件的大小。
➢ ContentType:允许获取上传文件的 MIME 类型。
➢ FileName:允许获取上传文件的文件名。
➢ InputStream:允许获取上传文件的文件流。

除了属性,FileUpload 控件还支持方法,见表 4-14。

表 4-14　　　　　　　　　　FileUpload 控件的方法

方法	说明
Focus	允许将焦点设置到文件上传控件
SaveAs	允许保存上传的文件到文件系统中

新建项目,完成文件上传控件的使用。

➢ DEMO(项目名称:DemoFileUploadXYY)

新建一个 ASP.NET 项目,添加多个 ASP.NET 网页,分别实现如下与文件上传相关的多项功能。一般情况下,在上传页面中 FileUpload 控件用于上传单个的、小于 4 MB 的文件。

➢ 使用 FileUpload 控件上传图片文件(页面名称:SingleSmallFileUploadXYY.aspx)

在本案例中,使用 1 个 FileUpload 控件上传 4 MB 以下的图片文件。页面显示效果如图 4-14 所示。

图 4-14　FileUpload 控件上传图片文件页面显示效果

| 2-文件上传界面设计 | 3-代码编写"1-框架及判断是否有文件" | 3-代码编写"2-判断上传的是否为图片文件" | 3-代码编写"3-图片上传操作" | 4-调试运行 |

主要步骤

① 在解决方案中，添加→新建项目（项目名称：DemoFileUploadXYY），并在新建项目中，添加→Web 窗体："SingleSmallFileUploadXYY.aspx"。

② 页面的界面设计。

在窗体上添加一个 FileUpload 控件。添加 FileUpload 控件后，出现一个文本框和一个按钮。这时需要添加一个上传文件的 Button 控件，执行将文件上传到服务器缓存的功能。另外，再添加一个 Label 控件，用于显示上传后的信息提示。

在网站项目里，添加一个名为 UploadImage 的文件夹，用来存放上传的文件。

③ 编写代码。

为 Button 控件添加验证上传文件的代码，若是图像文件，则保存到文件系统中，否则提示文件类型不接受。具体代码如下：

```
protected void btnUpload_Click(object sender, EventArgs e)
{
    Boolean fileOK = false;          //设置文件验证 fileOK 的初始值为 false
    string path = Server.MapPath("~/UploadImage/");   //设置文件上传路径
    if(FileUpload1.HasFile)   //如果已单击"浏览"按钮并添加文件到 FileUpload 文本框中
    {
        //获取 FileUpload 文本框中的文件名，并转为小写字母
        string fileExtension = System.IO.Path.GetExtension(FileUpload1.FileName).ToLower();
        //设置允许上传图片的文件扩展名
        string[] allowedExtensions= { ".gif", ".png", ".jpeg", ".jpg" };
        //验证添加的文件是否属于图片文件
        for(int i=0;i<ext.Length;i++)
        {
            if (fileExtension == allowedExtensions[i])
                fileOK = true;
```

```
            }
            //如果上传的是图片文件,开始上传文件到服务器的操作
            if(fileOK)
            {
                try
                {
                    //上传到 UploadImage 目录,并在
                    Label 控件中显示信息
                    FileUpload1.PostedFile.SaveAs(path
+ FileUpload1.FileName);
                    lblMsg.Text = "文件已经上传成功!<BR>"+"上传文件名为:" + FileUpload1.
FileName + "<BR>文件大小为:" + FileUpload1.PostedFile.ContentLength / 1024 + "KB";
                }
                catch(Exception ex)
                {
                    //如果捕获到错误,提示错误信息
                    lblMsg.Text = "文件上传失败!原因是:" + ex.Message;
                }
            }
            else
            {
                //如果上传的不是图片文件,提示错误信息
                lblMsg.Text = "不可接受的文件类型!";
            }
        }
    }
```

5-拓展-"以日期为文件命名"讲解

5-拓展-"以日期为文件命名"文件日期命名

5-拓展-"以日期为文件命名"显示上传图片

④测试页面。

保存文件,按功能键 F5 测试页面,验证实际效果。

> **注意**
>
> ● 该案例中,按钮的单击事件分为三步。首先检查 FileUpload 控件的 HasFile 属性,判断该控件是否包含上传文件。然后检查上传文件的扩展名是否和设定的扩展名匹配,若匹配则上传,否则不允许上传。最后将文件保存到 Upload 文件夹中,并在 Label 控件中显示文件上传成功和文件名、文件大小等信息。
>
> ● 检查服务器上是否存在这个物理路径,若不存在则创建,实现代码如下:
> if(! System.IO.Directory.Exists(savePath))
> { System.IO.Directory.CreateDirectory(savePath); }
>
> ● 如果要在代码中控制上传文件的大小,可以通过如下代码实现:
> int filesize = FileUpload1.PostedFile.ContentLength;
> if (filesize > 1024 * 1024)
> { strErr += "文件大小不能大于 1 MB\n"; }
>
> ● 除了通过后台代码实现文件类型判断的方法外,也可以通过简单的验证控件(后续单元会讲解)来实现,只需要添加一个验证控件,页面代码如下:

> 注意
>
> <asp:RegularExpressionValidator ID="RegularExpressionValidator1" runat="server" ControlToValidate="FileUpload1" ErrorMessage="必须是 jpg 或者 gif 文件" ValidationExpression="^(([a-zA-Z]:)|(\\{2}\W+)\$?)(\\(\W[\W].*))+(.jpg|.Jpg|.gif|.Gif)$"></asp:RegularExpressionValidator>
>
> - 该案例是使用图片文件原本的文件名对上传后的文件命名。而通常情况下，会采用日期时间加 3～4 位随机数字对文件名进行编码设计，并保留原有的文件名。请尝试！

温馨提示

在该任务基础上，完成 Act4-7 "文件上传控件 FileUpload 实现图片的上传与显示"。

Demo4-4　表控件

HTML 提供了 Table 控件（表控件），但是 Table 控件生成的表格多用于显示静态数据，表格在使用之前就已经定义好了行数和列数，不能根据所要显示的数据动态地调整表格的行数和列数。

服务器端 Table 控件也可以创建表格，它可以通过编程的方式根据数据内容动态生成表格或动态调整表格的行数和列数。

动态表格的生成除了需要使用 Table 控件外，还需要使用 TableRow 控件和 TableCell 控件。Table 控件代表整个表格，TableRow 控件代表表格中的行，TableCell 控件代表每一行中的单元格。Table 控件的语法格式如下：

<asp:Table ID="Table1"
runat="server"
GridLines="None | Horizontal | Vertical | Both">
</asp:Table>

Table 控件的基本属性见表 4-15。

表 4-15　　　　　　　　　　　Table 控件的基本属性

属性	说明
BackImageUrl	表格的背景图形
Caption	表格的标题
CellPadding	表格单元格边框与单元格内容之间的距离，单位为像素
CellSpacing	表格单元格之间的距离，单位为像素
GridLines	设定表格内的水平线或垂直线是否出现，有四种值： None：两者都不出现 Horizontal：只出现水平线 Vertical：只出现垂直线 Both：两者都出现
HorizontalAlign	水平对齐方式
Rows	TableRow 集合对象，用来设置或取得 Table 中有多少列

新建项目，完成 Table 控件的使用。

单元 4　Web 服务器控件

> **DEMO**（项目名称：DemoTableXYY）

新建一个 ASP.NET 项目，添加多个 ASP.NET 网页，分别实现如下与 Table 控件相关的多项功能。

(1) 使用 Table 控件动态生成表格 1

在页面中利用 Table 控件动态生成固定行列数的表格。

> **Demo4-4-1 动态生成表格 1**（页面名称：TableXYY-1.aspx）

在本案例中，利用 Table 控件，动态生成了一个一行两列的表格，如图 4-15 所示。

图 4-15　Table 控件实例页面显示效果(1)

主要步骤

① 在解决方案中，添加→新建项目（项目名称：DemoTableXYY），并在新建项目中，添加→Web 窗体："TableXYY-1.aspx"。

② 页面的界面设计。

拖曳工具箱中的 Table 图标到工作区，显示 ###。可以发现：工作区中的 Table 控件没有任何表格的特征，需要通过编程方式生成表格。为了使表格有边框，设置其 GridLines 属性为"Both"。

③ 编写代码。

在代码编辑视图的 Page_Load 事件中，输入如下代码：

```
//创建两个单元格
TableCell c1 = new TableCell();
TableCell c2 = new TableCell();
//为单元格设置显示内容
c1.Text = "单元 1";
c2.Text = "单元 2";
//创建表格的一行
TableRow r = new TableRow();
//将单元格插入行中
r.Cells.Add(c1);
r.Cells.Add(c2);
//将一行插入表格中
Table1.Rows.Add(r);
```

在程序中先创建了两个单元格，为单元格的 Text 属性赋值，然后创建表格的一行，将单元格插入行中，最后将行插入整个表格中。

④ 测试页面。

保存文件，按功能键 F5 测试页面，验证实际效果。

(2) 使用 Table 控件动态生成表格 2

在页面中利用 Table 控件动态生成文本框中所指定行列数的表格。

➤ Demo4-4-2 动态生成表格 2（页面名称：TableXYY-2.aspx）

下面的例子复杂一些，根据输入的行数和列数动态生成表格，如图 4-16 所示。

图 4-16 Table 控件实例页面显示效果（2）

主要步骤

①在新建的项目中，添加→Web 窗体："TableXYY-2.aspx"。

②页面的界面设计。

两个文本框控件的 ID 属性值分别为"txtRows"和"txtCells"，Text 属性值都设置成 0；Table 控件的 ID 属性值为"TableInfo"，GridLines 属性值为"Both"；Button 控件的 ID 属性值为"btnCreateTable"。

③编写代码。

双击"生成表格"按钮后，代码如下：

```
protected void btnCreateTable_Click(object sender, EventArgs e)
{
    int rows = int.Parse(txtRows.Text);  //获得表格的行数赋给变量 rows
    int cells = int.Parse(txtCells.Text);  //获得表格的列数赋给变量 cells
    for (int i = 0; i < rows; i++)
    {
        TableRow r = new TableRow();  //创建表格的一行
        for (int j = 0; j < cells; j++)
        {
            TableCell c = new TableCell();  //创建一个单元格
            c.Text = (i + 1).ToString() + (j + 1).ToString();  //将 i 和 j 组成字符串在单元
                                                                //格中显示
            r.Cells.Add(c);  //将单元格插入对应的行中
        }
        Table1.Rows.Add(r);  //将行插入表格中
    }
}
```

④测试页面。

保存文件，按功能键 F5 测试页面，验证实际效果。

（3）使用 Table 控件动态生成表格 3

在页面中利用 Table 控件动态生成包含其他 Web 控件的表格。

➤ Demo4-4-3 动态生成表格 3（页面名称：TableXYY-3.aspx）

以上的两个案例都是通过代码自动生成表格，在开发过程中，我们经常会在 Table 控件

单元 4　Web 服务器控件

的单元格中预先放置其他 Web 控件,然后通过编写后台代码,对放置在 Table 控件单元格中的其他控件进行控制处理,此时的 Table 控件跟常规 HTML 中的表格类似,只不过 Table 控件还具备后续编程开发的可能。

设计视图和运行后的效果,如图 4-17 所示。

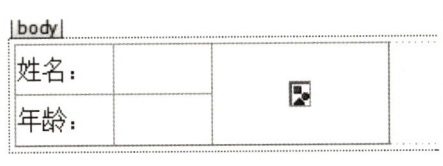

图 4-17　Table 控件内含其他 Web 控件实例页面运行效果

主要步骤

① 在新建的项目中,添加→Web 窗体:"TableXYY-3.aspx"。

② 页面的界面设计。

在 Web 窗体中,放置 1 个 Table 控件,Table 控件的 GridLines 属性值为"Both",其共有属性 Height 属性值为"64 px",Width 属性值为"240 px"。

该 Table 控件为两行三列,其中第三列合并,并且在第一行的第一列和第二行的第一列分别输入"姓名:"和"年龄:";第一行的第二列和第二行的第二列分别插入两个 Label 控件,这两个 Label 控件的 ID 属性值分别为"lblName"和"lblAge",在合并的第三列插入一个 Image 控件,该控件的 ID 属性值为"imgPic"。前两列的宽度均设置为 Width="60 px"。

③ 编写代码。

在代码编辑视图的 Page_Load 事件中,输入如下代码:

```
//为表格中 Web 控件的属性赋值
lblName.Text = "王毅之";
lblAge.Text = "18";
imgPic.ImageUrl = "~/girl.gif";    //图片文件 girl.gif
```

④ 测试页面。

保存文件,按功能键 F5 测试页面,验证实际效果。

温馨提示

在该演示任务的基础上,完成 Act4-8"表格控件 Table 实现九九乘法表的显示"。

Demo4-5　容器控件

ASP.NET 提供两种容器控件 Panel 控件(面板控件)和 PlaceHolder 控件。

新建项目,完成这两种容器控件的使用。

➤ **DEMO(项目名称:DemoContainerControlsXYY)**

新建一个 ASP.NET 项目,分别添加多个 ASP.NET 网页,实现如下与 Panel 控件和 PlaceHolder 控件相关的多项功能。

(1)Panel 控件

Panel 控件中可以添加多个控件,在实际网站开发中,有时需要用 Panel 控件实现控件

分组的功能,用于显示或隐藏一组控件。其语法格式如下:

```
<asp:Panel
ID="Panel1"
runat="server"
BackImageUrl="背景图像文件的URL"
HorizontalAlign="Left | Right | Center | Justify | NotSet"
Wrap="True | False">
其他控件
</asp:Panel>
```

Panel 控件的常用属性见表 4-16。

表 4-16　　　　　　　　　　Panel 控件的常用属性

属性	说明
BackImageUrl	获取或设置控件背景图像文件的 URL
DefaultButton	获取或设置指定 Panel 控件中默认按钮的 ID
Direction	获取或设置 Panel 控件的内容显示方向
Enabled	获取或设置一个值,该值指示是否启用 Panel 控件
GroupingText	获取或设置 Panel 控件的标题
HorizontalAlign	获取或设置控件内容的水平对齐方式,共有如下五种: (1)Left:Panel 控件内容左对齐 (2)Right:Panel 控件内容右对齐 (3)Center:Panel 控件内容居中 (4)Justify:Panel 控件内容均匀展开,两端对齐 (5)NotSet:未设置 Panel 控件内容水平对齐方式
ID	获取或设置分配给服务器控件的编程标识符
ScrollBars	获取或设置 Panel 控件中滚动栏的位置和可见性
Visible	获取或设置一个值,该值指示控件是否可见

Panel 控件可以将放入其中的一组控件作为一个整体来操作。通过设置 Visible 属性控制该组控件的显示或隐藏。拖曳工具箱中的 Panel 图标到工作区时,可以将其他控件拖曳到该控件中使用。

➤ **Demo4-5-1 利用 Panel 控件控制其他控件的显示与隐藏(页面名称:PanelDemo.aspx)**

在本案例中,使用 Panel 控件实现了 Label 控件和 TextBox 控件的显示与隐藏,当选中"其他语种"时,在下方出现一行文本与一个文本框,页面显示效果如图 4-18 所示。

主要步骤

①在解决方案中,添加→新建项目(项目名称:DemoContainerControlsXYY),并在新建项目中,添加→Web 窗体:"PanelDemo.aspx"。

②页面的界面设计。

在页面中,使用 RadioButtonList 控件生成一组单选按钮列表(项目分别为:汉语、英语、法语、其他语种),RadioButtonList 控件的 ID 属性值为"radlistLanguage",当选中单选按钮列表中的某一项时,激活 radlistLanguage_SelectedIndexChanged 事件过程。在程序执行的过程中,RadioButtonlist 控件的 AutoPostBack 属性要设置为 true,表明当选中单选按钮列表中的某一项时,触发 SelectedIndexChanged 事件。

在 RadioButtonList 控件下方拖曳一个 Panel 控件,其中插入一个 Label 控件和一个 TextBox 控件,如图 4-19 所示。

图 4-18　Panel 控件实例页面显示效果　　图 4-19　在 Panel 控件中插入 Label 控件和 TextBox 控件

设 Panel 控件的 ID 属性值为"Panel1",Visible 属性的初始值为 false,当选择单选按钮列表中的某一项时,在事件过程中判断用户是否选择了最后一项,若是,则将 Panel 控件的 Visible 属性值设为 True,使其中的 Label 控件和 TextBox 控件出现。

③编写代码。

双击 RadioButtonList 控件,在 radlistLanguage_SelectedIndexChanged 事件过程中输入如下代码:

```
protected void radlistLanguage_SelectedIndexChanged(object sender, EventArgs e)
{
    if (radlistLanguage.SelectedItem.Text == "其他语种")
        Panel1.Visible = true;
    else
        Panel1.Visible = false;
}
```

④测试页面。

保存文件,按功能键 F5 测试页面,验证实际效果。

(2) PlaceHolder 控件

PlaceHolder 控件的功能与 Panel 控件的功能相似。PlaceHolder 控件在某些情况下是非常有用的,比如需要在 Panel 控件中的某一部分根据程序执行的过程动态地添加新的控件时就必须用到 PlaceHolder 控件。因此,PlaceHolder 控件用于在页面上保留一个位置,以便运行时在该位置动态放置其他的控件。

在 Web 窗体中,拖曳工具箱中的 PlaceHolder 图标到工作区,显示 [PlaceHolder "PlaceHolder1"]。不能直接向 PlaceHolder 控件中添加子控件,添加工作必须在程序中完成。可以根据程序的执行情况,动态地添加需要的控件。Panel 控件也具有动态添加控件的功能。

典型的处理方法如下:

①ASPX 页面代码：

```
<asp:PlaceHolder ID="PlaceHolder1" runat="server"></asp:PlaceHolder>
```

②CS 页面代码：

```
HtmlButton bt=new HtmlButton();//声明一个新的按钮
bt.InnerText="按钮添加";
PlaceHolder1.Controls.Add(bt);//添加到控件中
Literal htm = new Literal();//添加<br/>、<p>或普通 Text 使用这种方式
htm.Text="<p></p>HTML 代码<br/>";
PlaceHolder1.Controls.Add(htm);
```

➤ **Demo4-5-2 利用 PlaceHolder 控件动态添加子控件（页面名称：PlaceHolderDemo.aspx）**

下面的例子使用 PlaceHolder 控件动态地添加了子控件，页面第一次加载时，在 PlaceHolder 控件的位置动态添加了一个 Label 控件和一个 Button 控件，如图 4-20 所示。

图 4-20 PlaceHolder 控件实例

主要步骤

（1）在新建的项目中，添加→Web 窗体："PlaceHolderDemo.aspx"。

（2）页面的界面设计。

在工作区，拖曳一个 PlaceHolder 控件，如图 4-21 所示。令其 ID 属性值为"holder"。

图 4-21 在工作区拖曳 PlaceHolder 控件

（3）编写代码。

进入代码编辑视图，Page_Load 事件代码如下：

```
Label lblTitle = new Label();
lblTitle.Text = "PlaceHolder 控件实例!";
PlaceHolder1.Controls.Add(lblTitle);
PlaceHolder1.Controls.Add(new LiteralControl("<br>"));
Button btnSubmit = new Button();
btnSubmit.Text = "按钮";
PlaceHolder1.Controls.Add(btnSubmit);
```

单元 4　Web 服务器控件

温馨提示

以上代码中的"LiteralControl"表示：HTML 元素文本和 ASP.NET 页面中不需要服务器处理的其他任何字符串。

上述代码在页面加载过程中动态地为 PlaceHolder 控件添加了两个子控件：Label 控件和 Button 控件。

(4)测试页面。

保存文件，按功能键 F5 测试页面，验证实际效果。

注意

Panel 控件和 PlaceHolder 控件的区别：

(1)PlaceHolder 控件可以将容器控件放置到页内，然后在运行时动态添加、移除或依次通过子元素。该控件只呈现其子元素，它不具有自己的基于 HTML 的输出。例如，可以根据用户选择的选项，在 Web 页面上显示数目可变的按钮。在这种情况下，用户不面对可能导致混乱的选择，即那些要么不可用、要么与其自身需要无关的选择。

Panel 控件给 Web 窗体提供了一种容器控件，可以将它用作静态文本和其他控件的父级。Panel 控件适用于：

● 分组行为　通过将一组控件放入一个面板，然后操作该面板，可以将这组控件作为一个单元进行管理。例如，可以通过设置面板的 Visible 属性来隐藏或显示该面板中的一组控件。

● 生成动态控件　Panel 控件为运行时创建的控件提供了一个方便的容器。

● 创建外观　Panel 控件支持 BackColor 和 BorderWidth 等外观属性，可以设置这些属性来为页面上的局部区域创建独特的外观。

(2)Pannel 控件内可以放置任何内容，可以通过 Enabled 或 Visible 属性设置控件的内容是否允许操作或是否可以显示，但容器里面的内容不能动态加载；而 PlaceHolder 控件可以动态加载相应的 .ascx 用户控件。例如：siteinfo.Controls.Add(LoadControl("./ascxcontrol/siteinfo.ascx"))。

这两个控件最明显的区别是：前者不可以动态加载相应的文件，而后者可以根据条件动态加载相应的文件或内容。

Demo4-6　Web 控件的综合案例

综合以上案例，新建项目，利用常用 Web 控件实现公司员工基本信息登记表的功能。

▶ **DEMO**

公司员工基本信息登记表(项目名称：DemoStaffInfoXYY)：

本案例综合了多个 Web 标准控件，实现了公司员工基本信息登记表的功能。

1.开发要求

"公司员工基本信息登记表"案例使用几种常用的 Web 标准控件完成，用户在登记表中可以输入信息，最后提交信息，效果如图 4-22 所示。

图 4-22 "公司员工基本信息登记表"页面

2. 操作步骤

(1)创建 Web 窗体文件

①在解决方案中,添加→新建项目(项目名称:DemoStaffInfoXYY)。

②在新建项目中,添加→Web 窗体,将窗体文件命名为"StaffInfoDemo.aspx"。

(2)页面的界面设计

①使用 HTML 中的 Table 控件搭建页面框架,选择菜单栏"布局"→"插入表格"命令,设置表格的相关属性,如图 4-23 所示。

添加表格标题行,即在页面代码的行标记＜tr＞前,添加＜Caption＞＜/Caption＞标签,实现效果如图 4-24 所示。

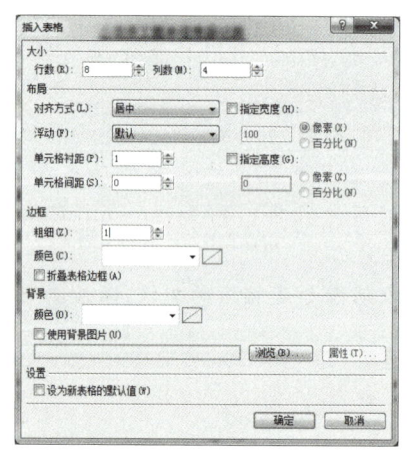

图 4-23 插入表格   图 4-24 插入表格标题行

②界面布局设计。

a. 在表格的标题部分,输入页面的标题"公司员工基本信息登记表",设置文字大小为 24 pt,将其余的文本信息输入各单元格,在单元格内左对齐,如图 4-25 所示。

b. 从工具箱中拖曳 Image 控件到标题文本的下面,将该控件的 ImageUrl 属性设置为站点中事先存放的图形文件的路径"～/img/liping.jpg",适当调整 Image 控件的宽度;从工具箱中分别拖曳 Textbox 控件到"工号""姓名""出生年月""岗位""联系电话""家庭住址"和"简介"对应的单元格中,设置"家庭住址"和"简介"所对应的 Textbox 控件的 TextMode 属性为"MultiLine",Rows 属性分别为 3 和 6,适当调整 Textbox 控件的宽度,使其与表格的宽度匹配,如图 4-26 所示。

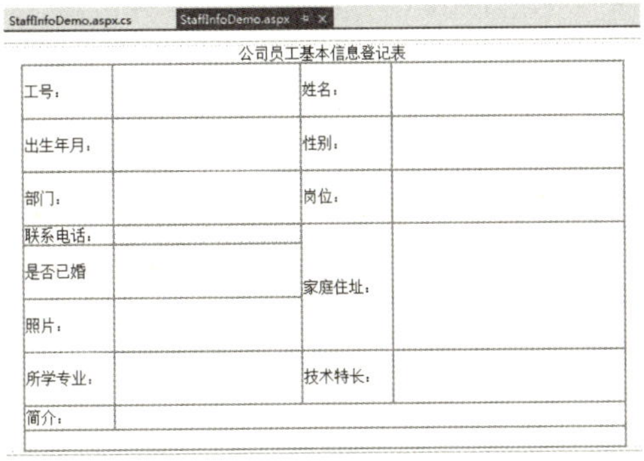

图 4-25　在表格中输入文本信息 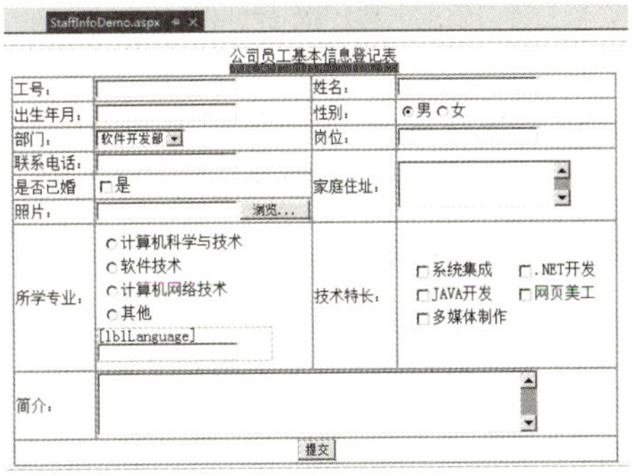　　图 4-26　在表格中添加 Image 控件和 Textbox 控件

c.参照图 4-26 在"性别"对应的单元格中,插入两个 RadioButton 控件,两者的 GroupName 属性都设置为"sex",以确保两者在同一组内,这样两个按钮为互斥按钮,Text 属性分别设置为"男"和"女"。

在"部门"对应的单元格中,插入一个 DropDownList 控件,并在该控件的"ListItem 集合编辑器"对话框中添加数据项,输入 3～5 个部门的名称。

在"所学专业"对应的单元格中依次插入一个 RadioButtonList 控件和一个 Panel 控件,插入 RadioButtonList 控件时弹出"RadioButtonList 任务"快捷菜单,在快捷菜单中选择"编辑项"命令,参考 Demo4-2-2 实例在"ListItem 集合编辑器"对话框中添加数据项,最后将该控件的 AutoPostBack 属性设置为"True"。

在"所学专业"RadioButtonList 控件下方的 Panel 控件中插入 Label 控件和 TextBox 控件,作用是当用户选择"其他"选项时显示相应的文本信息和文本框,Panel 控件的初始 Visible 属性设置为"False",表明页面第一次加载时不显示该控件。

d.在"技术特长"对应的单元格中插入 CheckBoxList 控件,参考 Demo4-2-4 实例输入相应的数据项。并将 RepeatDirection 属性设置为"Horizontal",使数据项水平方向排列,将 RepeatColumns 属性设置为"2",表明每行有 2 个数据;在"是否已婚"对应的单元格中,插入一个 CheckBox 控件,设置其 Text 属性为"是"。

e.在"照片"对应的单元格中插入一个 FileUpload 控件;在整个表格最后一行插入一个 Button 控件,设置 Text 属性为"提交"。

(3)为控件添加脚本

回到设计视图模式,在"属性"窗口中将"所学专业"对应单元格的 RadioButtonList 控件命名为"rblMajor",双击该控件,进入代码编辑模式,编写如下代码:

```
protected void rblMajor_SelectedIndexChanged(object sender, EventArgs e)
{
    if (rblMajor.SelectedItem.Text == "其他")
    {
        lblMajor.Text = "您所学专业是:";
        Panel1.Visible = true;
        txtOtherMajor.Focus();
    }
}
```

```
        else
            Panel1.Visible = false;
}
```

代码实现功能为：当"其他"复选框被选中时，显示 Panel 控件，其中 Label 控件的 Text 属性被赋值为"您所学专业是："，并在其下方显示一个文本框，等待用户输入自己的专业名称；当"其他"复选框未被选中时，Panel 控件不可见。

（4）测试页面

保存文件，按功能键 F5 测试页面，显示效果如图 4-22 所示。

> **温馨提示**
>
> 如果结合后续单元 5 中相关的验证控件，就可以实现一个基于 ASP.NET 技术，集输入和验证为一体的网站页面。

4.4 案例实践

在逐一学习了前面 6 个 Demo 任务之后，独立完成以下 8 个 Activity 案例的操作实践。

Act4-1　标签控件 Label 和图片控件 Image 实现标签信息和图片的更换

新建项目，在窗体中实现标签信息和图片的更换。

➤ **ACTIVITY**（项目名称：**ActChangeLabelImageXYY**）

在 Web 窗体中，放置 1 个 Label 控件、1 个 Image 控件和 1 个 Button 控件，并设置 Label 控件的文本信息和 Image 控件的默认图片。通过单击 Button 按钮，更换 Label 控件的文本信息和 Image 控件的图片。

Act4-2　文本框控件 TextBox 实现会员注册信息的显示

新建项目，在窗体中实现会员注册信息的录入与显示。

➤ **ACTIVITY**（项目名称：**ActShowRegInfoXYY**）

在 Web 窗体中，放置 3 个 TextBox 控件，设置为普通文本框、密码文本框和多行文本框，用于会员注册信息的录入，分别是：会员登录账号、会员登录密码和会员注册信息。还有 1 个 Button 控件和 1 个 Label 控件，通过单击 Button 按钮，将会员注册的信息显示在 Label 标签上。

Act4-3　按钮控件 Button 实现标签背景色的改变

新建项目，在窗体中实现标签背景色的改变。

➤ **ACTIVITY**（项目名称：**ActChangeLabelBgColorXYY**）

在 Web 窗体中，放置 2 个 Button 控件和 1 个 Label 控件，两个按钮文本分别为"红色"和"蓝色"。单击红色按钮，则标签的背景色变为红色；单击蓝色按钮，则标签的背景色变为蓝色。

> **温馨提示**
> 通过设置不同的 CommandName 属性和同一个 OnCommand 事件,来分别处理两个按钮的事件。

Act4-4　单选控件 RadioButton 和 RadioButtonList 实现省份和国家的选择

新建项目,在窗体中通过单选按钮的选择,显示省份和国家的信息。

➤ **ACTIVITY**(项目名称:**ActRadioButtonXYY**)

(1)使用 RadioButton 按钮选择所在的省份(新建窗体:RadioButtonXYY.aspx)

在 Web 窗体上放置 4 个 RadioButton 控件用于显示省份信息,1 个 Button 控件用于显示所选省份的名称。

(2)使用 RadioButtonList 按钮选择所在的国家(新建窗体:RadioButtonListXYY.aspx)

在 Web 窗体上放置 1 个 RadioButtonList 控件,并设置 3 个项目,用于显示 3 个国家信息,选择某个选项后立即显示所选国家的名称。

Act4-5　复选控件 CheckBox 和 CheckBoxList 实现课程和城市的选择

新建项目,在窗体中通过多选按钮的选择,实现课程信息和城市信息的显示。

➤ **ACTIVITY**(项目名称:**ActCheckBoxXYY**)

(1)使用 CheckBox 控件选择学过的科目(新建窗体:SubjectCheckBoxAct.aspx)

在 Web 窗体上放置 1 组 CheckBox 复选框控件(6 个)、1 个 TextBox 文本框控件。1 组 CheckBox 复选框用于显示专业课程的名称(C 语言程序设计、C#程序设计、SQL 数据库、计算机网络基础、ADO.NET 数据库开发、ASP.NET 动态网站开发)。为多个复选框控件添加 CheckedChanged 方法,将选择项的课程名称显示到 TextBox 控件上。如图 4-27 所示。

(2)使用 CheckBoxList 控件选择去过的城市(新建窗体:CityCheckBoxListAct.aspx)

在 Web 窗体上放置 1 个 CheckBoxList 控件用于显示城市名称,1 个 Label 控件用于显示在 CheckBoxList 控件中勾选的城市名称。如图 4-28 所示。

图 4-27　使用 CheckBox 控件选择学过的科目

图 4-28　使用 CheckBoxList 控件选择去过的城市

要求：CheckBoxList 控件中的项目名称不在设计界面添加，而是全部由后台代码自动产生。

思考：在 Page_Load 事件中，自动为 CheckBoxList 控件添加项目时，需要考虑页面的回送问题，即考虑 Page.IsPostBack 属性。

Act4-6　列表控件 ListBox 和 DropDownList 实现班级和课程的选择

新建项目，通过窗体中的文本框、下拉列表框和列表框的输入或选择，显示班级和课程的相关信息。

➤ **ACTIVITY**（项目名称：**ActClassCourseXYY**）

在 Web 窗体上放置 1 个 TextBox 控件、1 个 DropDownList 控件、1 个 ListBox 控件、1 个 Button 控件和 1 个 Label 控件。单击"提交"按钮后，将所输入的信息、所选择的内容显示在 Label 标签上。如图 4-29 所示。

Act4-7　文件上传控件 FileUpload 实现图片的上传与显示

新建项目，通过窗体中的文件上传控件，实现图片的上传与显示功能。

➤ **ACTIVITY**（项目名称：**ActShowUploadImgXYY**）

在 Web 窗体上放置 1 个 FileUpload 控件、1 个 Button 控件、1 个 Label 控件、1 个 Image 控件。单击"上传图片"按钮后，将图片文件上传到 UploadPic 文件夹中，并以日期格式命名。同时，将图片文件显示在 Image 空间上，并将图片文件名和文件大小显示在 Label 标签上。如图 4-30 所示。

图 4-29　班级和课程的选择　　　　图 4-30　图片上传与显示

Act4-8　表格控件 Table 实现九九乘法表的显示

新建项目，通过窗体中的 Table 控件实现九九乘法表的显示。

➤ **ACTIVITY**（项目名称：**ActMultiplicationTableXYY**）

在 Web 窗体上放置 1 个 Table 控件，设置 Table 控件的 Caption 属性为"九九乘法表"，GridLines 属性为"Both"，编写代码实现利用 Table 控件显示九九乘法表。如图 4-31 所示。

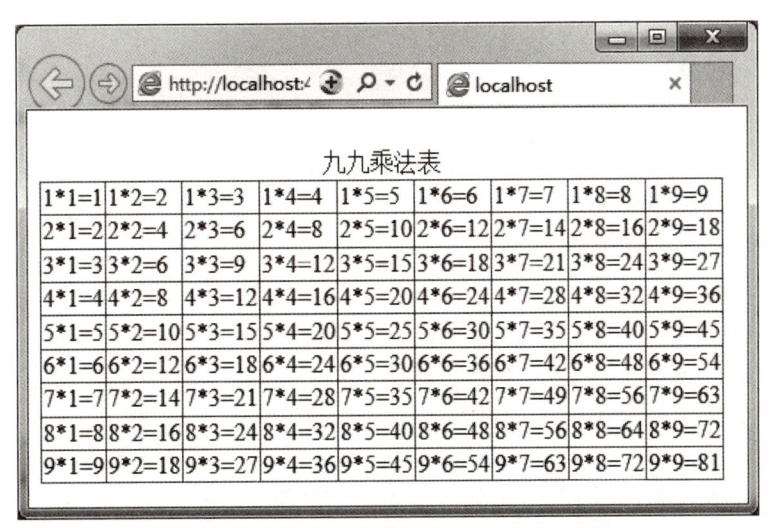

图 4-31　Table 控件显示九九乘法表实例

4.5　课外实践

在学习了前面的 Demo 任务和 Activity 案例实践之后，利用课外时间，完成以下 2 个 Home Activity 案例的操作实践。

HomeAct4-1　列表框联动程序

列表框联动程序（项目名称：HomeActCountryAndCityXYY）：

编写程序，实现列表框联动。在左边的 ListBox 列表框中选中国家后，右边的 ListBox 列表框中会出现相应的城市，城市名称可以多选。选择国家和城市后，单击"确定"按钮，会在下方显示所选择的国家和城市。如图 4-32 所示。

HomeAct4-2　个人信息注册程序

个人信息注册程序（项目名称：HomeActPersonalRegXYY）：

使用本单元所学内容，完成如图 4-33 所示界面，当用户信息输入完成后，单击"保存"按钮，显示相关注册信息。

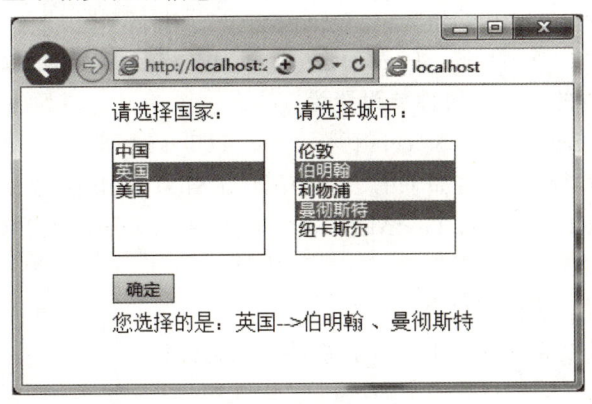

图 4-32　列表框联动

图 4-33　个人信息注册程序界面

4.6 单元小结

本单元主要学习了如下内容：

1. ASP.NET 服务器控件的几种类型和类层次结构；
2. Web 服务器控件的基本属性和方法；
3. 基本 Web 服务器控件（Label、Image、TextBox、Button、ImageButton、LinkButton 等）的使用方法和技巧；
4. 选择与列表控件（RadioButton 和 RadioButtonList，CheckBox 和 CheckBoxList，ListBox 和 DropDownList）的使用方法和技巧；
5. 文件上传控件 FileUpload、表格控件 Table、容器控件 Panel 和 PlaceHolder 的使用方法和技巧；
6. 综合运用 Web 服务器控件，实现信息登记与管理。

4.7 单元知识点测试

1. 填空题

（1）容器控件有_____和_____，其中常用于动态生成其他控件的是_____。

（2）使用 TextBox 控件生成多行文本框时，需要把 TextMode 属性设为_____才可以通过 Rows 属性设置行数。

（3）ID 属性值为"btnSubmit"的 Button 控件激发了 Click 事件时，将执行_____事件过程。

（4）要获取用户在 ID 属性值为"txtUsername"的文本框中填写的值，可以通过_____的方式调用。

2. 选择题

（1）使用一组 RadioButton 控件制作单选按钮组，需要把下列（　）属性的值设为同一值。

A. Checked　　　　B. AutoPostBack　　　　C. GroupName　　　　D. Text

（2）要动态地生成表格，需要用到如下的（　）控件。

A. Table　　　　B. TableRow　　　　C. Panel　　　　D. TableCell

（3）使用 RadioButtonList 生成单选列表，选中其中的某项时触发 SelectedIndexChanged 事件，则该控件的（　）属性要设置为 True。

A. Checked　　　　B. AutoPostBack　　　　C. Selected　　　　D. Text

（4）要使 ListBox 控件的行数为多行，需要将如下的（　）属性设置为 Multiple。

A. Checked　　　　B. AutoPostBack　　　　C. TextMode　　　　D. SelectionMode

3. 判断题

（1）ListBox 控件所显示的列表可以选择多项。　　　　　　　　　　　　　　（　）

（2）CheckBox 控件是否被选中可以通过其 Selected 属性的值来判断。　　　（　）

4.8 单元实训

Project_第 2 阶段之一：网站前端页面的初步实现

在学习操练了本单元的 Demo 案例，完成相关的课内 Activity 和课外 Home Activity 实践后，完成如下项目实战的操作任务。

利用提供的 HTML 网站全站模板，完成如下操作：

1.将 HTML 页面转换为 ASPX 页面(项目名称：EntWebsiteActXYY)

(1)功能说明

结合单元 2"网页布局和设计"中的 HTML 静态网页模板(本训练提供：企业门户网站 HTML 源代码一套)，开始 ASP.NET 页面的设计第一步：将 HTML 页面转换为 ASPX 页面。

(2)主要步骤

①添加 HTML 页面到项目

复制 HTML 网站的相关子目录和所需参考的 HTML 文件到项目中，并将这些文件添加到(包含于)VS 项目中。

②参考 HTML 页面，新建网站 ASPX 页面

新建 ASPX 页面，并将对应的 HTML 参考页面的 HTML 代码复制到相应的 ASPX 页面源代码位置。

项目文件清单(供参考)如图 4-34 所示。

其中：index.aspx 是由 index.html 转化而来的；about.aspx 是由 about.html 转化而来的。

③完成主要栏目页的 ASPX 页面的转换和设计

按照前两个步骤的操作方法，完成网站主要栏目的页面设计。主要栏目如下：

- 公司简介：about.aspx。
- 行业动态：news.aspx。
- 产品中心：product.aspx。
- 供求信息：info.aspx。
- 用户留言：feedback.aspx。
- 联系我们：contact.aspx。

图 4-34 项目文件清单(供参考)

2.在 ASPX 页面中调用后台的变量

在 ASPX 页面中，实现对后台变量的调用。

比如：首页的页面标题可以在 aspx.cs 程序源代码中进行设置。

方法：

(1)在 aspx.cs 程序源代码中，定义一个全局变量用于存放网站标题：

public string strWebTitle = "沙工信息科技有限公司";

在 index.aspx.cs 中的部分程序代码参考如下：

```csharp
namespace EntWebsiteAct
{
    public partial class index : System.Web.UI.Page
    {
        public string strWebTitle = "沙工信息科技有限公司";
        protected void Page_Load(object sender, EventArgs e)
        {
            if (! Page.IsPostBack)
                strWebTitle += "--首页";
        }
    }
}
```

(2)在 ASPX 页面中调用：

index.aspx 的部分页面源代码如下,以供参考：

……

`<title><% =strWebTitle %></title>`

……

(3)调试运行,测试效果。

单元 5　验证控件

学习目标

知识目标：

(1) 熟悉验证控件的功能和分类。
(2) 熟悉验证控件在 ASP.NET 网站开发中的使用方法。
(3) 掌握 RequiredFieldValidator、CompareValidator、RangeValidator 验证控件的属性。
(4) 掌握 RegularExpressionValidator 验证控件的 ValidationExpress 属性。
(5) 掌握 CustomValidator 验证控件的属性和方法。
(6) 掌握 ValidationSummary 验证汇总控件的属性和方法。

技能目标：

(1) 能够利用 RequiredFieldValidator、CompareValidator、RangeValidator 控件的常用属性进行 Web 服务器控件的验证。
(2) 能够利用 RegularExpressionValidator 验证控件的 ValidationExpress 属性和方法进行 Web 服务器控件的验证。
(3) 能够利用 CustomValidator 验证控件的 OnServerValidate 属性及 ServerValidate 事件进行 Web 服务器控件的验证。
(4) 能够利用 ValidationSummary 验证汇总控件的属性进行 Web 控件的验证。

重点词汇

(1) Validator：_____
(2) RequiredField：_____
(3) Compare：_____
(4) Range：_____
(5) RegularExpression：_____
(6) Custom：_____

（7）Summary：＿＿＿＿＿＿＿＿＿＿＿＿＿＿＿＿＿＿＿＿＿＿＿＿＿＿＿＿＿＿
（8）ServerValidate：＿＿＿＿＿＿＿＿＿＿＿＿＿＿＿＿＿＿＿＿＿＿＿＿
（9）Display：＿＿＿＿＿＿＿＿＿＿＿＿＿＿＿＿＿＿＿＿＿＿＿＿＿＿＿＿
（10）ValidationGroup：＿＿＿＿＿＿＿＿＿＿＿＿＿＿＿＿＿＿＿＿＿＿

5.1 引例描述

ASP.NET 提供了强大的验证控件，它们可以验证 ASP.NET 服务器控件中用户的输入，并在验证失败的情况下显示一条自定义错误消息。验证控件直接在客户端执行，用户提交后执行相应的验证无须在服务器上进行验证操作，从而减少服务器与客户端之间的往返过程。

本单元将为学习者讲解 ASP.NET 验证控件对 Web 服务器控件的验证原理，并通过 Demo 演示和 Activity 实践，理解和掌握 RequiredFieldValidator、CompareValidator、RangeValidator、RegularExpressionValidator、CustomValidator 和 ValidationSummary 这 6 种控件在 Web 窗体中的验证作用和使用方法。

本单元的学习导图，如图 5-1 所示。

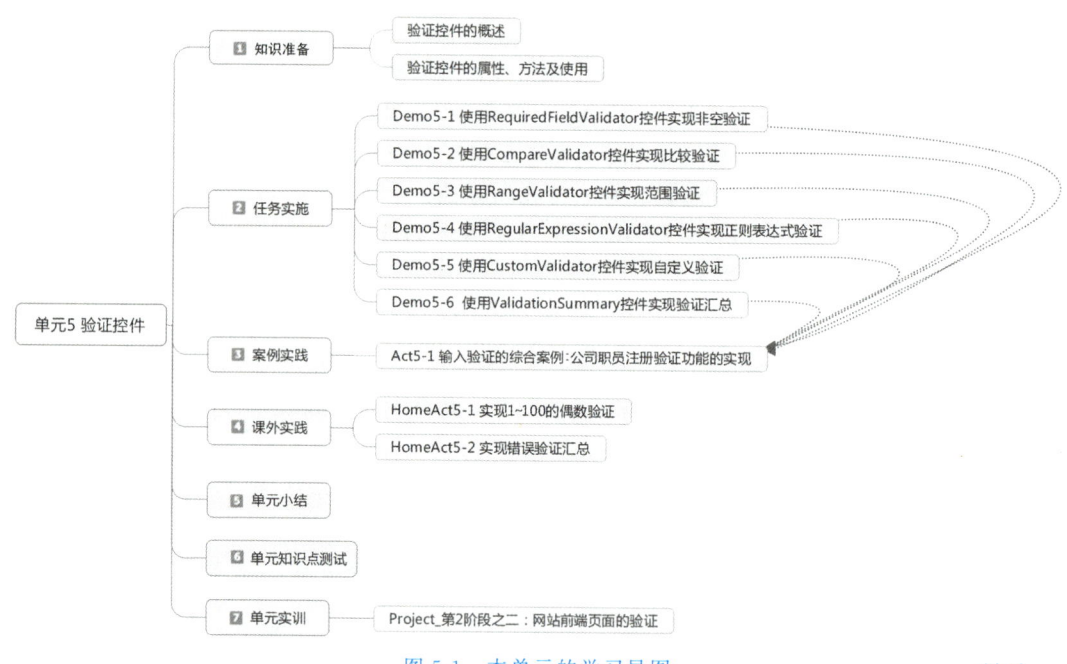

图 5-1　本单元的学习导图

5.2 知识准备

5.2.1 验证控件的概述

ASP.NET 提供了 5 个验证控件和 1 个验证汇总控件。这些内置控件各具特色，大大提高了网站开发的效率。如果现有的验证规则不能满足需求，开发人员还可以自定义验证控件。ASP.NET 内置的这 6 个控件分别是：

- CompareValidator：比较验证。
- CustomValidator：自定义验证。
- RangeValidator：范围验证。
- RegularExpressionValidator：正则表达式验证。
- RequiredFieldValidator：必填验证。
- ValidationSummary：验证汇总。

在 IDE 中，验证控件可以在"验证"栏中找到，如图 5-2 所示。

所有的验证控件都派生自 BaseValidator 基础验证类，该类提供了验证控件的基本功能。6 个验证控件各自实现了不同的验证功能，它们之间的关系如图 5-3 所示。

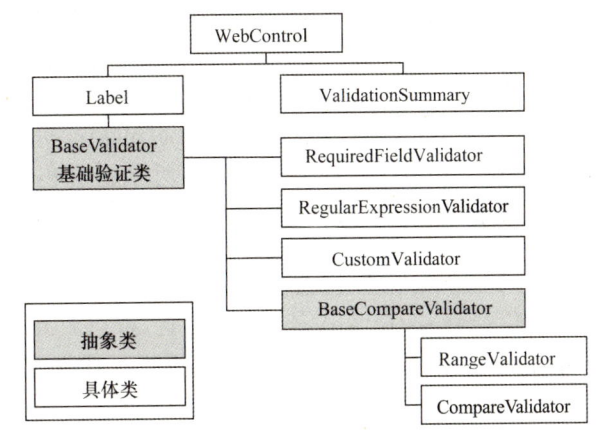

图 5-2 验证控件在工具箱中的位置

图 5-3 验证控件的层次关系

BaseValidator 基础验证类的常用属性见表 5-1。

表 5-1　　　　　　　　　BaseValidator 基础验证类的常用属性

属性	说明
ControlToValidate	获取或设置用于验证的输入控件的 ID
Display	获取或设置如何显示错误信息
EnableClientScript	获取或设置一个值，该值指示是否开启客户端脚本验证功能
Enable	获取或设置用户启用或禁用验证
ErrorMessage	设置验证失败时错误信息显示在 ValidationSummary 控件中
Text	获取或设置验证失败时显示的错误文本
IsValid	获取或设置一个值，该值指示输入控件是否通过验证
SetFocusOnError	获取或设置用户尝试提交页面时，浏览器是否将焦点移动到验证失败的输入控件上
ValidationGroup	获取或设置多个验证控件在逻辑上的分组

5.2.2 验证控件的属性、方法及使用

（1）RequiredFieldValidator 控件

RequiredFieldValidator 控件用于确保输入控件成为一个必选字段（注：也可

以通过 IntialValue 属性来设置空字符串之外的默认值)。使用该控件后,如果输入值的初始值未改变,那么验证将失败。初始值默认为空字符串("")。该控件的常用属性见表 5-2。

表 5-2　　　　　　　　　RequiredFieldValidator 控件的常用属性

属性	说明
ID	获取或设置控件的 ID
ControlToValidate	获取或设置用于验证的输入控件的 ID
Enable	获取或设置用户启用或禁用验证
ErrorMessage	设置验证失败时错误信息显示在 ValidationSummary 控件中; 如果未设置 Text 属性,文本也会显示在该验证控件中
Display	验证控件的显示行为。合法的值有: ● None:验证消息从不内联显示 ● Static:在页面布局中分配用于显示验证消息的空间 ● Dynamic:若验证失败,用于显示验证消息的空间动态添加到页面上
Text	获取或设置验证失败时显示的错误文本
IsValid	获取或设置一个值,该值指示输入控件是否通过验证

其中 ControlToValidate 属性和 ErrorMessage 属性比较重要,分别规定 RequiredFieldValidator 控件要验证的控件 ID 和验证失败时显示的错误提示信息。

(2)CompareValidator 控件

CompareValidator 控件使用比较运算符将用户输入与一个常量值或另一控件的属性值进行比较,或是进行一个数据类型的检查。如果输入控件为空,验证就不会失败,也不会提示信息,这个时候应使用 RequiredFieldValidator 控件使字段成为必选字段。

CompareValidator 控件的常用属性见表 5-3。

表 5-3　　　　　　　　　CompareValidator 控件的常用属性

属性	说明
ControlToCompare	获取或设置与其他控件进行比较时其他控件的 ID
ControlToValidate	获取或设置用于验证的输入控件的 ID
Enable	获取或设置用户启用或禁用验证
EnableClientScript	获取或设置一个值,该值指示是否开启客户端脚本验证功能
ErrorMessage	设置验证失败时错误信息显示在 ValidationSummary 控件中
Operator	获取或设置用于比较的操作类型,包括:Equal、NotEqual、GreaterThan、GreaterThanEqual、LessThan、LessThanEqual、DataTypeCheck
Text	获取或设置验证失败时显示的错误文本
Type	获取或设置比较的两个值的数据类型,默认为 String
ValueToCompare	获取或设置用于比较的固定值

要用 CompareValidator 控件进行比较验证,除了设置常用的 ControlToValidate、ErrorMessage(或 Text)和 Type 等 3 个属性之外,还要用 ControlToCompare 属性设置要

比较的控件 ID，用 Operator 属性设置比较的方式。

(3) RangeValidator 控件

RangeValidator 控件用于检测用户输入的值是否在一个最大值和一个最小值的范围之内。可以对不同类型的值进行比较，比如数字、日期以及字符。如果输入控件为空，验证就不会失败，也不会提示信息，这个时候应使用 RequiredFieldValidator 控件使字段成为必选字段。RangeValidator 控件的常用属性见表 5-4。

表 5-4 　　　　　　　　　　RangeValidator 控件的常用属性

属性	说明
ControlToValidate	要验证的控件的 ID
ErrorMessage	当验证失败时在 ValidationSummary 控件中显示的文本。注：如果未设置 Text 属性，文本也会显示在该验证控件中
MinimumValue	获取或设置指定范围的最小值
MaximumValue	获取或设置指定范围的最大值
Text	获取或设置验证失败时显示的错误文本
Type	规定要检测的值的数据类型。类型有 Currency、Date、Double、Integer、String

由于部分属性与 RequiredFieldValidator 控件的属性相同，这里不再重复列出。表 5-4 所示的 6 个属性是 RangeValidator 控件的主要属性。要对用户输入的内容进行范围验证只要在设置 ControlToValidate 属性和 ErrorMessage 属性（或 Text 属性）为相应控件 ID 和错误提示信息的基础上，再设置 Type 属性为要比较的类型，MinimumValue 属性为最小值，MaximumValue 属性为最大值即可。

(4) RegularExpressionValidator 控件

RegularExpressionValidator 控件用于验证输入值是否匹配一个特定的正则表达式。如果输入控件为空，验证就不会失败，也不会提示信息，这个时候应使用 RequiredFieldValidator 控件使字段成为必选字段。RegularExpressionValidator 控件的常用属性见表 5-5。

表 5-5 　　　　　　　　RegularExpressionValidator 控件的常用属性

属性	描述
ControlToValidate	要验证的控件的 ID
Display	获取或设置如何显示错误信息
ErrorMessage	当验证失败时在 ValidationSummary 控件中显示的文本。注：如果未设置 Text 属性，文本也会显示在该验证控件中
Text	获取或设置验证失败时显示的错误文本
ValidationExpression	设置在客户端和服务器上验证输入控件的正则表达式，表达式的语法是不同的，默认值是空字符串

RegularExpressionValidator 控件的属性比较简单，大部分与前面所介绍的验证控件类似，最主要的属性设置在于 ValidationExpression 属性中的正则表达式。下面简单介绍正则表达式的内容。

① 正则表达式的由来与语法结构

正则表达式(regular expression)的概念来源于对人类神经系统如何工作的早期研究。1956 年，一位叫 Stephen Kleene 的美国数学家在神经生理学家 McCulloch 和 Pitts 早期工作的基础上，发表了一篇标题为"神经网事件的表示法"的论文，引入了正则表达式的概念。正则表达式就是用来描述他称为"正则集的代数"的表达式，因此他采用了"正则表达式"这个术语。

随后，Ken Thompson 发现可以将这一工作应用于使用计算搜索算法的一些早期研究，而 Ken Thompson 是 UNIX 的主要发明人。正则表达式的第一个实际应用程序就是 UNIX 中的 QED 编辑器。从此正则表达式成为基于文本的编辑器和搜索工具的一个重要部分。

正则表达式描述了一种字符串匹配模式，由普通字符(例如大小写英文字母和数字等)及特殊字符(元字符)组成。该模式描述在查找文字主体时待匹配的一个或多个字符串。正则表达式作为一个模板，将某个字符模式与所搜索的字符串进行匹配。

正则表达式的常用元字符见表 5-6。

表 5-6　　　　　　　　　　　正则表达式的常用元字符

元字符	描述
^	匹配输入字符串的开始位置
$	匹配输入字符串的结束位置
*	匹配前面的子表达式零次或多次。例如"zo*"能匹配"z"及"zoo"。*等价于{0,}
+	匹配前面的子表达式一次或多次。例如"zo+"能匹配"zo"及"zoo"，但不能匹配"z"。+等价于{1,}
?	匹配前面的子表达式零次或一次。例如"do(es)?"可以匹配"do"或"does"中的"do"。? 等价于{0,1}
{n}	n 是一个非负整数。匹配确定的 n 次。例如"o{2}"不能匹配"Bob"中的"o"，但是能匹配"food"中的两个 o
{n,}	n 是一个非负整数。至少匹配 n 次。例如"o{2,}"不能匹配"Bob"中的"o"，但能匹配"foooood"中的所有 o。"o{1,}"等价于"o+"，"o{0,}"则等价于"o*"
{n,m}	m 和 n 均为非负整数，其中 n≤m。最少匹配 n 次且最多匹配 m 次。例如"o{1,3}"将匹配"fooooood"中的前 3 个 o。"o{0,1}"等价于"o?"。注意在逗号和两个数之间不能有空格
.	匹配除"\n"之外的任何单个字符。要匹配包括"\n"在内的任何字符，应使用类似于"[.\n]"的模式
x|y	匹配 x 或 y。例如"z|food"能匹配"z"或"food"。"(z|f)ood"则匹配"zood"或"food"
[xyz]	字符集合。匹配所包含的任意一个字符。例如 "[abc]"可以匹配"plain"中的"a"
[^xyz]	负值字符集合。匹配未包含的任意字符。例如"[^abc]"可以匹配"plain"中的"p"
[a-z]	字符范围。匹配指定范围内的任意字符。例如"[a-z]"可以匹配"a"～"z"范围内的任意小写字母字符

(续表)

元字符	描述
[^a-z]	负值字符范围。匹配任何不在指定范围内的任意字符。例如"[^a-z]"可以匹配不在"a"~"z"范围内的任意字符
\d	匹配一个数字字符。\d 等价于[0-9]
\D	匹配一个非数字字符。\D 等价于[^0-9]
\n	匹配一个换行符
\w	匹配包括下划线的任何单词字符。\w 等价于"[A-Za-z0-9_]"
\W	匹配任何非单词字符。\W 等价于"[^A-Za-z0-9_]"
\	将下一个字符标记为一个特殊字符,或一个原义字符,或一个后向引用,或一个八进制转义符。例如,"n"匹配字符"n","\n"匹配一个换行符,序列"\\"匹配"\",而"\("匹配"("

常见的正则表达式如下：
➢ 非负整数(正整数+0)：^\d+$
➢ 正整数：^[0-9]*[1-9][0-9]*$
➢ 匹配中文字符：[\u4e00-\u9fa5]
➢ 匹配双字节字符(包括汉字在内)：[^\x00-\xff]
➢ 货币(非负数,要求小数点后有两位数字)：\d+(\.\d\d)?
➢ 货币(正数或负数)：(-)?\d+(\.\d\d)?

由于篇幅关系,这里列出的元字符比较少,感兴趣的读者可以查阅相关内容。

②用自定义正则表达式进行数据验证

利用前面所介绍的元字符可以构造各种各样具有强大匹配功能的正则表达式,如中国的邮政编码可以用正则表达式"\d{6}"来匹配,即 6 个整数,其中"\d"匹配任意一个数字,"{6}"表示出现6次。而 QQ 号码可以用正则表达式"\d{6,10}"来匹配,代表6~10 个任意数字。

以上的正则表达式结合 RegularExpressionValidator 正则表达式验证控件就可以对各种用户输入进行验证了,如在本单元"Demo 5-4 使用 RegularExpressionValidator 控件实现正则表达式验证"案例中,对"固定电话"输入的验证使用正则表达式"(\(\d{3}\)|\d{3}-)?\d{8}",这个"固定电话"正则表达式是系统自己提供的,具体设置方法已由前面给出,能匹配如"(010)87654321""010-87654321""87654321"的电话号码格式。

当然这个电话号码的正则表达式还有缺陷,比如不能匹配4位区号的电话号码,更合适的正则表达式留待读者完善。要实现对电话号码输入的验证只要将该正则表达式写入RegularExpressionValidator 控件的 ValidationExpression 属性,并设置 ControlToValidate 属性为要限制的控件"txtPhone",设置 ErrorMessage 属性为"固定电话输入格式不正确！"即可,运行之后当输入的内容不符合如"(010)87654321""010-87654321""87654321"的格式时,系统会提示"固定电话输入格式不正确！"。另外,在案例中,电子邮件的正则表达式也由系统提供,在ValidationExpression 属性中直接选取,手机号码的正则表达式由自己编写,"1\d{10}"匹配以数字 1 开始的 11 位整数。

> **温馨提示**
>
> （1）一种较为合理的电话号码正则表达式：(\(\d{3,4}\)|\d{3,4}-)?\d{7,8}
>
> （2）在正则表达式验证控件 RegularExpressionValidator 的 ValidationExpression 属性中可以直接输入正则表达式，也可以选取系统提供的正则表达式，方法是单击 ValidationExpression 属性中的 ... 按钮，在弹出的"正则表达式编辑器"对话框中选取相应的标准表达式。

（5）CustomValidator 控件

如果各种验证控件执行的验证类型仍无法达到验证的目的，还可以使用 CustomValidator 控件。CustomValidator 控件可对输入控件执行用户定义的验证。CustomValidator 控件的常用属性见表 5-7。

表 5-7　　　　　　　　　　CustomValidator 控件的常用属性

属性	描述
ControlToValidate	要验证的输入控件的 ID
ClientValidationFunction	设置用于验证的自定义客户端脚本函数的名称。注：脚本必须用浏览器支持的语言编写，比如 VBScript 或 JavaScript，并且函数必须位于表单中
ValidateEmptyText	是否验证空文本，即当所验证控件值为空时执行客户端验证，跟 ClientValidationFunction 一起配合使用
ErrorMessage	验证失败时 ValidationSummary 控件中显示的错误信息的文本。注：如果设置了 ErrorMessage 属性但没有设置 Text 属性，那么验证控件中也将显示 ErrorMessage 属性的值
OnServerValidate	设置被执行的服务器端验证脚本函数的名称

使用 CustomValidator 自定义验证控件时，可以自定义验证算法，并同时利用控件提供的其他功能。为了在服务器端验证函数，先将 CustomValidator 控件拖入窗体，并将 ControlToValidate 属性指向被验证的对象，然后向该验证控件的 ServerValidate 事件提供一个验证程序，最后在 ErrorMessage 属性中填写出现错误时显示的信息。

在 ServerValidate 事件处理程序中，可以从 ServerValidateEventArgs 参数的 Value 属性中获取输入被验证控件的字符串。验证的结果（true 或者 false）要存储到 ServerValidateEventArgs 的属性 IsValid 中。

（6）ValidationSummary 控件

如果各种验证控件执行的验证类型仍无法达到验证的目的，还可以使用 ValidationSummary 控件。

ValidationSummary 控件用于在网页、消息框或这两者中汇总显示所有验证错误信息的摘要。在该控件中显示的错误信息是由每个验证控件的 ErrorMessage 属性设置的。如果未设置验证控件的 ErrorMessage 属性，就不会为该验证控件显示错误信息。ValidationSummary 控件的常用属性见表 5-8。

表 5-8　　　　　　　　　　　　ValidationSummary 控件的常用属性

属性	描述
HeaderText	ValidationSummary 控件中的标题文本
DisplayMode	如何显示信息摘要。合法值有： BulletList：分行显示出错信息，每条信息前加符号"·"； List：分行显示出错信息，每条信息前不加符号； SingleParagraph：以单行形式显示所有出错信息，每条信息之间用空格分隔
ShowMessageBox	布尔值，设置是否弹出消息框并显示信息摘要
ShowSummary	布尔值，设置是否显示信息摘要
EnableClientScript	布尔值，设置是否使用客户端验证，默认值为 True
Validate	获取或设置执行验证并且更新 IsValid 属性

ValidationSummary 控件的使用很简单，直接将该控件拖到网页上即可，如果有特殊要求，可设置表 5-8 中的各属性。注意：需要将其他验证控件的 Display 属性设置为 None，使验证消息仅在 ValidationSummary 控件中显示。

> **注意**
>
> 当 ValidationSummary 控件显示错误时，在验证控件的位置显示出了错误提示信息。如果你可以设置验证控件的 Text 属性为"＊"，就会在错误提示信息出现的时候，使验证控件的位置仅显示一个红色的"＊"。还有一种方式，就是不设置 Text 属性，而是在验证控件的标签中填写"＊"，比如：
>
> <asp:RequiredFieldValidator ID="rfvUserName" runat="server" ErrorMessage="请输入用户名" ControlToValidate="txtLoginId">＊</asp:RequiredFieldValidator>
>
> 效果是一样的。

5.3　任务实施

Demo5-1　使用 RequiredFieldValidator 控件实现非空验证

<!-- 微课：使用 RequiredFieldValidator 控件实现非空验证 -->

新建一个 ASP.NET 项目，新建 ASP.NET 网页，使用 RequiredFieldValidator 控件实现对文本框控件的非空验证。

➤ **DEMO（项目名称：DemoRequiredFieldValidatorXYY）**

本案例设计一个登录界面，要求在 Web 窗体中放置两个 TextBox 文本框，一个用于输入姓名，一个用于输入密码，通过 RequiredFieldValidator 控件验证输入是否为空。如果不为空，就显示验证错误信息；如果验证通过，就弹出提示窗口。效果如图 5-4 所示。

图 5-4 RequiredFieldValidator 控件的应用实例

主要步骤

(1)在解决方案中,添加→新建项目(项目名称:DemoRequiredFieldValidatorXYY),并在新建项目中,添加→Web 窗体:"RequiredFieldValidatorDemo.aspx"。

(2)页面的界面设计。

插入 3 行 3 列的表格,并为表格增加表格标题行;在表格中输入文字,插入 2 个 TextBox 控件(ID 分别为 txtLoginName、txtLoginPwd)、2 个 RequiredFieldValidator 验证控件和 1 个 Button 控件(ID 为 btnLogin)。如图 5-4 所示。

将 2 个 RequiredFieldValidator 验证控件的 ControlToValidate 属性分别设置成准备验证的两个文本框控件 ID,并且在 Text 属性中,输入验证错误的提示信息,同时将 ForeColor 属性设置为 Red,如图 5-5 所示。

图 5-5 RequiredFieldValidator 控件应用实例的设计界面

(3)编写代码。

双击"登录"按钮,进入代码编辑模式,在 btnLogin_Click 事件过程中输入代码,如下所示:

```csharp
protected void btnLogin_Click(object sender, EventArgs e)
{
    if(Page.IsValid)//如果验证通过
    {
        string strLoginName = txtLoginName.Text;
        string strLoginPwd = txtLoginPwd.Text;
        //输出弹窗脚本
        Response.Write("<script>alert('"+"登录名:"+ strLoginName +"\\n"+"登录密码:"+ strLoginPwd +"');</script>");
    }
}
```

(4)测试页面。

保存文件,按功能键 F5 测试页面,验证实际效果。

> (1) 在 ASP.NET 4.5 中,解决验证控件的兼容性问题。
>
> 主要方法有:
>
> ①在 Visual Studio 2017/2019 中将 ASP.NET 目标框架修改为 ASP.NET 4.0。
>
> ②在项目中添加对 AspNet.ScriptManager.jQuery.dll 程序集的引用。
>
> 添加方法:右击项目下的"引用"按钮,添加引用,单击"浏览"按钮,找到 C:\Program Files\Microsoft Web Tools\Packages\AspNet.ScriptManager.jQuery.1.10.2\lib\net45 下的 AspNet.ScriptManager.jQuery.dll 文件,单击"确定"按钮即可。可以采用 jQuery.1.8.2 版本。
>
> 如果是 64 位系统,那么文件的位置为:
>
> C:\Program Files (x86)\Microsoft Web Tools\Packages\AspNet.ScriptManager.jQuery.1.10.2\lib\net45
>
> ③在 Page_Load() 方法中编写如下代码:
>
> protected void Page_Load(object sender, EventArgs e)
> {
>   UnobtrusiveValidationMode = UnobtrusiveValidationMode.None;
> }
>
> ④在 Web.Config 中的 <configuration> 节点下添加如下代码:
>
> <appSettings><add key="ValidationSettings:UnobtrusiveValidationMode" value="None"/></appSettings>
>
> (2) 在 alert() 弹窗消息中换行时,需要使用 "\\n" 字符。
>
> (3) 在按钮事件中,输出信息也可以采用 String.Format 的字符串格式化方式:
>
> string strMsg = String.Format("<script>alert('登录成功:\\n登录名:{0}\\n登录密码:{1}');</script>", strLoginName, strLoginPwd);
> Response.Write(strMsg);

Demo5-2 使用 CompareValidator 控件实现比较验证

新建一个 ASP.NET 项目,新建 ASP.NET 网页,使用 CompareValidator 控件实现对两个文本框控件的比较验证。

➤ **DEMO(项目名称:DemoCompareValidatorXYY)**

本案例设计一个注册页面,要求在 Web 窗体中放置 3 个 TextBox 文本框,1 个用于输入注册用户名,1 个用于输入密码,还有 1 个用于输入确认密码。并且添加 3 个 RequiredFieldValidator 控件分别对 3 个文本框进行必填验证,同时添加 1 个 CompareValidator 比较验证控件,对 2 个密码文本框进行比较,验证密码输入是否一致。如果不一致,就显示验证错误信息;如果验证通过,就弹出提示窗口。效果如图 5-6 所示。

图 5-6　CompareValidator 控件的应用实例

主要步骤

(1) 在解决方案中,添加→新建项目(项目名称:DemoCompareValidatorXYY),并在新建项目中,添加→Web 窗体:"CompareValidatorDemo.aspx"。

(2) 页面的界面设计。

在本案例中插入 4 行 3 列的表格,并使用了 3 个 TextBox 控件、1 个用于提交注册信息的 Button 控件、3 个 RequiredFieldValidator 验证控件和 1 个 CompareValidator 验证控件。设计界面如图 5-7 所示。

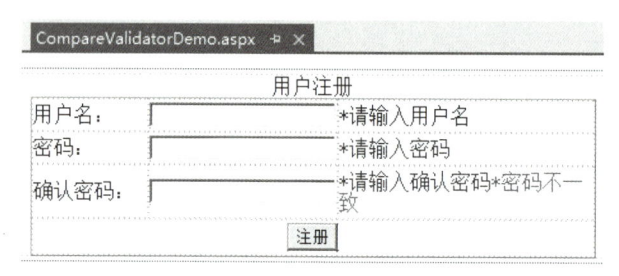

图 5-7　CompareValidator 控件应用实例的设计界面

各控件的属性设置见表 5-9。

表 5-9　　　　　　　　　Demo5-2 各控件的属性设置

功能	控件	属性	值	说明
用户名	TextBox	ID	txtLoginUser	
		Text	空	
密码	TextBox	ID	txtPwd	
		Text	空	
确认密码	TextBox	ID	txtConfirm	
		Text	空	
用户名必填验证	RequiredFieldValidator	ControlToValidate	txtLoginUser	
		Display	Dynamic	不显示则不占位
		Text	*请输入用户名	
密码必填验证	RequiredFieldValidator	ControlToValidate	txtPwd	
		Display	Dynamic	
		Text	*请输入密码	

(续表)

功能	控件	属性	值	说明
确认密码必填验证	RequiredFieldValidator	ControlToValidate	txtConfirm	
		Display	Dynamic	
		Text	*请输入确认密码	
两次密码比较验证	CompareValidator	ControlToCompare	txtPwd	
		ControlToValidate	txtConfirm	
		Text	*密码不一致	

(3)编写代码。

双击"注册"按钮,进入代码编辑模式,在 btnReg_Click 事件过程中输入代码,如下所示:

```
protected void btnReg_Click(object sender, EventArgs e)
{
    //如果验证通过
    if (Page.IsValid)
    {
        string loginUser = txtLoginUser.Text;
        string loginPwd = txtPwd.Text;
        //输出弹窗脚本
        Response.Write("<script>alert('" + "注册信息如下:\\n 用户名:" + loginUser + "\\n" + "密码:" + loginPwd + "');</script>");
    }
    else
        return;
}
```

(4)测试页面。

保存文件,按功能键 F5 测试页面,验证实际效果。

> **注意**:与上一个案例一样,使用比较验证控件也需要在 Bin 文件夹中添加 AspNet.ScriptManager.jQuery.dll 程序集。添加方法同上一个案例。

Demo5-3 使用 RangeValidator 控件实现范围验证

新建一个 ASP.NET 项目,新建 ASP.NET 网页,使用 RangeValidator 控件实现对文本框控件的范围验证。

> **DEMO(项目名称:DemoRangeValidatorXYY)**

本案例设计一个数字范围验证页面,要求在 Web 窗体中放置 1 个 TextBox 文本框、1 个 Button 按钮和 1 个 Label 标签;并且添加 1 个 RequiredFieldValidator 控件对文本框进行必填验证,同时添加 1 个 RangeValidator 范围验证控件,对文本框输入的数字进行验证,验证输入的数字是否为 18~40。如果验证不通过,就显示验证错误信息;如果验证通过,就在 Label 标签上显示相关数字。效果如图 5-8 所示。

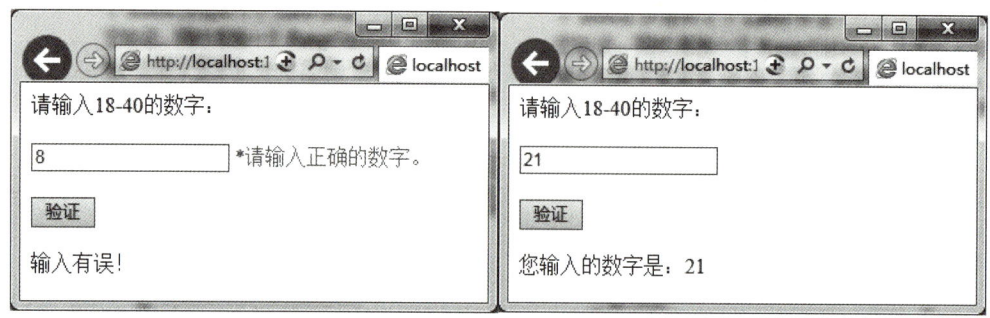

图 5-8　RangeValidator 控件的应用实例

主要步骤

(1) 在解决方案中，添加→新建项目(项目名称：DemoRangeValidatorXYY)，并在新建项目中，添加→Web 窗体："RangeValidatorDemo.aspx"。

(2) 页面的界面设计。

本案例中使用了 1 个 TextBox 控件、1 个用于提交验证信息的 Button 控件和 1 个用于显示信息的 Label 控件；并使用了 1 个 RequiredFieldValidator 必填验证控件，1 个 RangeValidator 范围验证控件，验证类型为 Integer，数字范围为 18～40。设计界面如图 5-9 所示。

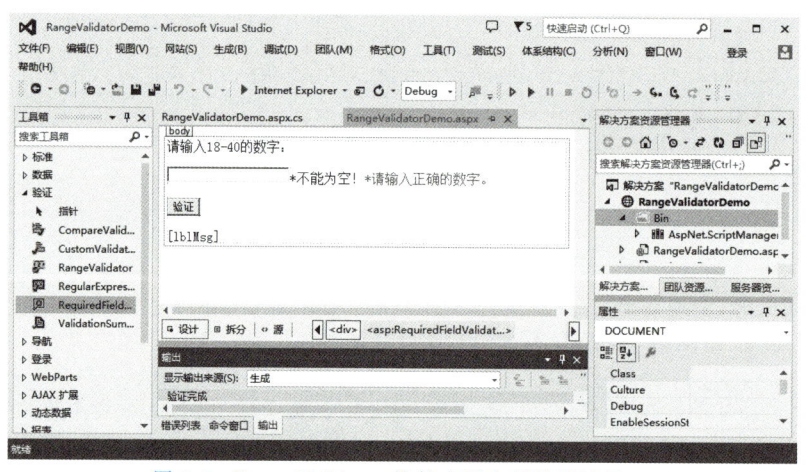

图 5-9　RangeValidator 控件应用实例的设计界面

各控件的属性设置见表 5-10。

表 5-10　　　　　　　　　Demo5-3 各控件的属性设置

功能	控件	属性	值	说明
数字输入	TextBox	ID	txtNum	
		Text	空	
验证按钮	Button	ID	btnCheck	
		Text	验证	
信息显示	Label	ID	lblMsg	
		Text	空	

单元 5　验证控件

（续表）

功能	控件	属性	值	说明
数字必填验证	RequiredFieldValidator	ControlToValidate	txtNum	
		Display	Dynamic	不显示则不占位
		Text	*不能为空！	
数字范围验证	RangeValidator	ControlToValidate	txtNum	
		Type	Integer	选择整型类型
		MaximumValue	40	最大值
		MinimumValue	18	最小值
		Display	Dynamic	不显示则不占位
		Text	*请输入正确的数字。	

（3）编写代码。

双击"验证"按钮，进入代码编辑模式，在 btnCheck_Click 事件过程中输入代码，如下所示：

```
protected void btnCheck_Click(object sender, EventArgs e)
{
    if(Page.IsValid)
        lblMsg.Text = "您输入的数字是："+ txtNum.Text ;
    else
        lblMsg.Text = "输入有误！";
}
```

（4）测试页面。

保存文件，按功能键 F5 测试页面，验证实际效果。

> **注意**
> （1）使用 RangeValidator 范围验证控件也需要在 Bin 文件夹中添加 AspNet.ScriptManager.jQuery.dll 程序集。添加方法同上一个案例。
> （2）使用 RangeValidator 范围验证控件可以限制用户输入的数字在指定的范围之内，而有时，我们需要将输入的数字控制在大于某个数字，此时，可以采用 CompareValidator 比较验证控件，只需要将 CompareValidator 控件的 ValueToCompare 属性设置为需要的数字，比如 18，同时将 Operator 属性设置为 "GreaterThanEqual"，即可将验证控件的输入设置为必须大于或等于 18 的数字。

Demo5-4　使用 RegularExpressionValidator 控件实现正则表达式验证

新建一个 ASP.NET 项目，新建 ASP.NET 网页，使用 RegularExpressionValidator 控件实现对文本框控件的正则表达式验证。

▶ **DEMO（项目名称：DemoRegularExpressionValidatorXYY）**

本案例设计个人信息录入验证页面，要求在 Web 窗体中放置 5 个 TextBox 文本框（分别是：用户账号、电子邮箱、身份证号、固定电话、移动电话）、1 个 Button 按钮和 1 个 Label 标签；并且添加 5 个

微课

使用 RegularExpression-
Validator 控件实现正则
表达式验证

RequiredFieldValidator 控件对文本框进行必填验证，同时添加 5 个 RegularExpressionValidator 验证控件，对文本框输入的信息进行正则表达式验证。效果如图 5-10 所示。

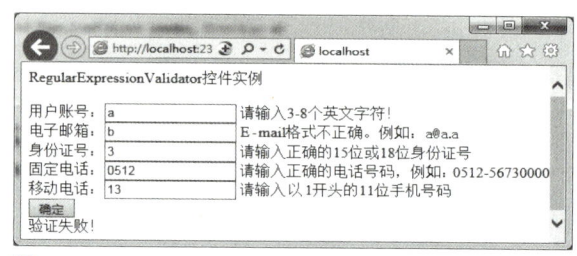

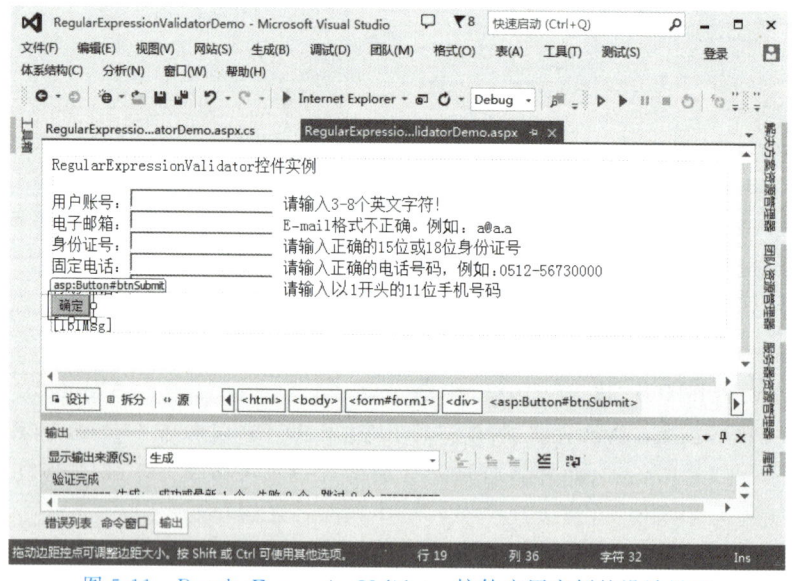

图 5-10　RegularExpressionValidator 验证控件应用实例

主要步骤

(1)在解决方案中，添加→新建项目(项目名称：DemoRegularExpressionValidator-XYY)，并在新建项目中，添加→Web 窗体："RegularExpressionValidatorDemo.aspx"。

(2)页面的界面设计。

在本案例中使用了 5 个 TextBox 控件、1 个用于提交验证信息的 Button 控件和 1 个用于显示信息的 Label 控件；5 个 RequiredFieldValidator 控件对文本框进行必填验证，同时添加 5 个 RegularExpressionValidator 验证控件，对文本框输入的信息进行正则表达式验证。设计界面如图 5-11 所示。

图 5-11　RegularExpressionValidator 控件应用实例的设计界面

5 个 TextBox 文本框的 ID 分别设置为 txtUserName、txtEmail、txtPid、txtTel、txtCellphone，Button 按钮的 ID 为 btnSubmit。5 个 RequiredFieldValidator 必填验证控件的 ControlToValidate 属性分别设置为这 5 个 TextBox 控件的 ID，Text 属性分别设置为如图 5-11 所示的文本。

最关键的 5 个 RegularExpressionValidator 控件的主要属性设置见表 5-11。

表 5-11　　　　　　　　RegularExpressionValidator 控件的主要属性设置

功能	控件	属性	值
用户账号正则表达式验证	RegularExpression-Validator	ID	revUserName
		ControlToValidate	txtUserName
		Display	Dynamic
		ValidationExpress	[a-zA-z]{3,8}
		Text	请输入 3-8 个英文字符！
电子邮箱正则表达式验证	RegularExpression-Validator	ID	revEmail
		ControlToValidate	txtEmail
		Display	Dynamic
		ValidationExpress	\w+([-+.']\w+)*@\w+([-.]\w+)*\.\w+([-.]\w+)*
		Text	E-mail 格式不正确。例如：a@a.a
身份证号正则表达式验证	RegularExpression-Validator	ID	revPid
		ControlToValidate	txtPid
		Display	Dynamic
		ValidationExpress	\d{17}[\d|X]|\d{15}
		Text	请输入正确的 15 位或 18 位身份证号
固定电话正则表达式验证	RegularExpression-Validator	ID	revTel
		ControlToValidate	txtTel
		Display	Dynamic
		ValidationExpress	(\(\d{3,4}\)|\d{3,4}-)?\d{7,8}
		Text	请输入正确的电话号码，例如：0512-56730000
移动电话正则表达式验证	RegularExpression-Validator	ID	revCellphone
		ControlToValidate	txtCellphone
		Display	Dynamic
		ValidationExpress	1\d{10}
		Text	请输入以 1 开头的 11 位手机号码

> **温馨提示**
>
> 　　在 Visual Studio 集成开发环境中，自带了部分自定义的正则表达式验证供用户使用。

（3）编写代码。

双击"确定"按钮，进入代码编辑模式，在 btnSubmit_Click 事件过程中输入代码，如下所示：

```
protected void btnSubmit_Click(object sender, EventArgs e)
{
    if (Page.IsValid)
        lblMsg.Text = "验证通过！";
    else
        lblMsg.Text = "验证失败！";
}
```

(4)测试页面。

保存文件，按功能键 F5 测试页面，验证通过后的实际效果如图 5-12 所示。

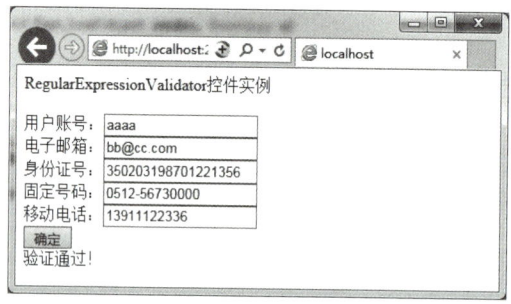

图 5-12　RegularExpressionValidator 控件应用实例运行效果

> **注意**：使用 RegularExpressionValidator 验证控件时也需要在 Bin 文件夹中添加 AspNet.ScriptManager.jQuery.dll 程序集。

Demo5-5　使用 CustomValidator 控件实现自定义验证

新建一个 ASP.NET 项目，新建 ASP.NET 网页，使用 CustomValidator 控件实现对文本框控件的自定义验证。

➤ **DEMO（项目名称：DemoCustomValidatorXYY）**

Demo5-5-1 CustomValidator 服务器端自定义验证应用实例

本案例利用 CustomValidator 自定义验证控件验证某个输入框输入的数据能否被 3 整除。若不能被 3 整除则发出错误提示。运行效果如图 5-13 所示。

图 5-13　CustomValidator 服务器端自定义验证应用实例运行效果

主要步骤

(1)在解决方案中，添加→新建项目(项目名称：DemoCustomValidatorXYY)，并在新建项目中，添加→Web 窗体："CustomValidatorOnServerDemo.aspx"。

(2) 页面的界面设计。

本案例中使用了 1 个 TextBox 控件、1 个 Button 控件和 1 个 Label 控件,另外添加 1 个 RequiredFieldValidator 验证控件和 1 个 CustomValidator 自定义验证控件。界面如图 5-14 所示。

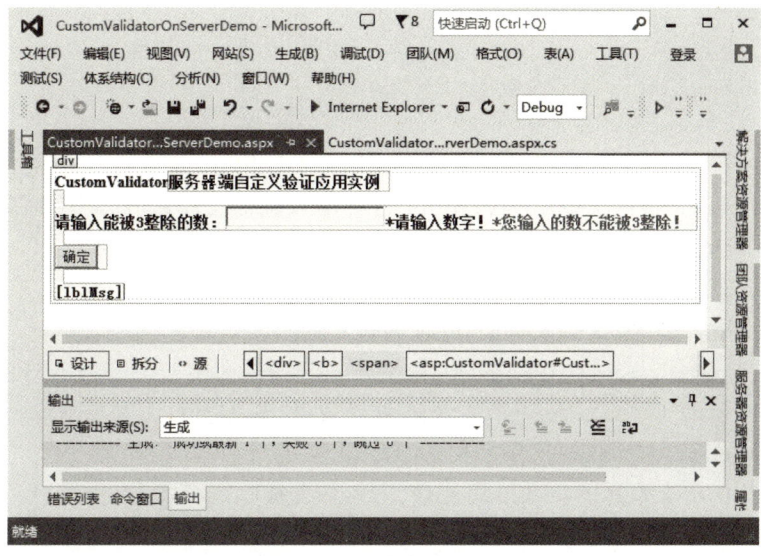

图 5-14 CustomValidator 服务器端自定义验证应用实例的设计界面

各控件属性的主要设置见表 5-12。

表 5-12　　　　　　　　　Demo5-5-1 各控件的主要属性设置

功能	控件	属性	值
输入数字	TextBox	ID	txtNum
文本框必填验证	RequiredFieldValidator	ControlToValidate	txtNum
		Display	Dynamic
		Text	*请输入数字!
文本框自定义验证	CustomValidator	ControlToValidate	txtNum
		Display	Dynamic
		Text	*您输入的数不能被 3 整除!

(3) 编写代码。

双击自定义控件 CustomValidator1,进入代码编辑模式,在 CustomValidator1_ServerValidate 事件过程中输入代码,如下所示:

```
protected void CustomValidator1_ServerValidate(object source, ServerValidateEventArgs args)
{
    int number = int.Parse(args.Value);// 取出输入的数据
    if ((number % 3) == 0)// 校验能否被 3 整除
        args.IsValid = true;// 结果正确
    else
        args.IsValid = false;// 结果错误
}
```

双击"确定"按钮,进入代码编辑模式,在 btnConfirm_Click 事件过程中输入代码如下:

```
protected void btnConfirm_Click(object sender, EventArgs e)
{
    if (Page.IsValid)
        lblMsg.Text = "验证通过!";
    else
        lblMsg.Text = "验证失败!";
}
```

如果需要同时提供客户端验证程序以便让具有 DHTML 能力的浏览器先进行验证,就应该在.aspx 的 HTML 视图中用 JavaScript 语言编写验证程序,同时将验证的函数名写入控件的 ClientValidationFunction 属性中。

(4)测试页面。

保存文件,按功能键 F5 测试页面,验证通过后的实际效果。

> **注意**
> (1)使用 CustomValidator 验证控件也需要在 Bin 文件夹中添加 AspNet.ScriptManager.jQuery.dll 程序集。
> (2)在所有客户端验证结束之后,才能触发验证事件及 Click 事件。
> (3)因为有了 ClientValidationFunction 属性,所以 CustomValidator 验证控件具备客户端验证和服务器端验证两种方法,通过双重检测,可以使客户端录入的资料更加安全可控。

Demo5-5-2　CustomValidator 验证控件实现客户端和服务器端双重验证实例

本案例在不使用 RequiredFieldValidator 必填验证控件的情况下,利用 CustomValidator 验证控件的客户端验证和服务器端验证两种方法,分别对输入信息进行必填验证,同时分别实现"输入的数据能否被 3 整除"和"输入的数据是否为偶数"两种自定义验证。效果如图 5-15 所示。

图 5-15　CustomValidator 验证控件实现客户端和服务器端双重验证的效果

主要步骤

(1)在新建的项目中,添加→Web 窗体:"CustomValidatorDemo.aspx"。

(2)页面的界面设计。

在本案例中使用了 2 个 TextBox 控件,2 个 Button 控件;还使用了 2 个 CustomValidator 自定义验证控件,对文本框输入的信息进行正则表达式验证。设计界面如图 5-16 所示。

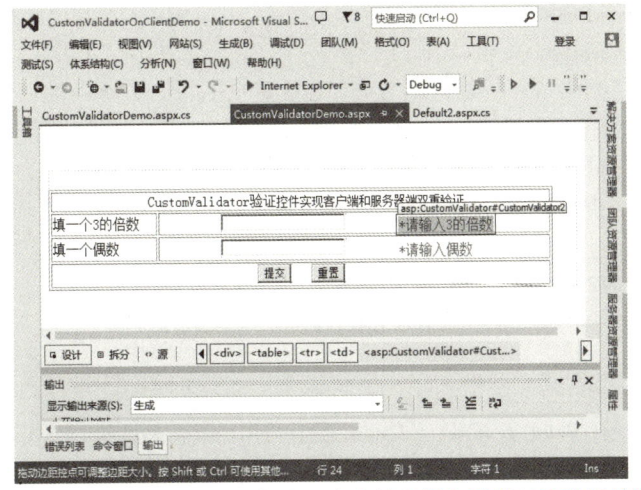

图 5-16 CustomValidator 验证控件实现客户端和服务器端双重验证的设计界面

各控件的主要属性设置见表 5-13。

表 5-13　　　　　　　　Demo5-5-2 各控件的主要属性设置

功能	控件	属性	值
输入 3 的倍数	TextBox	ID	txtOdd
输入偶数	TextBox	ID	txtEven
偶数 自定义验证	CustomValidator	ID	CustomValidator1
		ControlToValidate	txtEven
		ValidateEmptyText	True
		ClientValidationFunction	CheckEven
		Display	Dynamic
		Text	*请输入偶数
3 的倍数 自定义验证	CustomValidator	ID	CustomValidator2
		ControlToValidate	txtOdd
		ValidateEmptyText	True
		ClientValidationFunction	CheckMultiple3
		Display	Dynamic
		Text	*请输入 3 的倍数

(3) 编写代码。

① 在 ASPX 页面源代码中添加 CheckMultiple3 和 CheckEven 两个 JavaScript 脚本函数，代码如下：

```
<script type="text/javascript">
    //obj 表示被验证的控件
    //args 表示事件数据，它有两个属性
    //IsValid 设置控件是否通过验证
    //Value 表示被验证的控件的值
```

```javascript
function CheckEven(obj,args){
    var numberPattern = /\d+/;
    //由于控件的 ValidateEmptyText 属性设置为 true
    //所以当控件没有值时进行客户端验证
    if(!numberPattern.test(args.Value)){
        args.IsValid = false;//表示未通过验证,出现错误提示
    }
    else if(args.Value % 2 == 0){
        args.IsValid = true;//表示通过验证,不出现错误提示
    }
    else{
        args.IsValid = false;//表示未通过验证,出现错误提示
    }
}
function CheckMultiple3(obj,args){
    //由于控件的 ValidateEmptyText 属性没有被设置,使用了默认值 false
    //所以当控件没有值时不进行客户端验证
    var numberPattern = /\d+/;
    if((!numberPattern.test(args.Value))||(args.Value % 3 != 0)){
        args.IsValid = false;
    }
    else{
        args.IsValid = true;
    }
}
</script>
```

② 为2个 CustomValidator 控件编写 ServerValidate 事件代码:

双击自定义验证控件 CustomValidator1,进入代码编辑模式,在 CustomValidator1_ServerValidate 事件过程中输入代码,用于验证控件值是否为偶数。代码如下:

```csharp
protected void CustomValidator1_ServerValidate(object source, ServerValidateEventArgs args)
{
    System.Text.RegularExpressions.Regex regex = new System.Text.RegularExpressions.Regex(@"\d+");
    if(!regex.IsMatch(args.Value)) //先用正则表达式判断用户输入的数据能否转换成数字
    {
        args.IsValid = false;
    }
    else
    {
        args.IsValid = (int.Parse(args.Value) % 2 == 0); //对2取模结果为0时输入数字为
                                                          //偶数
    }
}
```

双击自定义验证控件 CustomValidator2,进入代码编辑模式,在 CustomValidator2_ServerValidate 事件过程中输入代码,用于验证控件值是否为 3 的倍数。代码如下:

```
protected void CustomValidator2_ServerValidate(object source, ServerValidateEventArgs args)
{
    System.Text.RegularExpressions.Regex regex = new System.Text.RegularExpressions.Regex(@"\d+");
    if(! regex.IsMatch(args.Value))  //先用正则表达式判断用户输入的数据能否转换成数字
    {
        args.IsValid = false; //表示验证不通过
    }
    else
    {
        args.IsValid = (int.Parse(args.Value)% 3 == 0);  //对 3 取模结果为 0 时输入数字为
                                                         //3 的倍数
    }
}
```

(4)测试页面。

保存文件,按功能键 F5 测试页面,验证通过后的实际效果。

Demo5-6　使用 ValidationSummary 控件实现验证汇总

新建一个 ASP.NET 项目,新建 ASP.NET 网页,使用 ValidationSummary 控件实现对多个验证控件的验证汇总。

> **DEMO**(项目名称:DemoValidationSummaryXYY)

本案例利用 ValidationSummary 控件显示验证的汇总信息。运行效果如图 5-17 所示。

图 5-17　ValidationSummary 验证汇总控件应用实例运行效果

主要步骤

(1)在解决方案中,添加→新建项目(项目名称:DemoValidationSummaryXYY),并在新建项目中,添加→Web 窗体:"ValidationSummaryDemo.aspx"。

(2)页面的界面设计。

本案例中使用了 2 个 TextBox 控件、1 个 Button 控件、1 个 RequiredFieldValidator 控件、1 个 RegularExpressionValidator 控件和 1 个 ValidationSummary 控件。设计界面如图 5-18 所示。

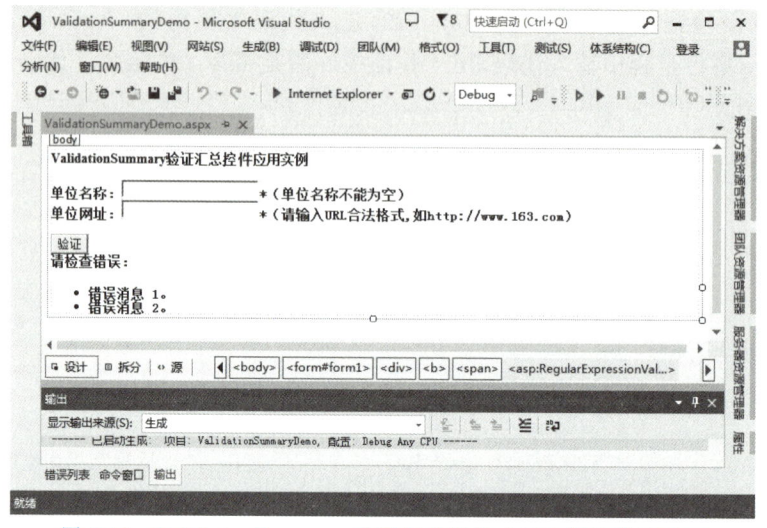

图 5-18 ValidationSummary 验证汇总控件应用实例的设计界面

各控件的主要属性设置见表 5-14。

表 5-14　　　　　　　　　Demo5-6 各控件的主要属性设置

功能	控件	属性	值
输入单位名称	TextBox	ID	txtCompanyName
输入单位网址	TextBox	ID	txtCompanyUrl
单位名称必填验证	RequiredField-Validator	ControlToValidate	txtCompanyName
		Display	Dynamic
		ErrorMessage	·请输入单位名称！
		Text	*（单位名称不能为空）
单位网址正则表达式验证	Regular-Expression-Validator	ControlToValidate	txtCompanyUrl
		Display	Dynamic
		ErrorMessage	·请输入合法的网址！
		ValidationExpression	http(s)?://([\w-]+\.)+[\w-]+(/[\w-./?%&=]*)?
		Text	*（请输入 URL 合法格式，如 http://www.163.com）
验证汇总	Validation-Summary	HeaderText	请检查错误：
		DisplayMode	BulletList
		DisplayMode	BulletList

（3）测试页面。

保存文件，按功能键 F5 测试页面，验证通过后的实际效果。

> **注意**
> （1）使用 ValidationSummary 验证控件也需要在 Bin 文件夹中添加 AspNet.ScriptManager.jQuery.dll 程序集。
> （2）验证控件的 ErrorMessage 属性在 ValidationSummary 汇总信息中显示，而验证控件的 Text 属性在验证控件所在的位置显示。

5.4 案例实践

在学习了前面 6 个 Demo 任务之后,完成以下 1 个 Activity 案例的操作实践。

Act5　输入验证的综合案例:公司职员注册验证功能的实现

新建项目,在窗体中制作一个公司职员注册网页,利用 ASP.NET 提供的各种验证控件为员工账户、员工密码、姓名、身高、手机号码和电子邮件等的输入提供各种验证,包括必填验证、比较验证、范围验证和正则表达式验证等。

➤ **ACTIVITY**(项目名称:**ActStaffRegisterXYY**)

在 Web 窗体中,放置 Label 控件、TextBox 控件、RadioButton 控件、DropDownList 控件、CheckBoxList 控件和 Button 控件。通过单击"提交"按钮,实现 Web 控件的验证并显示相关信息。当不输入任何内容并单击"提交"按钮时所得到的效果如图 5-19 所示。

主要步骤

(1)在解决方案中,添加→新建项目(项目名称:ActStaffRegisterXYY),并在新建项目中,添加→Web 窗体:"StaffRegisterAct.aspx"。

(2)页面的界面设计。

在本案例中使用了 8 个 TextBox 控件、2 个 RadioButton 控件、3 个 DropDownList 控件、1 个 CheckBoxList 控件、2 个 Button 控件。还使用了验证控件:8 个 RequiredFieldValidator 控件、1 个 CompareValidator 控件(验证员工密码和确认密码)、1 个 RangeValidator 控件(验证身高)和 3 个 RegularExpressionValidator 控件(验证办公电话、手机号码和电子邮件)。设计界面如图 5-20 所示。

图 5-19　公司职员注册实例的运行效果　　图 5-20　公司职员注册实例的设计界面

本案例中用到的 Web 服务器控件主要属性见表 5-15。

表 5-15　　　　　　　　　　　**Web 服务器控件主要属性**

控件类型	说明	属性	属性值
文本框	员工账户	ID	txtUser
	员工密码	ID	txtPassword
		TextMode	Password

(续表)

控件类型	说明	属性	属性值
文本框	确认密码	ID	txtCfm
		TextMode	Password
	姓名	ID	txtName
	身高	ID	txtHeight
	办公电话	ID	txtPhone
	手机号码	ID	txtMobile
	电子邮件	ID	txtEmail
按钮	确定	ID	btnSubmit
		Text	提交
	清空	ID	btnClear
		Text	重置
单选按钮	"男"单选按钮	ID	rbMale
		Text	男
		Checked	True
		GroupName	rbSex
	"女"单选按钮	ID	rbFemale
		Text	女
		GroupName	rbSex
下拉列表框	"年"下拉列表框	ID	ddlYear
		Items	1915～2019
	"月"下拉列表框	ID	ddlMonth
		Items	1～12
	"日"下拉列表框	ID	ddlDay
		Items	1～31
复选框列表	11个"兴趣爱好"复选框	ID	cblFav
		Items	各个项目值如图5-19所示
		RepeatColumns	4
		RepeatDirection	Horizontal

除 RequiredFieldValidator 控件外,本案例用到的验证控件主要属性见表 5-16。

表 5-16　　　　　　　　　　　　验证控件主要属性

控件类型	说明	控件属性	属性值
比较验证控件 CompareValidator1	比较验证"员工密码"和"确认密码"是否一致	ErrorMessage	密码不一致
		ControlToValidate	txtCfm
		ControlToCompare	txtPassword

(续表)

控件类型	说明	控件属性	属性值
范围验证控件 RangeValidator1	验证"身高"的输入在1~300	ErrorMessage	身高为1~300厘米
		ControlToValidate	txtHeight
		Type	Integer
		MinimumValue	1
		MaximumValue	300
正则表达式验证控件 RegularExpression-Validator1	验证"办公电话"输入格式	ErrorMessage	办公电话格式不正确!
		ControlToValidate	txtPhone
		ValidationExpression	(\(\d{3}\)|\d{3}-)? \d{8}
RegularExpression-Validator2	验证"手机号码"输入格式	ErrorMessage	手机号码输入不正确!
		ControlToValidate	txtMobile
		ValidationExpression	1\d{10}
RegularExpression-Validator3	验证"电子邮件"输入格式	ErrorMessage	电子邮件输入不正确!
		ControlToValidate	txtEmail
		ValidationExpression	\w+([-+.']\w+)*@\w+([-.]\w+)*\.\w+([-.]\w+)*

(3) 编写部分代码。

为方便显示"年""月""日"下拉列表框中的数字信息,在 Page_Load 事件中编写代码如下:

```
//如果是首次加载页面,为"年""月""日"添加列表项
if(! Page.IsPostBack)
{
    for (int i = 1915; i <= 2019; i++)
        ddlYear.Items.Add(i.ToString());
    for (int i = 1; i <= 12; i++)
        ddlMonth.Items.Add(i.ToString());
    for (int i = 1; i <= 31; i++)
        ddlDay.Items.Add(i.ToString());
}
```

(4) 测试页面。

保存文件,按功能键 F5 测试页面,验证通过后的实际效果。

> **温馨提示**
>
> 使用验证控件时需要在 Bin 文件夹中添加 AspNet.ScriptManager.jQuery.dll 程序集。

5.5 课外实践

在学习了前面的 Demo 任务和 Activity 案例实践之后,利用课外时间,完成以下 2 个 Home Activity 案例的操作实践。

HomeAct5-1　实现 1～100 的偶数验证

➤ **HomeACTIVITY**（项目名称：HomeActCheckEvenXYY）

编写程序,验证用户输入的数字是否为 1～100 的偶数。建议使用:自定义验证控件 CustomValidator。

HomeAct5-2　实现错误验证汇总

➤ **HomeACTIVITY**（项目名称：HomeActValidationSummaryXYY）

利用本单元所学验证控件,编写程序实现如图 5-21 所示的用户注册页面,验证用户的注册信息(将错误信息汇总显示)。

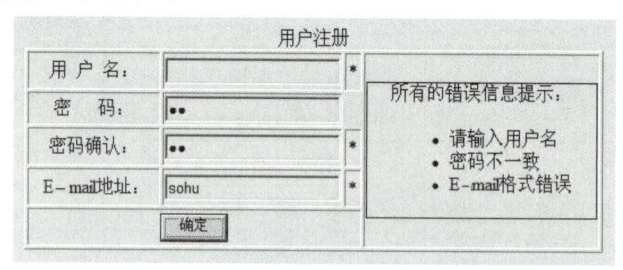

图 5-21　验证用户注册信息的效果

> **温馨提示**
>
> 可使用 ValidationSummary 控件进行错误信息汇总显示,该控件中显示的错误信息是由每个验证控件的 ErrorMessage 属性设置的。

拓展：在本实践的基础上,将用户名文本框、E-mail 地址文本框和"确定"按钮的 ValidationGroup 属性值均设置为 FZ,然后再测试分组验证的效果。

5.6　单元小结

本单元主要学习并实践了如下内容:
(1)验证控件的主要用途。
(2)RequiredFieldValidator 必填验证控件的使用和注意事项。
(3)CompareValidator 比较验证控件的使用和注意事项。
(4)RangeValidator 范围验证控件的使用和注意事项。
(5)RegularExpressionValidator 正则表达式验证控件的使用和注意事项。
(6)CustomValidator 自定义验证控件的使用和注意事项。
(7)ValidationSummary 验证汇总控件的使用和注意事项。

5.7　单元知识点测试

1.填空题

(1)对年龄进行输入验证,要使用_____验证控件。

(2) RequiredFieldValidator 控件的_____属性用来记录当验证失败时在 Validation-Summary 控件中显示的文本。

(3) RegularExpressionValidator 控件的_____属性用来设置验证输入控件的正则表达式。

(4) 正则表达式"1(3|5)\d{9}"匹配_____。

2.选择题

(1) 以下(　　)属性不是验证控件所共有的。

A.ControlToValidate　　　　　　　　B.ErrorMessage
C.Display　　　　　　　　　　　　　D.ValueToCompare

(2) 在网页中输入出生年、月和入团年、月,若要验证入团年、月的输入必须比出生年、月大,可以用以下的(　　)验证控件。

A.RequiredFieldValidator　　　　　　B.CompareValidator
C.RegularExpressionValidator　　　　D.ValidationSummary

(3) 可以使用以下的(　　)控件对所有的验证错误进行汇总。

A.RequiredFieldValidator　　　　　　B.CompareValidator
C.RegularExpressionValidator　　　　D.ValidationSummary

3.判断题

(1) RequiredFieldValidator 控件只能进行必填验证。　　　　　　　　　(　　)

(2) CompareValidator 比较验证控件只能比较两个值是否相等。　　　　(　　)

(3) 正则表达式"\d"和"[0-9]"是等价的,都代表一个整数。　　　　　　(　　)

5.8　单元实训

Project_第 2 阶段之二:网站前端页面的验证

在学习演练了本单元的 6 个 Demo 案例,完成相关的课内 Activity 和课外 Home Activity 实践后,完成如下训练项目的操作任务。

要求在单元 4"Project_第 2 阶段之一:网站前端页面的初步实现"的基础上,添加后台登录页面,实现登录页面的验证功能,完成如下操作:

1.训练准备

结合单元 2"网页布局与设计"中的 HTML 静态网页模板(本训练提供登录 & 后台模板 HTML 源代码 2 套:登录 & 后台模板 1 和登录 & 后台模板 2),开始后台登录页面的设计。本次采用"登录 & 后台模板 1"中的"登录模板"。

2.将后台登录 HTML 页面转换为 ASPX 页面(项目名称:EntWebsiteActXYY)

主要步骤如下:

(1) 将"登录 & 后台模板 1"的"登录模板"中的文件复制到本项目的 AdminXYY 后台管理目录中,并将这些文件添加到(包含于)VS 项目中。

(2) 新建 Login1.aspx 页面,并将对应的 Login1.html 参考页面的 HTML 代码复制到相应的 ASPX 页面源代码位置。

> **注意**：分别复制HTML页面的Head部分和Body部分到ASPX页面中,同时留意,要保留ASPX页面中原先的＜form＞标识符,去除HTML页面中的＜form＞标识符。

(3)项目文件清单如图5-22所示(仅供参考)。

其中:Login1.aspx是由Login1.html转化而来的。

(4)使用2个TextBox控件代替原有的用于输入用户名和密码的HTML控件＜input＞。箭头标出的2个控件均为TextBox控件,效果如图5-23所示。

图5-22　项目文件清单　　　　　　图5-23　登录界面设计

(5)根据实际需要,修改页面源代码。

(6)其他:为使页面更协调,可以适当修改对应的style.css样式。

3.后台登录页面中用户名和密码的非空验证

主要步骤如下:

(1)添加必填验证控件。

在登录页面的"用户名"和"密码"两个文本框的后面,添加两个RequiredFieldValidator必填验证控件,如图5-24所示。

(2)设置必填验证控件的属性。

设置两个必填验证控件分别针对用户名和密码两个文本框进行非空验证;并设置错误提示为"＊",颜色为"红色"。

(3)调试预览效果,如图5-25所示。

图5-24　添加必填验证控件　　　　　　图5-25　登录页面运行效果

单元 6　常用内置对象

学习目标

知识目标：
(1) 熟悉五大常用内置对象的功能。
(2) 掌握 Response 对象的常用属性和方法。
(3) 掌握 Request 对象的常用属性和方法。
(4) 掌握 Server 对象的常用属性和方法。
(5) 掌握 Application 对象的常用属性和方法。
(6) 掌握 Session 对象的常用属性和方法。

技能目标：
(1) 能够利用 Response 对象实现客户端浏览器页面输出、重定向等功能。
(2) 能够利用 Request 对象实现客户端浏览器页面及 URL 地址信息等功能。
(3) 能够利用 Server 对象实现获取服务器端信息等功能。
(4) 能够利用 Application 对象实现获取应用程序共享信息等功能。
(5) 能够利用 Session 对象实现获取客户端浏览器页面用户会话信息等功能。

重点词汇

(1) Application：_____
(2) Session：_____
(3) Server：_____
(4) Response：_____
(5) Request：_____

6.1　引例描述

.NET Framework 中包含大量的对象类库，编程人员只需编写好代码，就可以利用这些对象类库简单快速地完成一些工作。在 ASP.NET Web 应用程序中经常会用这些对象来维护当前 Web 应用程序的相关信息。例如，利用 ASP.NET 内置对象可以在两个网页之间传递变量、输出数据，以及记录变量值等。本单元将为学习者讲解 ASP.NET 常用的 5 个内置对象的本质和用途，使学习者掌握每个对象的常用属性、集合和方法，并通过 Demo 演示和 Activity 实践，理解和掌握 Response 对象、Request 对象、Server 对象、Application 对象、Session 对象这五大常用内置对象在 Web 窗体中的重要作用和使用方法。

本单元的学习导图，如图 6-1 所示。

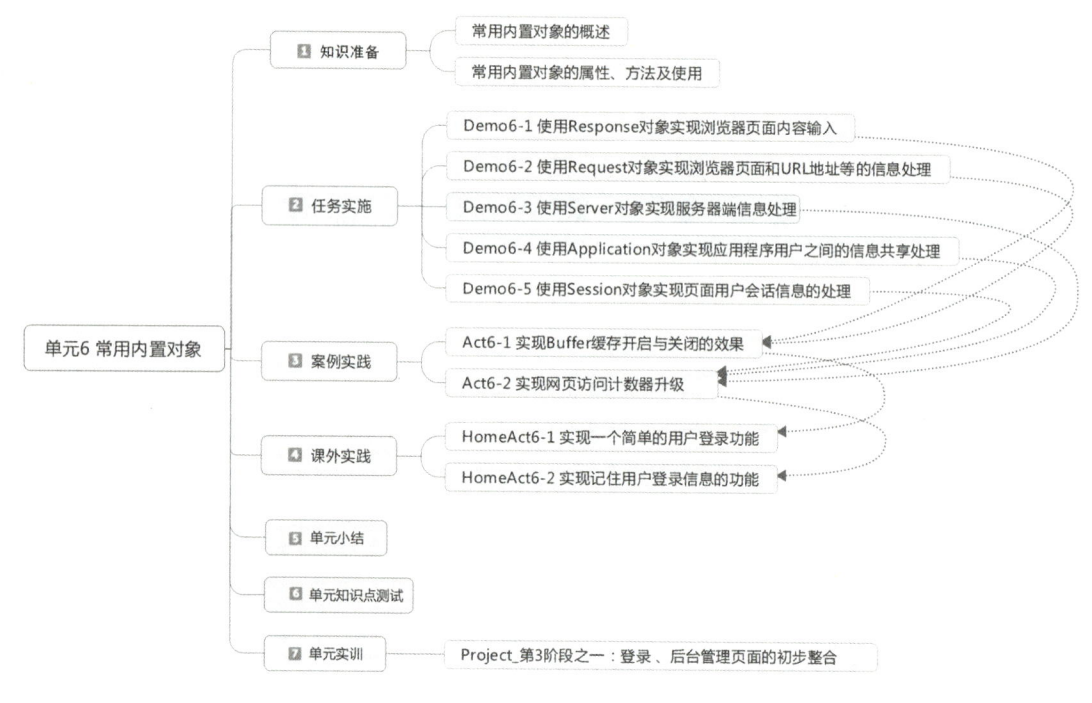

图 6-1　本单元的学习导图

6.2　知识准备

6.2.1　常用内置对象的概述

ASP.NET 中的五大对象犹如 Web 服务器中的五员大将，各有重要作用。
- Response 对象是一位优秀的指挥家，指挥浏览器工作镇定自若。
- Request 对象则是一位谍报员，能将浏览器提交的各种信息予以收集。
- Server 对象任劳任怨，只愿为大家提供优良服务。
- Application 对象是位无私奉献者，善于资源共享。
- Session 对象记忆力高超，可以将当前来访者记住。

对象是一个封装的实体，其中包括数据和程序代码。一般不需要了解对象内部是如何运作的，只需知道对象的主要功能即可。每个对象都有其方法、属性和集合，用来完成特定的功能,方法决定对象做什么,属性用于返回或设置对象的状态,集合则可以存储多个状态信息。

ASP.NET 提供了许多内置对象,可以完成许多功能。例如,可以在页面之间传递变量、跳转,向页面输出数据,获取页面数据以及记录信息等。表 6-1 是 ASP.NET 常用的 5 个内置对象能实现的主要功能。

表 6-1 ASP.NET 常用的 5 个内置对象能实现的主要功能

对象	主要功能
Response	向客户端输出信息
Request	获取客户端信息
Server	可以使用服务器上的一些高级功能
Application	存储所有用户的共享信息
Session	存储用户的会话信息

拥有五大对象的 Web 服务器对各项工作应对自如,下面将分别介绍这些常用的内置对象。

6.2.2 常用内置对象的属性、方法及使用

1.Response 对象

Response 对象提供对当前页的输出流访问,可以向客户端浏览器发送信息,或者将访问者转移到另一个网址,还可以输出和控制 Cookie 信息等。当 ASP.NET 运行页面中的代码时,Response 对象可以构建发送回浏览器的 HTML。下面介绍 Response 对象的基本属性和方法。Response 对象的属性和常用方法分别见表 6-2 和表 6-3。

表 6-2 Response 对象的属性

属性	说明
Buffer	获取或设置 HTTP 输出是否要做缓冲处理 若缓冲了到客户端的输出,则为 true;否则为 false。默认为 true
Cache	以 HttpCachePolicy 对象的形式获取 Web 网页的缓存策略(过期时间、保密性、变化子句)
Charset	以字符串的形式获取或设置输出流的 HTTP 字符集,如 Response.Charset="UTF-8"
ContentEncoding	以 System.Text.Encoding 枚举值的方式来获取或设置输出流的 HTTP 字符集,如 Response.ContentEncoding = System.Text.Encoding.UTF8
IsClientConnected	获取一个布尔型的值,通过该值设置客户端是否仍连接在服务器上,若客户端当前仍在连接,则为 true;否则为 false
Output	获取 HTTP 响应的文本输出
OutputStream	获取 HTTP 内容主体的二进制数据输出流

表 6-3　　　　　　　　　　　　Response 对象的常用方法

方法	说明
Write	将指定的字符串或表达式的结果写入当前的 HTTP 内容输出流
WriteFile	将指定的文件直接写入当前的 HTTP 内容输出流。其参数为一个表示文件目录的字符串
End	将当前所有的缓冲输出发送到客户端，并停止当前页的执行
Close	关闭客户端的联机
Clear	用来在不将缓存中的内容输出的前提下，清空当前页的缓存，仅当使用了缓存输出时（即 Buffer=true 时），才可以利用 Clear 方法
Flush	将缓存中的内容立即显示出来。该方法跟 Clear 方法相同的是，在脚本的开头没有将 Buffer 属性设置为 true 时会出错。和 End 方法不同的是，该方法被调用后该页面可继续执行
Redirect	使浏览器立即重定向到指定的 URL

简单示例如下：

　　Response.Write("新年快乐"); 　　//将"新年快乐"输出到网页上
　　Response.WriteFile("f:\\sun.txt"); 　　//将 sun.txt 文件中的内容输出到网页上
　　Response.Redirect("login.htm"); 　　//将页面跳转到本站点中的 login.htm 页面上
　　Response.Close(); 　　//断开页面和服务器端的连接

其中 Response.Write 方法用来将指定的字符串或表达式的结果写到当前的 HTTP 网页上并输出。通过 Response.Write 方法将用户的一个输入和特定的字符串输出到网页上（详见指导手册）。

2. Request 对象

当用户打开 Web 浏览器，并从网站请求 Web 页面时，Web 服务器就会收到一个 HTTP 请求，此请求包括用户的计算机、页面以及浏览器的相关信息，这些信息将被完整地封装，可通过 Request 对象来获取它们。例如通过 Request 对象可以读取客户端浏览器已经发送的内容，了解客户端的计算机配置、浏览器的版本等信息。Request 对象的属性和方法相当多，表 6-4 和表 6-5 列出了一些常用的属性和方法。

表 6-4　　　　　　　　　　　　Request 对象的常用属性

属性	说明
Form	返回客户端以 POST 方式传递的参数数据或表单数据
QueryString	返回客户端以 GET 方式偿还的参数数据（URL 后面的参数值）
Url	返回目前请求的 URL 有关信息
ApplicationPath	返回被请求的页面位于 Web 应用程序的哪一个文件夹中
FilePath	与 ApplicationPath 类似，即返回页面完整的 Web 地址路径，只是 FilePath 还包括了页面名称，而 ApplicaiontPath 只包括文件名。例如 FilePath 返回的值是"/Ch10/Default.aspx"，而 ApplicationPath 返回的值是"/Ch10"
PhysicalPath	返回目前请求的网页在服务器端的真实路径。例如 PhysicalPath 返回的值是"E:\Asp.net书\Ch10\"

(续表)

属性	说明
Browser	以 Browser 对象的形式返回访问者浏览器的相关信息，如浏览器的名称（IE、FoxPro 等）
Cookies	返回一个 HttpCookieCollection 对象集合，利用此属性可以查看访问者在以前访问站点时使用的 Cookies
UserLanguages	返回客户端浏览器配置了何种语言
UserHostAddress	返回远程客户端计算机的主机 IP 地址
UserHostName	返回远程客户端计算机的主机名称

例如，使用 Request 对象的 Form 属性获取表单传递的信息，一般格式为：Request.Form["表单元素名"]或 Request.Form.Get("表单元素名")。通过 POST 方式发送的数据不会显示在 URL 中，因此用 POST 方式发送数据会比用 GET 方式发送数据安全。

表 6-5　　　　　　　　　　　Request 对象的常用方法

方法	说明
MapPath	返回当前请求的 URL 中的虚拟路径映射到服务器上的物理路径
SaveAs	将 HTTP 请求的信息存储到磁盘中

利用 Request 对象，可以获取页面及 URL 地址中的信息并进行处理（详见指导手册）。

3.Server 对象

Server 对象提供对服务器信息的访问，例如可以利用 Server 对象访问服务器的名称。

下面首先介绍 Server 对象的属性和方法，然后通过一些具体的实例来介绍 Server 对象的用途。

Server 对象的属性和方法分别见表 6-6 和表 6-7。Server 对象实际上操作的是 System.Web 命名空间中的 HttpServerUtility 类。Server 对象提供许多访问方法和属性帮助程序有序执行。

表 6-6　　　　　　　　　　　Server 对象的属性

属性	说明
MachineName	获取服务器的计算机名称。该属性是一个自读属性
ScriptTimeout	获取和设置请求超时的时间（以秒计）。例如 Server.ScriptTimeout=60

表 6-7　　　　　　　　　　　Server 对象的方法

方法	说明
CreateObject	创建 COM 对象的一个服务器实例
Transfer	终止当前页的执行，并为当前请求开始执行新页
HtmlEncode	对将在浏览器中显示的字符串进行编码
HtmlDecode	该属性与 HtmlEncode 相反，它用于提取 HTML 编码的字符，并将其转换为普通的字符

（续表）

方法	说明
UrlEncode	该属性与 Request 对象的 QureryString 属性相似,当向 URL 传递字符串时可以使用该属性
UrlDecode	该属性与 UrlEncode 属性相反,它可以传递参数,并将它们转换为普通的字符串
MapPath	该属性返回文件所在物理磁盘的准确位置

利用 Server 对象,可以实现对服务器信息的处理(详见指导手册)。

4.Application 对象

Application 对象是一种 Web 应用程序所有用户之间共享信息的方法,并且在服务器运行期间持久地保存数据。Application 对象是公共对象,主要用于在所有用户间共享信息,所有用户都可以访问该对象中的信息并对信息进行修改。该对象多用于网站计数器和聊天室等。

可以把 Application 对象看成一种特殊的变量,同所有的变量一样,该对象也有自己的生命周期,通常在网站开始运行时生命周期开始,网站停止运行时生命周期结束。

Application 对象有如下特点：

● 数据可以在 Application 对象内部共享,因此一个 Application 对象可覆盖多个用户。

● Application 对象包含事件,可以触发某些 Application 对象脚本。

● 个别 Application 对象可以用 Internet Service Manager 来设置而获得不同属性。

● 单独的 Application 对象可以隔离出来在它们自己的内存中运行,也就是说,如果一个人的 Application 对象遭到破坏,不会影响其他人。

● 可以停止一个 Application 对象(将其所有组件从内存中删除)而不会影响到其他应用程序。

存取 Application 对象变量值需要使用 Application 对象的 Add 方法,Add 方法的实质是在 Application 对象集合中添加一个 Application 对象变量,其语法格式如下：

```
public void Add(string name,string value);
```

其中 name 是所添加的 Application 变量的名称,value 是新添加的变量的内容。

因为多个用户可以共享一个 Application 对象,所以必须有 Lock 和 UnLock 方法,以确保多个用户无法同时改变某一个 Application 对象变量。Application 对象成员的生命周期止于关闭 IIS 或使用 Clear 方法清除。表 6-8 和表 6-9 分别列出了 Application 对象的属性和方法。

表 6-8　　　　　　　　　　　Application 对象的属性

属性	说明
All	返回全部的 Application 对象变量并存储到一个 Object 类型的数组中
AllKeys	返回全部的 Application 对象变量名称并存储到一个字符串数组中
Count	获取 Application 对象变量的数量
Item	使用索引或 Application 对象变量名称传回 Application 对象变量的内容

表 6-9 Application 对象的方法

方法	说明
Add	新增一个 Application 对象变量到 HttpApplicationstate 集合中
Clear	清除全部的 Application 对象变量
Get	使用索引关键字或变量名称得到变量值
GetKey	使用索引关键字来获取变量名称
Lock	锁定全部的 Application 对象变量
Remove	使用变量名称删除一个 Application 对象
RemoveAll	删除全部的 Application 对象变量
Set	使用变量名称更新一个 Application 对象变量的内容
UnLock	解除锁定的 Application 对象变量

利用 Application 对象,实现 Web 应用程序用户之间的信息共享处理(详见指导手册)。

5.Session 对象

Session 对象用来存储特定用户会话所需的信息,Session 对象变量只针对单一的网页使用者,即各个客户端的计算机有各自的 Session 对象变量,不同的客户端无法相互存取。

Session 对象是 HttpSessionState 的一个实例,如果需要在一个用户的 Session 对象中存储信息,只需要简单地直接调用 Session 对象就可以了,Session 对象的语法格式如下:

```
Session["变量名"] = "内容";
VariablesName = Session["变量名"];
```

对于用户来说,每次访问的 Session 对象是唯一的,这包括两个含义:

● 对于某个用户的某次访问,Session 对象在访问期间是唯一的,可以通过 Session 对象在页面间共享信息。只要 Session 对象没有超时,或者 Abandon 方法没有被调用,Session 对象中的信息就不会丢失。Session 对象不能在用户间共享信息,而 Application 对象可以在不同用户间共享信息。

● 对于用户的每次访问,其 Session 对象都不同,两次访问之间也不能共享数据,而 Application 对象只要没有被重新启动,就可以在多次访问间共享数据。

当每个用户首次与服务器建立连接的时候,服务器会为其建立一个 Session(会话),同时服务器会自动为用户分配一个 SessionID,用于标识这个用户的唯一身份。Session 信息存储在 Web 服务器端,是一个对象集合,可以存储对象、文本等信息。Session 对象的属性和方法分别见表 6-10 和表 6-11。

表 6-10 Session 对象的属性

属性	说明
IsNewSession	返回一个 bool 值用于指示用户在访问页模式中是否创建了新的会话
Count	获取会话状态集合中 Session 对象的个数
TimeOut	获取或设置在会话状态提供程序终止会话之前各请求之间所允许的超时时间,默认为 20 分钟
SessionID	获取用于标识会话的唯一会话 ID

表 6-11　　　　　　　　　　　　Session 对象的方法

方法	说明
Add	新增一个 Session 对象
Clear	清除会话状态中的所有值
Remove	删除会话状态集合中的项
RemoveAll	清除所有会话状态值
Abandon	结束当前会话，并清除会话中的所有信息
Clear	清除全部 Session 变量，但不结束会话

利用 Session 对象，实现页面用户会话信息的处理（详见任务实施 Demo6-5）。

6.3 任务实施

Demo6-1　使用 Response 对象实现浏览器页面内容输入

Response 对象　　Response.Redirect-1（使用 Redirect 方法跳转）　　Response 应用实例 1

新建项目，利用 Response 对象实现当前时间的输出和 2 的幂次方输出。

▶ **DEMO（项目名称：DemoResponseXYY）**

新建一个 ASP.NET 项目，分别添加多个 ASP.NET 网页，实现多种输出效果。

▶ **DEMO6-1-1 在页面上显示当前访问的时间（页面名称：ResponseTimeXYY.aspx）**

在新建的项目中，新建 ASP.NET 页面，通过 Response.Write 方法直接将当前时间输出到网页上。运行效果如图 6-2 所示。

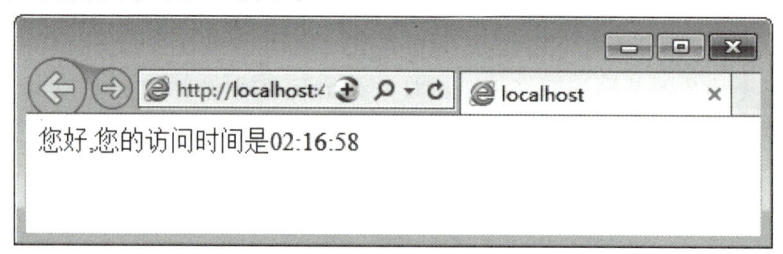

图 6-2　使用 Response.Write 方法显示当前时间

主要步骤

（1）在解决方案中，添加→新建项目（项目名称：DemoResponseXYY），并在新建项目中，添加→Web 窗体："ResponseTimeXYY.aspx"。

（2）程序代码编写。在代码编辑模式下，在 Page_Load 事件过程中输入代码实现当前时间的输出，如下所示：

```
protected void Page_Load(object sender, EventArgs e)
{
    string format = "hh:mm:ss";
    string strDate = DateTime.Now.ToString(format);
    Response.Write("您好,您的访问时间是");
    Response.Write(strDate);
}
```

其中,使用 DateTime.Now 取得当前系统的时间,使用 ToString 方法将当前系统时间转换为"hh:mm:ss"格式,并赋给字符串变量 strDate。使用 Response.Write 方法分别向客户端浏览器输出"您好,您的访问时间是"和字符串变量 strDate。

➤ **DEMO6-1-2 计算并在网页上输出 2 的 1～10 次方（页面名称：ResponseCalculateYY.aspx）**

在新建的项目中,新建 ASP.NET 页面,直接在页面源代码中利用 Response.Write 方法将 2 的幂次方计算结果输出到网页上。运行效果如图 6-3 所示。

图 6-3　利用 Response.Write 方法计算 2 的幂次方运行效果

主要步骤

(1) 在新建的项目中,添加→Web 窗体:"ResponseCalculateYY.aspx"。
(2) 将 ResponseCalculateYY.aspx 页面切换到 HTML 源设计视图,并添加如下代码:

```
<%@ Page Language="C#" AutoEventWireup="true" CodeFile="ResponseCalculateYY.aspx.cs" Inherits="_ResponseCalculateYY" %>
<!DOCTYPE html PUBLIC "-//W3C//DTD XHTML 1.0 Transitional//EN" "http://www.w3.org/TR/xhtml1/DTD/xhtml1-transitional.dtd">
<html xmlns="http://www.w3.org/1999/xhtml">
<body>
<%
    int basenum=2;
    int result=1;
    Response.Write("<h3>利用 Response.Write 方法输出数据</h3>");
    Response.Write("<hr>");
    for (int i = 1; i <= 10; i++)
    {
        result *= basenum;
        Response.Write(basenum.ToString()+"的" + i.ToString()+"次方=" + result.ToString()+ "<br>");
    }
%>
</body>
</html>
```

(3) 按 F5 键或者单击按钮运行网站应用程序,就可以得到如图 6-3 所示的页面显示效果。

> **注意**
> 在 ASP.NET 中经常出现包含这种<％％>格式的 HTML 代码,这种格式实际上跟 ASP 的用法一样,只是在 ASP 中是 VBScript 或 JavaScript 代码,而在 ASP.NET 中是.NET 平台下支持的语言。一般把<％％>中的代码写到.aspx.cs 文件中。
> 特别注意:服务器控件中不能有<％％>语法格式。

Demo6-2 使用 Request 对象实现浏览器页面和 URL 地址等的信息处理

微课

Request 对象

新建项目,使用 Request 对象实现浏览器页面中各控件属性和 URL 地址栏中各参数的信息获取,并进行相应的处理。

➢ **DEMO(项目名称:DemoRequestXYY)**

新建一个 ASP.NET 项目,分别添加多个 ASP.NET 网页,利用 Request 对象实现客户端浏览器信息以及地址栏各种参数信息的获取及处理功能。

➢ **DEMO6-2-1 使用 Request 对象的 Browser 属性来获取访问者浏览器的相关信息(网页名称:RequestBrowserXYY.aspx)**

在新建的项目中,新建 ASP.NET 页面,通过 Request 对象的 Browser 属性获取访问者浏览器的相关信息,并输出到网页上。运行效果如图 6-4 所示。

微课

Request.Browser

图 6-4 利用 Request 对象获取访问者浏览器的相关信息

(1) Browser 属性的说明

Browser 属性实际为一个 HttpBrowserCapabilities 对象。HttpBrowserCapabilities 对象的常用属性如下:

ActiveXControls:客户端浏览器是否支持 ActiveX 控件。
AOL:客户端浏览器是否是 AOL(美国在线)浏览器。
BackgroundSounds:客户端浏览器是否支持背景声音。
Beta:客户端浏览器是否支持测试版。
Browser:客户端浏览器的类型。
ClrVersion:客户端浏览器所安装的.NET Framework 的版本号。
Cookies:客户端浏览器是否支持 Cookies。
Frames:客户端浏览器是否支持 HTML 框架。
JavaScript:客户端浏览器是否支持 JavaScript 脚本。

MajorVersion：客户端浏览器的主版本号（版本号的整数部分）。
MinorVersion：客户端浏览器的次版本号（版本号的小数部分）。
Version：客户端浏览器的完成版本号（包括整数和小数部分）。
（2）主要步骤
①在解决方案中，添加→新建项目（项目名称：DemoRequestXYY），并在新建项目中，添加→Web 窗体："RequestBrowserXYY.aspx"。
②在 RequestBrowserXYY.aspx 的 Page_Load 方法中输入如下代码：

```
Response.Write("<h3>您当前使用的浏览器信息</h3><hr>");
Response.Write("浏览器的类型:" + Request.Browser.Browser + "<br>");
Response.Write("浏览器的版本号:" + Request.Browser.Version + "<br>");
Response.Write(".NET Framework 的版本:" + Request.Browser.ClrVersion + "<br>");
Response.Write("是否支持 JavaScript:" + Request.Browser.JavaScript.ToString()+ "<br>");
Response.Write("是否支持背景声音:" + Request.Browser.BackgroundSounds + "<br>");
Response.Write("是否支持 Cookies:" + Request.Browser.Cookies + "<br>");
Response.Write("是否支持 ActiveX 控件:" + Request.Browser.ActiveXControls + "<br>");
```

③按快捷键 Ctrl+F5 执行程序，效果如图 6-4 所示。

➤ **DEMO6-2-2　Request 对象获取 Form 集合的信息（页面名称：ResponseFormXYY.aspx）**

在新建的项目中，新建 ASP.NET 页面，使用 Request 对象的 Form 集合获取页面 Textbox 控件中的文本信息，在页面中显示"您的姓名是：某某"，运行效果如图 6-5 所示。

图 6-5　Request 对象表单效果

（1）Form 属性的说明
例如，使用 Request 对象的 Form 属性获取表单传递的信息，一般格式为：Request.Form["表单元素名"]或 Request.Form.Get("表单元素名")，通过 POST 方式发送的数据不会显示在 URL 中，因此用 POST 方式发送数据会比用 GET 方式发送数据安全。

（2）主要步骤
①在新建的项目中，添加→Web 窗体："ResponseFormXYY.aspx"。
②打开 ResponseFormXYY.aspx 文件的设计页面，添加标签、文本框和命令按钮控件，设置相关属性，比如设置文本框的 ID 为"txtUsername"。
③双击命令按钮控件，在命令按钮代码 Click 事件中输入代码：

```
Response.Write("您的姓名是:" + Request.Form["txtUsername"]);
```

④按快捷键 Ctrl+F5 执行程序，输入姓名，单击"确定"按钮，效果如图 6-5 所示。

➤ **DEMO6-2-3　Request 和 Response 对象实现简单用户登录功能（页面名称：LoginXYY.aspx 和 DefaultXYY.aspx）：**

在新建的项目中，新建 ASP.NET 页面，利用 Request 对象的 QueryString 属性来获取页面 URL 地址栏参数值，然后使用 Response 对象的 Redirect 方法来实现页面的重定向，最后使用 Response 对象的 Write 方法将用户名和密码输出到页面上。效果如图 6-6 和图 6-7 所示。

图 6-6　LoginXYY.aspx 的运行效果　　　图 6-7　DefaultXYY.aspx 的运行效果

主要步骤

（1）在新建的项目中，添加→Web 窗体："LoginXYY.aspx"和"DefaultXYY.aspx"。LoginXYY.aspx 页面用于输入用户名和密码，DefaultXYY.aspx 页面用于显示输入的结果。

Request.QueryString 实例操作

Request.QueryString 特殊符号 & 的问题

结合 Demo6-3-2 实现地址栏参数值的编码和解码（UrlEncode 和 UrlDecode）

（2）在 LoginXYY.aspx 的设计页面中添加一个文本输入框、一个密码输入框以及一个登录按钮，并在登录按钮 Button1 的单击响应事件 Button1_Click 中添加如下代码：

```
protected void Button1_Click(object sender, EventArgs e)
{
    Response.Redirect("DefaultXYY.aspx? username=" + TextBox1.Text + "&password=" + TextBox2.Text);
}
```

（3）在 DefaultXYY.aspx 页面代码的 Page_Load 方法中输入如下代码：

```
protected void Page_Load(object sender, EventArgs e)
{
    Response.Write("UserName：" + Request.QueryString["username"] + "<br>");
    Response.Write("Password：" + Request.QueryString["password"] + "<br>");
}
```

（4）按快捷键 Ctrl+F5 执行程序，效果如图 6-6 所示。

（5）填写用户名和密码后，单击"Login"按钮就可以看到页面调整到 DefaultXYY.aspx 运行效果，如图 6-7 所示，可以看到页面获取了刚才的输入信息。

> **注意**　当使用 URL 传递参数时，如果 URL 中含有特定格式的字符就会出现错误，例如 login.aspx? username=Tom&Jerry，因为"&"在 URL 是有特定含义的，浏览器就会对其进行编码，会将其转换为"%26"，这样一来传递的数据就不对了。

Demo6-3　使用 Server 对象实现服务器端信息处理

新建项目，使用 Server 对象获取服务器端的信息，并做相应的处理。

▶ **DEMO**（项目名称：**DemoServerXYY**）

Server 对象

新建一个 ASP.NET 项目，分别添加多个 ASP.NET 网页，利用 Server 对象的

HtmlEncode 和 HtmlDecode 方法实现对 HTML 代码的编码和解码,利用 UrlEncode 和 UrlDecode 方法实现对 Url 地址的编码和解码,以及利用 MapPath 方法获取物理服务器上的文件路径。

➤ DEMO6-3-1 使用 Server 对象进行 HTML 编码和解码(网页名称:ServerHtmlXYY.aspx)

在新建的项目中,新建 ASP.NET 页面,使用 Server 对象进行 HTML 编码和解码,在页面上显示 HTML 标记。运行效果如图 6-8 所示。

图 6-8 HtmlEncode 方法和 HtmlDecode 方法运行效果

(1)HtmlEncode 和 HtmlDecode 方法的说明

Server 对象的 HtmlEncode 方法用于对要在浏览器中显示的字符串进行编码,其定义如下:

```
public string HtmlEncode(string s);
```

Server 对象的 HtmlDecode 方法是 HtmlEncode 方法的反操作,它用于提取用 HTML 编码的字符,并对其进行解码。其语法格式如下:

```
public string HtmlDecode(string s);
```

其中参数 s 是要被编码或解码的字符串。

(2)主要步骤

①在解决方案中,添加→新建项目(项目名称:DemoServerXYY),并在新建项目中,添加→Web 窗体:"ServerHtmlXYY.aspx"。

②在 ServerHtmlXYY.aspx 的 Page_Load 方法中输入如下代码:

```
protected void Page_Load(object sender, EventArgs e)
{
    String str = "在 HTML 中使用<br>标记分行";
    Response.Write(str);
    Response.Write("<p>");
    str = Server.HtmlEncode(str);
    Response.Write(str);
    Response.Write("<p>");
    str = Server.HtmlDecode(str);
    Response.Write(str);
}
```

③按快捷键 Ctrl+F5 执行程序，效果如图 6-8 所示。网页文件的源代码如图 6-9 所示。

图 6-9　网页文件的源代码

➤ **DEMO6-3-2**　**使用 Server 对象进行 URL 编码和解码（网页名称：ServerUrlXYY.aspx）**

使用 UrlEncode 方法将"邮箱：ZhangSan@163.com"编码，使用 UrlDecode 方法将编码还原，页面中第一行为原始文本信息，第二行为编码后的信息，第三行为解码后的信息，运行效果如图 6-10 所示。

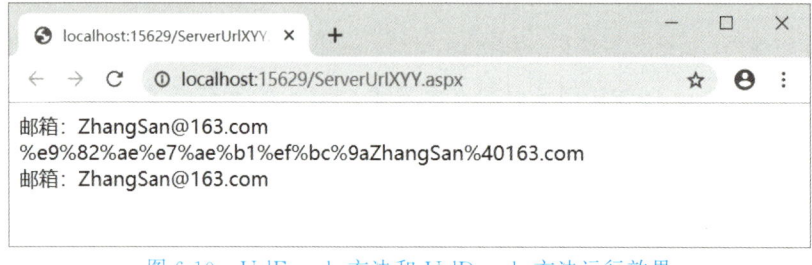

图 6-10　UrlEncode 方法和 UrlDecode 方法运行效果

微课

使用 Server 对象的 UrlEncode 和 UrlDecode 实现地址栏参数值的编码和解码

（1）UrlEncode 和 UrlDecode 方法的说明

Server 对象的 UrlEncode 方法用于编码字符串，以便通过 URL 从 Web 服务器端到客户端进行可靠的 HTTP 传输。UrlEncode 方法的语法格式如下：

```
public string UrlEncode(string s);
```

Server 对象的 UrlDecode 方法用于对字符串进行解码，该字符串为了进行 HTTP 传输而进行了编码并通过 URL 发送到服务器。UrlDecode 方法是 UrlEncode 方法的逆操作，可以还原被编码的字符串。UrlDecode 方法的语法格式如下：

```
public string UrlDecode(string s);
```

其中参数 s 是要被编码或解码的字符串。

（2）主要步骤

①在新建的项目中，添加→Web 窗体："ServerUrlXYY.aspx"。

②在 ServerUrlXYY.aspx 的代码编辑模式中对应的代码如下：

```
protected void Page_Load(object sender, EventArgs e)
{
    String str = "邮箱：ZhangSan@163.com";
    Response.Write(str);
```

```
        Response.Write("<br>");
        str = Server.UrlEncode(str);
        Response.Write(str);
        Response.Write("<br>");
        str = Server.UrlDecode(str);
        Response.Write(str);
    }
```

③按快捷键Ctrl+F5执行程序,效果如图6-10所示。

▶ **DEMO6-3-3** 使用Server对象的MapPath方法获取Web服务器端文件路径(网页名称:ServerMapPathXYY.aspx)

在新建的项目中,新建ASP.NET页面,使用Server对象的MapPath方法获取Web服务器端的文件路径,并做出相应的处理。运行效果如图6-11所示。

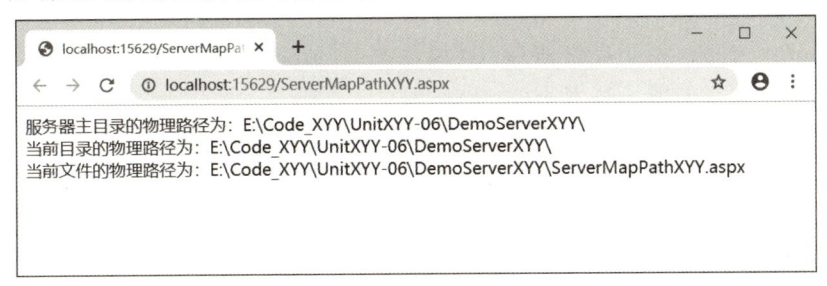

图6-11 MapPath方法运行效果

(1) MapPath方法的说明

Server对象的MapPath方法用来返回与Web服务器上的指定虚拟路径相对应的文件物理路径。其语法格式如下:

```
public string MapPath(string path);
```

其中参数path是Web服务器上的虚拟路径,返回值是与path相对应的文件物理路径,如果path为空,那么MapPath返回包含当前应用程序目录的完整物理路径。

(2) 主要步骤

①在新建的项目中,添加→Web窗体:"ServerMapPathXYY.aspx"。

②在ServerMapPathXYY.aspx的代码编辑模式中对应的代码如下:

```
protected void Page_Load(object sender, EventArgs e)
{
    Response.Write("服务器主目录的物理路径为:");
    Response.Write(Server.MapPath("/"));
    Response.Write("<br>");
    Response.Write("当前目录的物理路径为:");
    Response.Write(Server.MapPath("./"));
    Response.Write("<br>");
    Response.Write("当前文件的物理路径为:");
    Response.Write(Server.MapPath("ServerMapPathXYY.aspx"));
}
```

③按快捷键Ctrl+F5执行程序,效果如图6-11所示。

Demo6-4 使用 Application 对象实现应用程序用户之间的信息共享处理

新建项目,使用 Application 对象获取 Web 应用程序的共享信息,并做出相应的处理。

> **DEMO(项目名称:DemoApplicationXYY)**

新建一个 ASP.NET 项目,分别添加多个 ASP.NET 网页,利用 Application 对象制作一个简易聊天室和网页访问计数器。

> **DEMO6-4-1 使用 Application 对象制作一个简易聊天室(网页名称:ApplicationChatroomXYY.aspx):**

在新建的项目中,新建 ASP.NET 页面,使用 Application 对象制作一个简易聊天室,在聊天室页面中有一个 TextBox 控件,用于输入信息,ID 属性值为"txtWord",Width 设置为 480 px;还有一个 Button 控件,用于提交信息,ID 属性值为"btnSubmit",用户提交的信息在页面的上方显示,运行效果如图 6-12 所示。

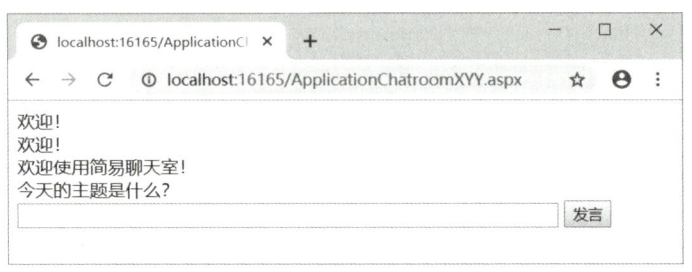

图 6-12 简易聊天室运行效果

主要步骤

(1)在解决方案中,添加→新建项目(项目名称:DemoApplicationXYY),并在新建项目中,添加 Web 窗体:"ApplicationChatroomXYY.aspx"。

(2)在 ApplicationChatroomXYY.aspx 的设计编辑模式中添加 ID 属性值为 txtWord 的文本框控件,添加 ID 属性值为 btnSubmit 的命令按钮控件。

(3)在 ApplicationChatroomXYY.aspx 的代码编辑模式中对应的代码如下:

```csharp
protected void Page_Load(object sender, EventArgs e)
{
    if (Application["chatRoom"] == null)
    {
        Application["chatRoom"] = "欢迎!" + "<br>";
    }
    else
        Response.Write(Application["chatRoom"]);
}
```

(4)在 btnSubmit_Click 事件过程中输入代码,如下所示:

```csharp
protected void btnSubmit_Click(object sender, EventArgs e)
{
```

```
        Response.Write(txtWord.Text);
        Application.Lock();
        Application["chatRoom"] = Application["chatRoom"].ToString() + txtWord.Text + "<br>";
        Application.UnLock();
        Response.Write("<br>");
        txtWord.Text = "";          //信息提交后文本框清空
    }
```

(5) 按快捷键 Ctrl+F5 执行程序,效果如图 6-12 所示。

➢ **DEMO6-4-2** 使用 Application 对象制作一个简单的网页访问计数器(网页名称:ApplicationWebCounterXYY.aspx)

运行效果如图 6-13 所示。

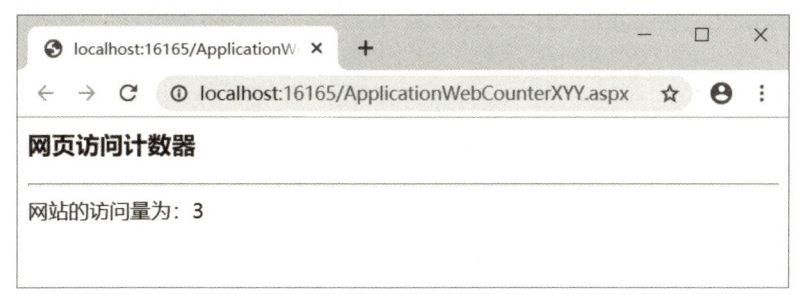

图 6-13 简单的网页访问计数器运行效果

主要步骤

(1) 在新建的项目中,添加→Web 窗体:"ApplicationWebCounterXYY.aspx"。
(2) 在 ApplicationWebCounterXYY.aspx 的代码编辑模式中对应的代码如下:

```
protected void Page_Load(object sender, EventArgs e)
{
    Response.Write("<h3>网页访问计数器</h3><hr>");
    Application.Lock();//锁定,不允许其他用户修改
    Application["CounterXYY"] = Convert.ToInt32(Application["CounterXYY"]) + 1;//计数器加1,其中的 XYY 为各自序号后 3 位
    Application.UnLock();//解锁,允许其他用户修改
    Response.Write("网站的访问量为:" + Application["CounterXYY"].ToString());
}
```

(3) 按快捷键 Ctrl+F5 执行程序,效果如图 6-13 所示。每次页面被访问,网站的访问量都会增加。

Demo6-5 使用 Session 对象实现页面用户会话信息的处理

新建项目,使用 Session 对象获取页面用户会话信息,并做出相应的处理。

➢ **DEMO**(项目名称:DemoSessionXYY)

新建一个 ASP.NET 项目,分别添加多个 ASP.NET 网页,利用 Session 对象读取上一个页面所保存的 Session 信息,以及实现购物车的一些简单功能。

► **DEMO6-5-1 使用 Session 对象读取信息（网页名称：SessionIDXYY-1.aspx 和 SessionIDXYY-2.aspx）**

使用 Session 对象的 SessionID 属性获取会话的标识，用一个页面保存 Session 信息，然后在另一个页面中读取上一个页面所保存的 Session 信息。运行效果如图 6-14 所示。

图 6-14　Session 对象的唯一性运行效果

微课

Session 对象的属性与 Abandon 方法

主要步骤

（1）在解决方案中，添加→新建项目（项目名称：DemoSessionXYY），并在新建项目中，添加 2 个 Web 窗体："SessionIDXYY-1.aspx"和"SessionIDXYY-2.aspx"。

（2）在 SessionIDXYY-1.aspx 的设计窗口中添加一个 TextBox 控件、三个 Button 控件和一个 Label 控件，设置三个 Button 控件分别显示为"Abandon""显示值"和"设置值"；设置 ID 分别为"btnAbandon"、"btnShow"和"btnSet"。

（3）为三个 Button 控件添加事件处理程序，在 SessionIDXYY-1.aspx.cs 文件中添加如下代码：

```
protected void btnAbandon_Click(object sender，EventArgs e)
{
    Session.Abandon()；//调用 Abandon 方法终止 Session 对象
}
protected void btnShow_Click(object sender，EventArgs e)
{
    Response.Redirect("SessionIDXYY-2.aspx")；  //打开 SessionIDXYY-2.aspx 页面
}
protected void btnSet_Click(object sender，EventArgs e)
{
    Session["CurrentValue"] = txtInput.Text；//为 Session 变量赋值
    lblShow.Text = Session.SessionID.ToString()；//显示当前 SessionID
}
```

（4）添加 Web 窗体文件 SessionIDXYY-2.aspx，在 SessionIDXYY-2.aspx.cs 文件的 Page_Load 事件处理方法中输入如下代码：

```
protected void Page_Load(object sender，EventArgs e)
{
    if (Session["CurrentValue"] != null)
    {
```

```
            Response.Write("Session 的值为：" + Session["CurrentValue"].ToString() + "<br />");
            Response.Write("SessionID 为：" + Session.SessionID.ToString() + "<br />");
        }
        else
            Response.Write("Session[\"CurrentValue\"]不存在!");
    }
```

(5) 按快捷键 Ctrl+F5 执行程序，在文本框中输入值后，单击"设置值"按钮，结果如图 6-14 所示。单击"显示值"按钮，页面跳转到 SessionIDXYY-2.aspx，显示结果如图 6-15 所示。从图中可以看到两个页面的 SessionID 相同，由此可见 Session 对象具有唯一性。

(6) 返回第一个页面 SessionIDXYY-1.aspx，单击"Abandon"按钮，然后单击"显示值"按钮，结果如图 6-16 所示。

图 6-15　SessionIDXYY-2.aspx 运行效果　　　图 6-16　单击"Abandon"按钮后的运行效果

➤ **DEMO6-5-2 使用 Session 对象实现购物车功能（网页名称：SessionShoppingCartXYY.aspx）**

创建一个简单的网页，实现购物车的一些简单功能。该网页会显示购物车中商品的数量。其中有两个按钮，一个向购物车中添加商品，另一个清空购物车。仅计算商品的数量，运行效果如图 6-17 所示。

图 6-17　购物车运行效果

使用 Session 对象实现购物车功能

主要步骤

(1) 在新建的项目中，添加→Web 窗体："SessionShoppingCartXYY.aspx"。

(2) 在 SessionShoppingCartXYY.aspx 的设计窗口中添加两个 Button 控件。将一个 Button 控件的 ID 设置为"Clear"，Text 属性设置为"清空购物车"；将另一个 Button 控件的 ID 属性设置为"Add"，Text 属性设置为"添加"；再在页面中添加一个 Label 控件，将其 ForeColor 属性设置为"Blue"。

(3) 在页面中双击"添加"按钮，生成 Add_Click 事件处理程序，并在其中输入如下代码：

```
    protected void Add_Click(object sender, EventArgs e)
    {
        if (Session["ItemCount"] != null)
```

```
            int i = (int)Session["ItemCount"];
            i++;
            Session["ItemCount"] = (object)i;
        }
        else
        {
            Session["ItemCount"] = 1;
        }
        Label1.Text = "商品数量:" + Session["ItemCount"];
}
```

(4)在页面中双击"清空购物车"按钮,生成 Clear_Click 事件处理程序,并在其中输入如下代码:

```
protected void Clear_Click(object sender, EventArgs e)
{
    Session["ItemCount"] = 0;
    Label1.Text = "商品数量:" + Session["ItemCount"];
}
```

(5)按快捷键 Ctrl+F5 执行程序,单击"添加"按钮,会重新加载页面,可以看到购物车中商品的数量已经增加了,如果刷新页面,购物车中商品的数量是不会发生变化的,只有关闭浏览器或者使其放置的时间超过了 20 分钟,才会丢失信息。单击"清空购物车"按钮,可以看到商品数量变成 0。

6.4 案例实践

在学习了前面 5 个 Demo 任务之后,完成以下 2 个 Activity 案例的操作实践。

Act6-1 实现 Buffer 缓存开启与关闭的效果

新建项目,利用 Response 对象的 Buffer 属性实现客户端浏览器页面缓存开启与关闭的效果。

➢ **ACTIVITY(项目名称:ActResponseBufferXYY)**

向客户端输出 1 到 10000,Buffer 属性分别设置为 true 或 false,比较一下 1 到 10000 输出到页面所用的时间。

新建空白窗体,进入代码编辑模式,在 Page_Load 事件过程中输入代码,如下所示:

```
protected void Page_Load(object sender, EventArgs e)
{
    Response.Buffer = true|false;
    for (int i = 1; i <= 10000; i++)
    {
        Response.Write(i);
        if(i % 20 == 0)    //每行输出 20 个数据时换行
```

```
            {
                Response.Write("<br>");
            }
        }
    }
```

Act6-2　实现网页访问计数器升级

新建项目,运用 Session 对象对 Demo6-4 中的网页访问计数器进行升级,解决用户重复刷新和同一 IP 地址反复登录而导致计数器计数增加的问题。

➢ **ACTIVITY（项目名称：ActSessionWebpageCounterXYY）**

新建 Web 窗体,在 Page_Load 事件中,利用 IP 地址防刷新功能实现网页访问计数器升级。

```
protected void Page_Load(object sender, EventArgs e)
{
    if (Application["userNumber"] == null)
    {
        Application["userNumber"] = 1;
    }
    else
    {
        string ip = Request.UserHostAddress;
        if ((Session["count"] == null) & (Application[ip] == null))
        {
            Application[ip] = 1;
            Session["count"] = 1;
            Application.Lock();
            Application["userNumber"] = (int)Application["userNumber"] + 1;
            Application.UnLock();
        }
    }
    Response.Write("本网页已被访问" + Application["userNumber"] + "次!");
}
```

6.5　课外实践

在学习了前面的 Demo 任务和 Activity 案例实践之后,利用课外时间,完成以下 2 个 Home Activity 案例的操作实践。

HomeAct6-1　实现一个简单的用户登录功能

➢ **HomeACTIVITY（项目名称：HomeActUserLoginXYY）**

编写程序,要求用户输入用户名和密码,然后跳转到另外一个页面,并在新页面中显示刚才所输入的信息。可以使用 Response 对象的 Redirect 方法来实现页面的重定向;使用 Request 对象的 QueryString 属性来获取页面的值;使用 Response 对象的 Write 方法将用户名和密码输出到页面上。

HomeAct6-2　实现记住用户登录信息的功能

➤ **HomeACTIVITY**（项目名称：**HomeActUserLoginCookieXYY**）

在上一个 HomeACTIVITY 的基础上，在含"用户名""密码"的网页中，增加一个复选按钮，功能为记住用户名和密码，利用 Cookies 来实现。在首次登录后，将登录信息写入用户计算机的 Cookies 中；当再次登录时，将用户计算机中的 Cookies 信息读出并显示。

6.6　单元小结

本单元主要学习并实践了如下内容：
(1) ASP.NET 五大内置对象的常用属性、方法和集合的使用。
(2) Response 对象主要体现在向浏览器发送相关信息。
(3) Request 对象主要用于接收浏览器提交的信息。
(4) Application 对象体现在公共方面。
(5) Session 对象则体现在私有方面。
(6) Server 对象是 Web 服务器相关的对象。

6.7　单元知识点测试

1. 填空题

(1) ASP.NET 的五大内置对象有_____、_____、_____、_____、_____。
(2) 可以被所有用户共享的对象是_____，可以在一次会话过程中共享的对象是_____。

2. 选择题

(1) 如果需要防止计数器重复刷新计数和同一 IP 地址反复登录计数，应该使用的对象为(　　)。

　　A. Response　　　　　　　　　　B. Request
　　C. Session　　　　　　　　　　　D. Application

(2) 使用 Response 对象向客户端输出数据时，如果要将处理完的数据一次性地发送给客户端，Buffer 属性应该设置为(　　)。

　　A. True　　　　　　　　　　　　B. False

(3) Session 对象的默认生命周期为(　　)。

　　A. 10 分钟　　　　　　　　　　　B. 20 分钟
　　C. 30 分钟　　　　　　　　　　　D. 40 分钟

3. 简答题

(1) 简述 ASP.NET 五大内置对象的主要功能。
(2) 为什么要对 Application 对象进行"锁定"和"解锁"，应该在什么时候？

6.8 单元实训

Project_第 3 阶段之一：登录、后台管理页面的初步整合

在之前单元 4 中"Project_第 2 阶段之一：网站前端页面的初步实现"和单元 5 中"Project_第 2 阶段之二：网站前端页面的验证"的基础上，在学习操练了本单元的 Demo 案例，完成相关的课内 Activity 和课外 Home Activity 实践后，利用现有的登录和后台管理网页模板，完成企业网站登录页面、后台管理页面的初步整合。

主要步骤(项目名称：EntWebsiteActXYY)如下：

1.将登录和后台管理网页模板复制到项目中。

模板地址："\单元 6 常用内置对象\HTML_登录 & 后台模板"，模板文件为：登录 & 后台模板 1.rar 和登录 & 后台模板 2.rar。

选择其中一个模板，本案例选择"登录 & 后台模板 2.rar"；解压后复制到项目站点所在文件的主目录下，并将后台文件所在目录更名为 Admin，Login.aspx 和 Login.html 文件的位置如图 6-18 所示。

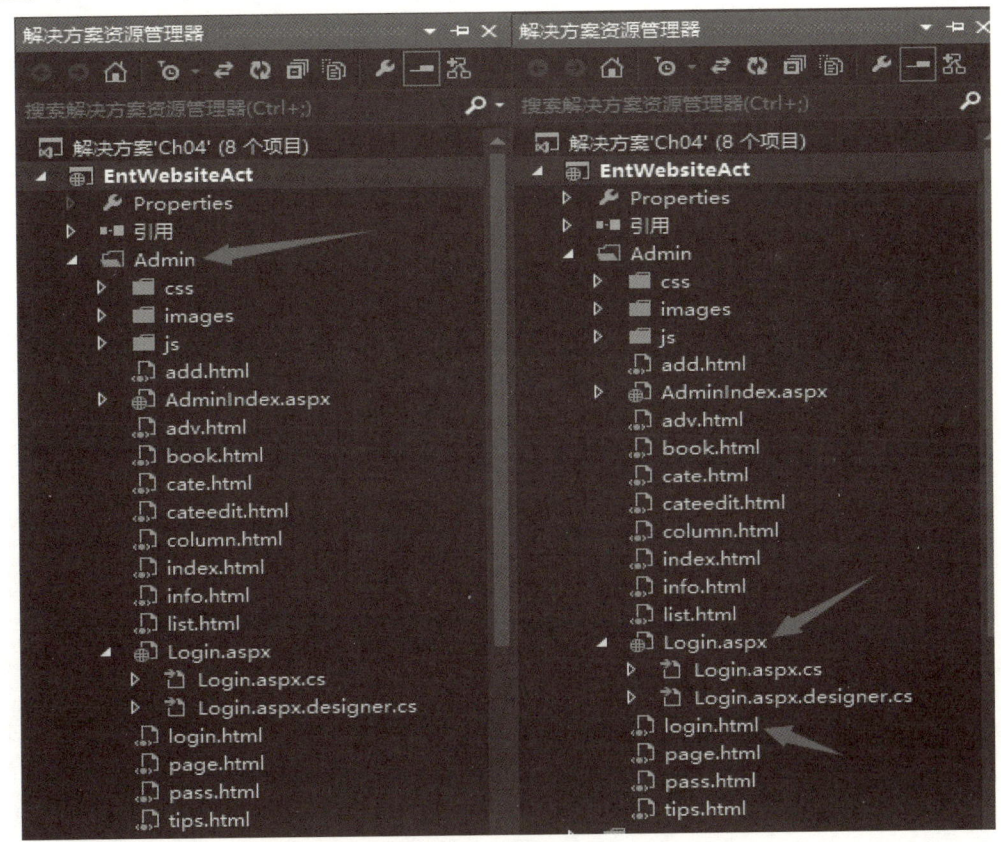

图 6-18 项目文件列表

2.将登录页面 Login.html(静态页面)转换为 ASPX 页面。

新建 Login.aspx 窗体，并参照 Login.html 页面源代码，将 Login.aspx 页面设计成跟

Login.html 页面一样的效果，如图 6-19 所示。

用户名和密码均为 admin 时，弹出登录成功的提示，并进入后台管理页面 AdminIndex.aspx；否则弹出登录失败的提示，并返回登录页面。

3.将后台管理页面 index.html（静态页面）转换为 ASPX 页面。

新建 AdminIndex.aspx 窗体，并参照 Index.html 页面源代码，将 AdminIndex.aspx 页面设计成跟 index.html 页面一样的效果，并显示管理员登录的账号名，如图 6-20 所示。

图 6-19 登录页面

图 6-20 后台管理页面

4.利用 Session 对象实现登录页面和后台管理页面的安全跳转。

（1）登录页面 Login.aspx 的 btnSubmit_Click 事件

备注：具体代码详见指导手册，请根据实际项目情况做相应修改。

（2）后台管理页面 AdminIndex.aspx 的 Page_Load 事件

备注：具体代码详见指导手册，请根据实际项目情况做相应修改。

5.在网站前端页面 index.aspx 的底部，添加到后台 Admin/Login.aspx 的链接。

6.在后台管理页面中，增加问候管理员的提示信息："admin,管理员您好。"

其中 admin 为登录的账号名。

分两步完成：第一步，增加提示信息；第二步，为账号名赋值并显示在相应位置。

7.在 Login.aspx.cs 中，设置 Session["Login"]值，用于判断是否正常登录。

8.在 AdminIndex.aspx.cs 中，存储账号名，并在相应位置显示问候信息。

9.修改后台管理页面内容，由原来 iframe 嵌入的 info.html 改为新建的 ASPX 页面。

10.重新设计退出页面 Logout.aspx。

11.其他后台管理页面的制作。

在登录页面和后台管理页面制作的基础上，根据后台管理功能模块，选择其中之一完成某一功能模块的 ASPX 动态页面的制作。

单元 7　主题、用户控件和母版页

学习目标

知识目标：
(1) 掌握主题在网站开发中的功能。
(2) 掌握用户控件在网站开发中的功能。
(3) 掌握母版页在网站开发中的功能。

技能目标：
(1) 能够利用主题技术实现服务器控件的外观样式设置等功能。
(2) 能够利用用户控件实现多个网页中相同部分的用户界面风格一致等功能。
(3) 能够利用母版页实现网站全局的界面设计风格一致等功能。

重点词汇

(1) App_Themes：_____
(2) .skin：_____
(3) User Control：_____
(4) .ascx：_____
(5) Master Page：_____
(6) .master：_____
(7) ContentPlaceHolder：_____

7.1　引例描述

在 Internet 上很少看到没有统一风格的网站，统一的风格通常体现在以下方面：

- 一个公共标题和整个站点的菜单系统。
- 页面左边的导航条,提供一些页面导航选项。
- 提供版权信息的页脚和一个用于联系网站管理员的二级菜单。
- 相似的色彩、字体。

这些元素将显示在所有页面上,它们不仅提供了最基本的功能,而且统一的风格也使用户意识到自己仍处于同一个站点内。

随着网站功能的增强,网站逐渐变得庞大起来。现在一个网站包括几十上百个网页已是常事。在这种情况下,如何简化对众多网页的设计和维护,特别是如何解决好对一批具有统一风格界面网页的设计和维护,就成为比较普遍的难题。ASP.NET 提供的主题、用户控件和母版页技术,从统一控件的外貌,到局部、全局风格的一致,都提供了非常好的解决方案。

同一个网站,无论由多少个网页组成,每个网页都应该具有一致的风格。例如,某软件公司的网站如图 7-1、图 7-2 所示。

图 7-1　某软件公司网站官方首页 　　图 7-2　某软件公司网站二级栏目页面

它的官方首页和栏目页面虽然信息内容不同,但从颜色、结构、导航等各方面来看大体是一致的,这就是风格一致。本单元的学习导图,如图 7-3 所示。

图 7-3　本单元的学习导图

7.2 知识准备

7.2.1 主题和皮肤

主题(Theme)是自 ASP.NET 2.0 起提供的一种技术,利用主题可以为一批服务器控件定义外貌。例如,可以定义一批 TextBox 或 Button 控件的底色、前景色,或者定义 GridView 控件的头模板、尾模板样式等。系统为创建主题制定了一些规则,但没有提供特殊的工具。这些规则是:对控件显示属性的定义必须放在以.skin 为扩展名的皮肤文件中,而皮肤文件必须放在主题目录下,而主题目录又必须放在专用目录"App_Themes"下。

每个专用目录下可以放多个主题目录;每个主题目录下又可以放多个皮肤文件。只有遵守这些规则,在皮肤文件中定义的显示属性才能够起作用。

1. 主题使用中的几个注意事项

(1)不是所有的控件都支持使用主题和皮肤定义外貌,有的控件(如 LoginView、UserControl)不能用.skin 文件定义。

(2)对于能够定义的控件,也只能定义它们的外貌属性,行为属性(如 AutoPostBack 属性)不能在这里定义。

(3)在同一个主题目录下,不管定义了多少个皮肤文件,系统都会自动将它们合并为一个文件。

(4)项目中凡需要使用主题的网页,有两种设置方式。一种是通过在程序中对 Page.Theme 进行赋值动态更改主题,需要注意的是,只能在 Page_PreInit 事件中对 Page.Theme 进行赋值。另一种是在设计中单击网页空白处,选择 DOCUMENT 对应的"属性"窗口,为 Theme 属性选择对应的主题。对应的源代码是在网页首行定义语句中增加的"Theme="主题目录""属性。例如:<%@ Page Theme="Themes1"%>。

(5)在设计阶段,看不出皮肤文件中定义的作用,只有当程序运行时,在浏览器中才能够看到控件外貌的变化。

2. 同一种控件多种定义的方法

有时需要对同一种控件定义多种显示风格,此时可以在皮肤文件的控件显示定义中用 SkinID 属性来区别。例如,在主题 Themes1 的皮肤文件 TextBox.skin 中,对 TextBox 定义了3种显示风格:

```
<asp:TextBox BackColor="Green" Runat="Server"/>
<asp:TextBox SkinID="BlueTextBox" BackColor="Blue" Runat="Server"/>
<asp:TextBox SkinID="RedTextBox" BackColor="Red" Runat="Server"/>
```

其中第一个定义为默认的定义,不包括 SkinID。该定义将作用于所有不注明 SkinID 的 TextBox 控件。第二个和第三个定义中都包括 SkinID 属性,这两个定义只能作用于 SkinID 相同的 TextBox 控件。在网页中为了使用主题,应该做出相应的定义。例如:

```
<form id="form1" runat="server">
    <asp:TextBox ID="TextBox1" runat="server"></asp:TextBox><br>
    <asp:TextBox ID="TextBox2" runat="server" SkinID="BlueTextBox"
```

```
    </asp:TextBox>
    <br/>
    <asp:TextBox ID="TextBox3" runat="server" SkinID="RedTextBox">
    </asp:TextBox>
</form>
```

程序运行时 3 个 TextBox 控件分别显示不同的风格。效果如图 7-4 所示。

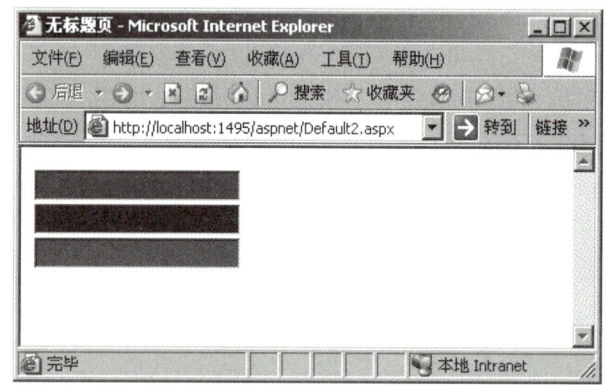

图 7-4　不同定义下的 3 个 TextBox 控件

大部分控件都有一个 SkinID 属性,可以在设计视图的"属性"窗口中选择相应皮肤。

3. 将主题文件应用于整个网站

为了将主题文件应用于整个网站,可以在根目录下的 Web.config 中进行定义。例如,要将 Theme1 主题目录应用于网站的所有页面,在 Web.config 文件中定义如下：

```
<configuration>
    <system.web>
        <pages Theme="Theme1" />
    </system.web>
</configuration>
```

这样就不必在每个网页中分别定义了。

> **温馨提示**
>
> 通过任务实施 Demo7-1 进行本小节的技能训练。

7.2.2　用户控件

用户控件(User Control)是一种自定义的组合控件,通常由系统提供的可视化控件组合而成。在用户控件中不仅可以定义显示界面,还可以编写事件处理代码。当多个网页中包括的用户界面相同时,可以将这些相同的部分提取出来,做成用户控件。这一点与 Dreamweaver 中"库"的概念类似。

一个网页中可以放置多个用户控件。通过使用用户控件不仅可以减少编写代码的重复劳动,还可以使多个网页的显示风格一致。更为重要的是,一旦需要改变这些网页的显示界面,只修改用户控件本身即可,经过编译后,所有网页中的其他用户控件都会自动跟着变化。用户控件本身相当于一个小型的网页,同样可以为它选择单文件模式或代码分离模式。然而用户控件与网页之间还是存在着一些区别,这些区别如下：

（1）用户控件文件的扩展名是.ascx而不是.aspx。

（2）在用户控件中不能包含＜html＞＜head＞＜body＞和＜form＞等定义整体页面属性的 HTML 标记。

（3）用户控件可以单独编译，但不能单独运行。只有将用户控件嵌入.aspx 文件中时，才能随 ASP.NET 网页一起运行。

除此以外，用户控件与网页非常相似。在使用用户控件时要注意，用户控件只能在同一应用程序的网页中共享。也就是说，应用项目的多个网页中可以使用相同的用户控件，而每一个网页可以使用多种不同的用户控件。如果一个网页中需要使用多个用户控件，最好先进行布局，然后再将用户控件分别拖曳到相应的位置。在设计阶段，有的用户控件并不会充分展开，而是被压缩成小长方形，此时它只起占位的作用，程序运行时才会自动展开。

用户控件与标准 ASPX 网页非常相似，用户控件也支持各种事件程序的编写。

另外，可以将 Web 窗体转换为用户控件来使用。这是为了将该窗体转换为可重复使用的控件。由于两者原本采用的技术就非常相似，因此只需要做一些较小的改动即能将 Web 窗体转换为用户控件。

由于用户控件必须嵌套于网页中运行，因此在用户控件中不能包括＜html＞＜head＞＜body＞和＜form＞等结构标记，否则会产生代码重复的错误。转换时必须移除窗体中的这些标记。除此之外，还必须在 Web 窗体中将 ASP.NET 指令类型从"@Page"更改为"@Control"。具体的转换步骤如下：

（1）在代码（隐藏）文件中将类的基类从 Page 类更改为 UserControl 类。这表明用户控件类是从 UserControl 类继承的。

例如，在 Web 窗体中，welcome 类是从 Page 类继承的，语句如下：

public partial class welcome：System.Web.UI.Page

现在改为从 UserControl 类继承，语句如下：

public partial class welcome：System.Web.UI.UserControl

（2）在.aspx 文件中删除所有的＜html＞＜head＞＜body＞和＜form＞等标记。

（3）将 ASP.NET 的指令类型从"@Page"更改为"@Control"。

（4）更改 Codebehind 属性来引用控件的代码（隐藏）文件（ascx.cs）。

（5）将.aspx 文件扩展名更改为.ascx。

温馨提示

通过任务实施Demo7-2进行本小节的技能训练。

7.2.3 母版页

母版页（Master Page）的作用类似于 Dreamweaver 软件中的"模板"，都是为网站中的各网页创建一个通用的外观。它是一个以.master 为扩展名的文件。在母版页中可以放入多个标准控件并编写相应的代码，同时还给各窗体留出一处或多处"自由空间"。

一个网站可以设置多种类型的母版页，以满足不同显示风格的需要。母版页与用户控件之间的最大区别在于，用户控件是基于局部的界面设计，而母版页是基于全局的界面设计。用户控件只能在局部上使各网页的显示风格一致,而母版页却可以在整体的外观上风格一致。用户控件通常被嵌入母版页中一起使用。

(1)母版页的工作机制

母版页定义了所有基于该页面的网页使用风格。它是页面风格的最高控制者,指定了每个页面上标题字号应该多大,导航功能应该放置在什么位置,以及在每个页面的页脚中应该显示什么内容(同理将各页面按功能进行形状切割)。母版页包含了一些可用于站点中所有网页的内容,如可以在这里定义该网站底部的版权信息、网站顶部的主要信息等。一旦定义好母版页的标准特性之后,接下来将添加一些内容占位符(ContentPlaceHolder),这些内容占位符将包含不同的页面。

每个内容页都以母版页为基础,开发人员在内容页上为每个网页添加具体的内容。内容页可以包含文本、标签和服务器控件。当某个内容页被浏览器请求时,该内容页将和它的母版页组合成一个虚拟的完整的网页(在母版页的特定占位符中包含内容页内容),然后将完整的网页发送到浏览器。母版页的工作机制如图7-5所示。

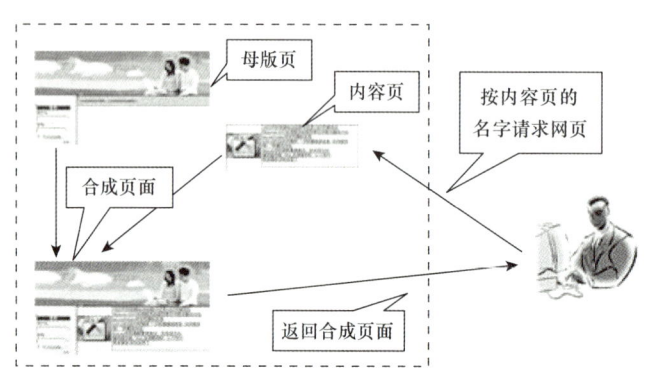

图7-5 母版页的工作机制

母版页不能被浏览器单独调用查看,只能在浏览内容页时被合并使用。如果要编辑母版页,除了可以在"解决方案资源管理器"窗口中双击打开母版页文件进行编辑外,还可以在该母版页的内容页中右击选择"编辑主控形状"命令的方式打开对应的母版页进行编辑。

(2)在母版页中放入新网页的方法

可以直接在母版页中生成新网页,也可以在创建的新网页中选择母版页。本案例使用的是第一种方式。

①直接在母版页中生成新网页

直接在母版页中生成新网页的步骤如下:

a.打开母版页。

b.右击 ContentPlaceHolder 控件,在弹出的菜单中选择"添加内容页"命令。

c.选择合适的名称为内容页重新命名。

d.为新生成的内容页添加信息。

②在创建的新网页中选择母版页

在创建的新网页中选择母版页的步骤如下:

a.在网站中创建一个新网页。此时,在网页名的右边提供了两个选项,可以选择其中的一项,两项都选择,或者两项都不选择。两个选项的含义如下:

- "将代码放在单独的文件中"选项代表采用代码分离方式。
- "选择母版页"选项代表将新网页嵌入母版页中。

如果两项都不选择,系统将创建一个单文件模式的独立网页,此网页将独立于母版页。

b.选择第2项"选择母版页"选项,将弹出一个文件列表,提供一个或多个"母版页"文件以供选择。当选择其中之一后,新网页就会嵌入指定的母版页中而成为内容页。母版页与内容页将构成一个整体成为一个新网页,新网页仍使用内容页的网页名。

(3)将已建成的网页嵌入母版页中

为了将已经建成的普通 ASP.NET 网页嵌入母版页中,需要在已经建成的网页中用手工方法增加或更改某些代码。

①打开已建成的网页,进入它的源视图,在页面指示语句中添加语句以增加其与母版页的联系。为此,需增加以下属性,其中"MasterPageFile="~/MasterPage.master""代表母版页名。

```
<%@ Page Language="C#" MasterPageFile="~/MasterPage.master"
AutoEventWireup="true"%>
```

②由于在母版页中已经包含了<html><head><body>和<form>等标记,因此在网页中要删除它们,以避免重复。

③在剩下内容的前后两端加上<Content>标记,并增加 Content 的 ID 属性、Runat 属性以及 ContentPlaceHolder 属性。ContentPlaceHolder 属性的值(这里是 ContentPlaceHolder1)应该与母版页中的 Web 容器相同。修改后的语句结构如下:

```
<asp:Content ID="Content1" ContentPlaceHolderID="ContentPlaceHolder1" Runat=
"Server">
......
</asp:Content>
```

即修改后的代码中除页面指示语句以外,所有语句都应放置在<asp:Content……>与</asp:Content>之间。

> **温馨提示**
>
> 通过任务实施 Demo7-3 进行本小节的技能训练。

7.3 任务实施

Demo7-1 网页的不同主题外观的轮换

使用主题技术,实现网页的不同主题外观的轮换。

▶ **DEMO**(项目名称:**DemoThemeXYY**)

新建一个 ASP.NET 项目,添加一个 ASP.NET 网页,通过主题技术,同一个网页能够轮换显示两种不同的外观效果。网页初始效果如图 7-6 所示。单击"Button"按钮后的网页效果如图 7-7 所示。

ASP.NET 程序设计项目教程

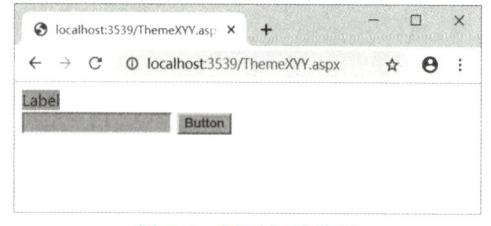

图 7-6　网页初始效果　　　　　　　图 7-7　单击"Button"按钮后的网页效果

主要步骤

（1）在解决方案中，添加→新建项目（项目名称：DemoThemeXYY），并在新建项目中，添加→Web 窗体："ThemeXYY.aspx"。

（2）在"解决方案资源管理器"窗口内右击网站项目目录，选择"添加 ASP.NET 文件夹"→"主题"命令。系统将会在应用程序的根目录下自动生成一个专用目录"App_Themes"，并且在这个专用目录下新建了一个默认名为"主题 1"的子目录，即主题目录，这里给该主题目录改名为"Themes1"。

（3）右击主题目录"Themes1"，选择"添加新项"命令，在弹出的"添加新项"窗口中选择"Web 窗体外观文件"（也称为皮肤文件）命令，名称改为"Skin1.skin"，然后单击"添加"按钮。系统将在主题目录"Themes1"下创建皮肤文件 "Skin1.skin"。同时，主工作区内将自动打开文件"Skin1.skin"以供编辑。

（4）右击专用目录"App_Themes"，选择"添加 ASP.NET 文件夹"→"主题"命令，将默认主题目录名改为"Themes2"，然后单击"添加"按钮。

（5）右击主题目录"Themes2"，选择"添加新项"→"外观文件"命令，名称改为"Skin2.skin"，然后单击"添加"按钮。系统将在主题目录"Themes2"下创建皮肤文件"Skin2.skin"。同时自动打开该文件，可编辑皮肤文件。每个主题目录下都有一个皮肤文件。皮肤文件可以改名，但是文件的扩展名必须是.skin。最终的主题目录结构如图 7-8 所示。

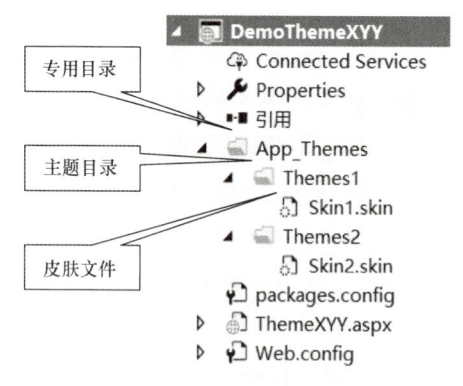

图 7-8　主题目录结构

微课

2-添加主题、设计皮肤

（6）为皮肤文件 Skin1.skin 输入如下代码：

```
<asp:Button BackColor="Orange" ForeColor="DarkGreen" Font-Bold="true" Runat="server"/>
<asp:TextBox BackColor="Orange" ForeColor="DarkGreen" Runat="server" />
<asp:Label BackColor="Orange" ForeColor="DarkGreen" Runat="server" />
```

说明：以上代码设置了 Button、TextBox 和 Label 控件的背景色为 Orange，前景色定义成 DarkGreen。将 Button 控件的字体定义成粗体。

（7）为皮肤文件 Skin2.skin 输入如下代码：

<asp:Button BackColor="Blue" ForeColor="White" Font-Italic="true" Runat="server"/>
<asp:TextBox BackColor="Blue" ForeColor="White" Runat="server" />
<asp:Label BackColor="Blue" ForeColor="White" Runat="server" />

说明：以上代码设置了 Button、TextBox 和 Label 控件的背景色为 Blue，前景色定义成 White。将 Button 控件的字体定义成斜体。

（8）打开 ThemeXYY.aspx 网页的设计视图，从工具箱中拖入一个文本框控件、一个标签控件和一个按钮控件。修改标签控件的 Text 属性为"单击按钮看不同网页效果"。

（9）在 ThemeXYY.aspx 网页的设计视图中右击，选中"查看代码"按钮，进入代码视图，在类"public partial class ThemeXYY：System.Web.UI.Page"的一对{ }之间输入如下代码：

```
protected void Page_PreInit(object sender, EventArgs e)
{
    if (Session["status"] == null)
    {
        Page.Theme = "Themes1";
        Session["status"] = "set";
    }
    else
    {
        Page.Theme = "Themes2";
        Session["status"] = null;
    }
}
```

添加代码后如图 7-9 所示。

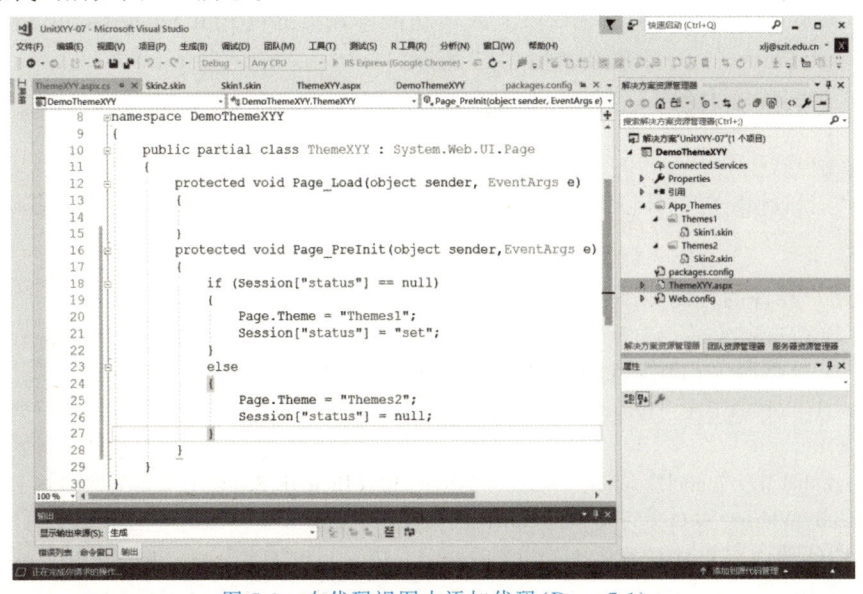

图 7-9 在代码视图中添加代码（Demo7-1）

(10)运行网站,即得到图7-6和图7-7所示效果。

Demo7-2　使用用户控件实现网站页面底部信息的显示

使用用户控件,实现网站页面底部信息的显示。

> **DEMO**(项目名称:DemoUserControlFootXYY)

新建一个 ASP.NET 项目,添加一个 ASP.NET 网页,通过用户控件技术,在网站首页下方添加用户控件,显示内容为"技术支持:电子信息工程系"和"建议使用 IE 8.0 以上版本访问本站 CopyRight by szit.edu.cn",首页最终显示效果如图7-10所示。

图 7-10　在代码视图中添加代码(Demo7-2)

1-主要步骤分析

2-主要操作步骤

主要步骤

(1)在解决方案中,添加→新建项目(项目名称:DemoUserControlFootXYY),并在新建项目中,添加→Web 窗体:"UserControlFootXYY.aspx"。

(2)右击项目名称,选择"添加新项"命令,在打开的对话框中选择"Web 窗体用户控件"选项,将默认名称"WebUserControl.ascx"修改为"WebFoot.ascx",再单击"添加"按钮。

(3)系统自动创建用户控件 WebFoot.ascx,并在主工作区打开。

(4)切换到用户控件 WebFoot.ascx 的设计视图,从工具箱拖入一个 HyperLink 控件,设置 Width 属性为 300 px;再从工具箱拖入一个 Label 控件,通过"属性"窗口设置 Label 控件的 Text 属性为"建议使用 IE 8.0 以上版本访问本站 CopyRight by szit.edu.cn",并设置 Width 属性为 500 px。设计效果如图7-11所示。

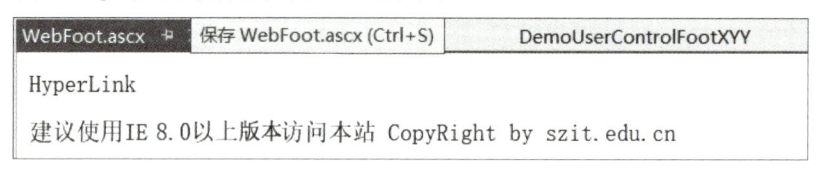

图 7-11　用户控件 WebFoot.ascx 设计效果

查看用户控件的代码如下:

<%@ Control Language="C#" AutoEventWireup="true" CodeBehind="WebFoot.ascx.cs" Inherits="DemoUserControlFootXYY.WebFoot" %>
<asp:HyperLink ID="HyperLink1" runat="server">HyperLink</asp:HyperLink>

<asp:Label ID="Label1" runat="server" Text="建议使用 IE 8.0 以上版本访问本站 CopyRight by szit.edu.cn" Width="500px"></asp:Label>

用户控件的内容直接放在<%@ Control Language="C#" AutoEventWireup="true" CodeFile="WebFoot.ascx.cs" Inherits="DemoUserControlFootXYY.WebFoot" %>的

下面就可以了。

(5) 双击该页面空白处，在代码视图的页载入事件"protected void Page_Load(object sender, EventArgs e)"的一对{}之间输入下面的程序代码：

```
HyperLink1.Text = "技术支持:电子信息工程系";
HyperLink1.NavigateUrl = "http://ced.szit.edu.cn/";
```

(6) 打开 UserControlFootXYY.aspx 页，切换到设计视图，输入文字"此处为首页内容，以下是网页底部显示的内容。"，再从"解决方案资源管理器"窗口中将用户控件文件 WebFoot.ascx 拖到下一行的位置。查看 UserControlFootXYY.aspx 的源代码：

```
...
<%@ Register src="WebFoot.ascx" tagname="WebFoot" tagprefix="uc1" %>
...
        此处为首页内容,以下是网页底部显示的内容。<br />
        <br />
        <uc1:WebFoot ID="WebFoot1" runat="server" />
        <br />
...
```

其中语句：

`<%@ Register src="WebFoot.ascx" tagname="WebFoot" tagprefix="uc1" %>`

代表用户控件已经在.aspx 中注册。语句中各个标记的含义如下：

tagprefix：代表用户控件的命名空间（这里是 uc1），它是用户控件名称的前缀。如果在一个.aspx 网页中使用了多个用户控件，在不同的用户控件中出现了控件重名的现象时，命名空间是用来区别它们的标志。

tagname：用户控件的名称，它与命名空间一起唯一标识用户控件，如代码中的"uc1: WebFoot"。

src：用来指明用户控件的虚拟路径。

语句<uc1:WebFoot ID="WebFoot1" runat="server" />即用户控件本身的标签。

(7) 浏览 UserControlFootXYY.aspx 页，即得到如图 7-10 所示效果。

Demo7-3　使用母版页实现网站风格统一

使用母版页，结合 ContentPlaceHolder 控件，实现网站页面母版化及可编辑区域处理。

▶ **DEMO（项目名称：DemoMasterPageInfoDeliveryXYY）**

新建一个 ASP.NET 项目，添加一个 ASP.NET 网页，使用母版页和内容页，创建一个模板化的动态网页，网页运行效果如图 7-12 所示。

主要步骤

(1) 在解决方案中，添加→新建项目（项目名称：DemoMasterPageInfoDeliveryXYY）。

(2) 右击本项目，在弹出的菜单中选择"添加新建项"命令，在弹出的对话框中选择"Web 窗体母版页"选项，使用默认名称"Site1.Master"或改名为"SiteXYY.Master"（扩展名不能改），然后单击"添加"按钮，系统创建该页 SiteXYY.Master，并在工作区自动打开。

(3) 利用提供的母版页 HTML 页面（Master1.html），将新建的 SiteXYY.Master 设计

成母版页,如图7-13所示。

图7-12 使用母版页实现的统一风格效果

图7-13 母版页

> **温馨提示**
>
> 从HTML页面中复制<head>部分和<body>部分的HTML代码即可。务必保留Master母版文件原有的文档结构和元素。页面右下方的位置放置了一个ContentPlaceHolder控件,该控件用于配置使用了该母版页之后准备进行编辑处理的网页内容,即以该母版页创建的Web窗体,该位置的内容是可编辑的。

(4)右击本项目,在弹出的菜单中选择"添加新建项"命令,然后选择"包含母版页的Web窗体",并在窗体名称处输入使用了该母版页的窗体文件名称:MasterPageInfoDeliveryXYY.aspx,然后单击"添加"按钮,并在"选择母版页"对话框中,选中该项目现有的母版页"SiteXYY.Master",单击"确定"按钮。如图7-14所示。

(5)由此新建的使用了母版页的Web窗体如图7-15所示。

图7-14 选择新建Web窗体所使用的母版页

图7-15 带有母版页的Web窗体

切换到内容页的设计视图,在ContentPlaceHolder窗口的内容区中输入相关页面内容。

> **温馨提示**
>
> 也可以通过右击母版页的ContentPlaceHolder窗口,选择"添加内容页"命令,系统自动生成一个新的内容页(默认命名为WebForm1.aspx),并自动打开。

(6)调试运行新建的Web窗体,运行效果如图7-12所示。

拓展:如果使用面包屑导航实现"当前位置>>企业新闻",并将其处理成可编辑的区域,该如何实现?

7.4 案例实践

在学习了前面 3 个 Demo 任务之后,完成以下 2 个 Activity 案例的操作实践。

Act7-1 使用用户控件实现网页顶部和底部的统一处理

新建项目,实现网页顶部内容和底部内容的用户控件调用。

➢ **ACTIVITY(项目名称:ActUserControlXYY)**

参照提供的 HTML 网页(jQuery.htm 及相应的目录 jQimg),分别将网页的顶部和底部内容新建为 ASCX 用户控件页面,并在新建的 ASPX 页面中调用。顶部的 Web 窗体用户控件文件名称为:HeaderXYY.ascx;底部的 Web 窗体用户控件文件名称为:FooterXYY.ascx;新建 UserControlXYY.aspx 调用两个用户控件页面,如图 7-16 所示。

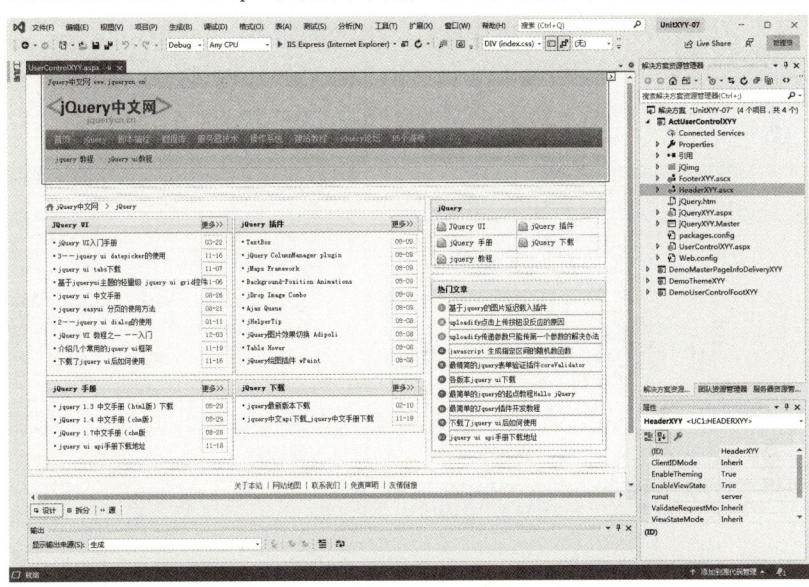

图 7-16 网页顶部内容和底部内容的用户控件调用

页面源视图如图 7-17 所示。

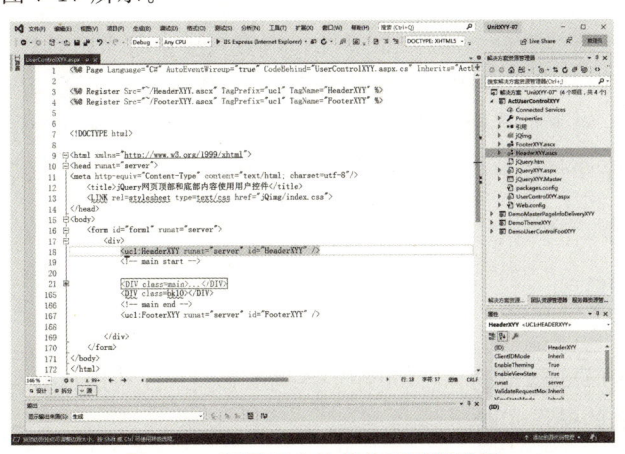

图 7-17 调用用户控件的页面源视图

> **注意**　原始 HTML 页面中 CSS 和 JavaScript 文件的调用，务必在 ASPX 页面中的相应位置进行引用。

Act7-2　网页母版化处理

在 Act7-1 的基础上，参照提供的 HTML 网页，新建母版页供网站使用。

➤ **ACTIVITY（项目名称：ActUserControlXYY）**

在 Act7-1 的基础上，参照提供的 HTML 网页（jQuery.htm 及相应的目录 jQimg），新建 Web 窗体母版页 jQueryXYY.Master。在该母版页中，顶部和底部内容分别使用用户控件 HeaderXYY.ascx 和 FooterXYY.ascx，中部左侧和右侧内容使用 ContentPlaceHolder 控件实现母版化处理。并创建含有该母版页的 Web 窗体，命名为 jQueryXYY.aspx。如图 7-18 所示。

使用母版页和用户控件的 Web 窗体运行后的效果如图 7-19 所示。

图 7-18　使用母版页和用户控件的 Web 窗体　　　图 7-19　运行后的效果

母版页和内容页的事件处理：

母版页和内容页都可以包含控件的事件处理程序。对于控件而言，事件是在本地处理的，即内容页中的控件在内容页中引发事件，母版页中的控件在母版页中引发事件。控件事件不会从内容页发送到母版页。同样，也不能在内容页中处理来自母版页控件的事件。

在某些情况下，内容页和母版页中会引发相同的事件。例如，两者都引发 Init 和 Load 事件。引发事件的一般规则是初始化事件从最里面的控件向最外面的控件引发，所有其他事件则从最外面的控件向最里面的控件引发。请记住，母版页会合并到内容页中并被视为内容页的一个控件。

7.5　课外实践

在学习了前面的 Demo 任务和 Activity 案例实践之后，利用课外时间，完成以下 1 个 Home Activity 案例的操作实践。

HomeAct7-1　采用了用户控件和母版页的新闻发布系统网站

▶ **HomeACTIVITY**（项目名称：HomeActNewMSXYY）

请为一个新闻发布系统网站设计出视觉效果较好的母版页（包括前台和后台），结合主题、用户控件和母版页技术。

新闻发布系统网站结构如图 7-20 所示。

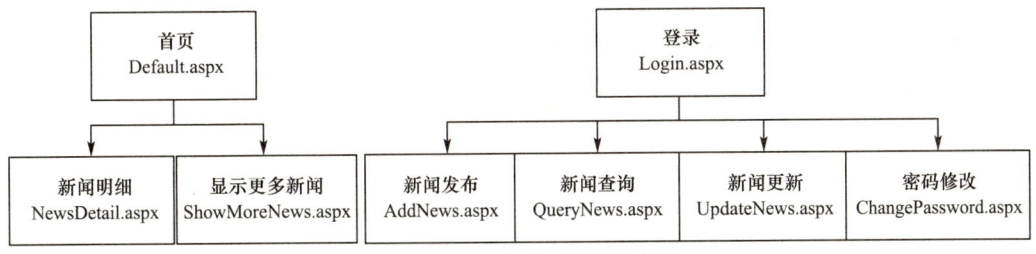

图 7-20　新闻发布系统网站结构

7.6　单元小结

本单元主要学习并实践了如下内容：
（1）ASP.NET 提供了主题、用户控件和母版页技术的基础理论知识。
（2）利用主题和皮肤技术，为服务器控件定义不同的外观效果。
（3）利用用户控件技术，实现多个网页的显示风格统一，减少编写代码的重复劳动。
（4）利用母版页技术，进行网站的全局界面设计，确保网站在整体外观上取得一致。
（5）如何恰当地将主题、用户控件和母版页技术结合，使网站的多个网页之间，从单个控件到局部，再到整体布局方面在显示风格上取得完美的一致效果。

7.7　单元知识点测试

1.填空题

（1）皮肤文件是以.skin 为扩展名的文件，用来定义_____的样式。

（2）下面是一段皮肤文件中的定义：

`<asp:TextBox BackColor="Orange" ForeColor="DarkGreen" Runat="server"/>`

代码将_____服务器控件的底色定义为_____色，将控件中的字符定义为_____色。

（3）下面是 ASPX 网页中的一段代码：

`<%@ Register TagPrefix="uc1" TagName="WebUserControl1" Src="WebUserControl1.ascx"%>`

其中 uc1 字符串代表_____。

2.选择题

（1）当一种控件有多种定义时，用（　　）属性来区别它们的定义。
A.ID　　　　　　B.Color　　　　　　C.BackColor　　　　　　D.SkinID

(2)用户控件是扩展名为（　　）的文件。

A..master　　　　　　B..asax　　　　　　C..aspx　　　　　　D..ascx

(3)母版页是扩展名为（　　）的文件。

A..master　　　　　　B..asax　　　　　　C..aspx　　　　　　D..ascx

(4)下面是 ASPX 网页中的一段代码：

<%@Page Language="C#" MasterPageFile="~/MasterPage.master" AutoEventWireup="..."%>

其中 MasterPage.master 代表（　　）。

A.母版页的路径　　B.用户控件的路径　　C.用户控件的名称　　D.母版页的名称

3．判断题

(1)利用主题可以为一批服务器控件定义样式。　　　　　　　　　　　　（　　）

(2)主题目录必须放在专用目录"App_Themes"下，而皮肤文件必须放在主题目录下。

（　　）

(3)用户控件是一种自定义的组合控件。　　　　　　　　　　　　　　　（　　）

(4)用户控件不能在同一应用程序的不同网页间重复使用。　　　　　　　（　　）

(5)使用母版页是为了多个网页在全局的样式上保持一致。　　　　　　　（　　）

4．简答题

(1)为保持多个网页显示风格一致，ASP.NET 使用了哪些技术，每种技术是如何发挥作用的？

(2)简述将 ASPX 网页转换成用户控件的方法。

(3)简述将已经创建的 ASPX 网页放进母版页的方法。

5．操作题

将主题、用户控件及母版页技术相结合，创建风格一致的多个网页。

7.8　单元实训

Project_第 3 阶段之二：网站页面的模板化处理

在学习了本单元知识，掌握了主题、用户控件和母版页技术后，在现有 Project 网站项目的基础上，对网站前端页面顶部的 Banner 和菜单、页面底部的声明、页面左侧区域的"联系方式"进行用户控件处理；对"行业动态""产品中心"采取母版页技术。通过本单元的训练，完成网站页面的模板化处理。

主要步骤（项目名称：EntWebsiteActXYY）如下：

1．对顶部 Banner 和菜单进行用户控件处理

(1)用户控件 Header.ascx 页面的设计

①新建用户控件 Header.ascx。

②设计 Header.ascx 页面，实现网站页面的顶部 Banner 和菜单效果。

将原始 index.html 页面中 header 区域的 HTML 代码复制到 Header.ascx 页面源代码中：

```
<div class="container header">
...
</div><!--header end-->
```

(2)用户控件 Header.ascx 页面在 IndexXXYY.aspx 页面中的调用

①将 IndexXXYY.aspx 中与 Header.ascx 对应的 HTML 代码删除,并将 Header.ascx 页面拖入该区域。页面源代码新增如下语句:

- 用户控件引用的声明语句:

`<%@ Register Src="~/Header.ascx" TagPrefix="uc1" TagName="Header" %>`

- 用户控件调用语句:

`<uc1:Header runat="server" id="Header" />`

②实现的页面效果如图 7-21 所示。

图中 IndexXXYY.aspx 页面上方框起来的区域即 Header.ascx 用户控件。

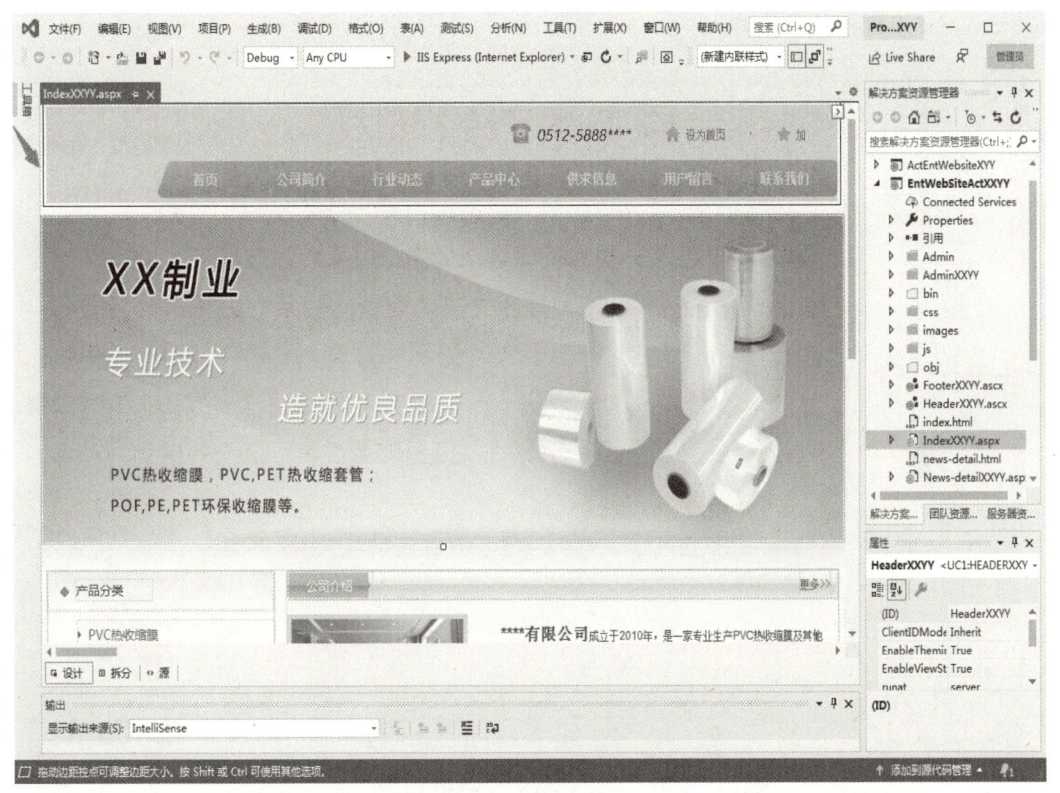

图 7-21　加入用户控件 Header.ascx 之后的运行效果

2.对页面底部声明进行用户控件处理

(1)用户控件 Footer.ascx 页面的设计

①新建用户控件 Footer.ascx。

②设计 Footer.ascx 页面,实现网站页面底部效果。

将原始 index.html 页面中 footer 区域的 HTML 代码复制到 Footer.ascx 页面源代码中:

```
<div class="footer">
...
</div><!--footer end-->
```

(2)用户控件 Footer.ascx 页面在 IndexXXYY.aspx 页面中的调用

将 IndexXXYY.aspx 中与 Footer.ascx 对应的 HTML 代码删除,并将 Footer.ascx 页面拖入该区域,形成的页面源代码新增如下语句:

①用户控件引用的声明语句:

```
<%@ Register Src="~/Footer.ascx" TagPrefix="uc1" TagName="Footer" %>
```

②用户控件调用语句:

```
<uc1:Footer runat="server" ID="Footer" />
```

(3)验证页面效果

实现的页面效果如图 7-22 所示。图中 IndexXXYY.aspx 页面下方框起来的区域即 Footer.ascx 用户控件。

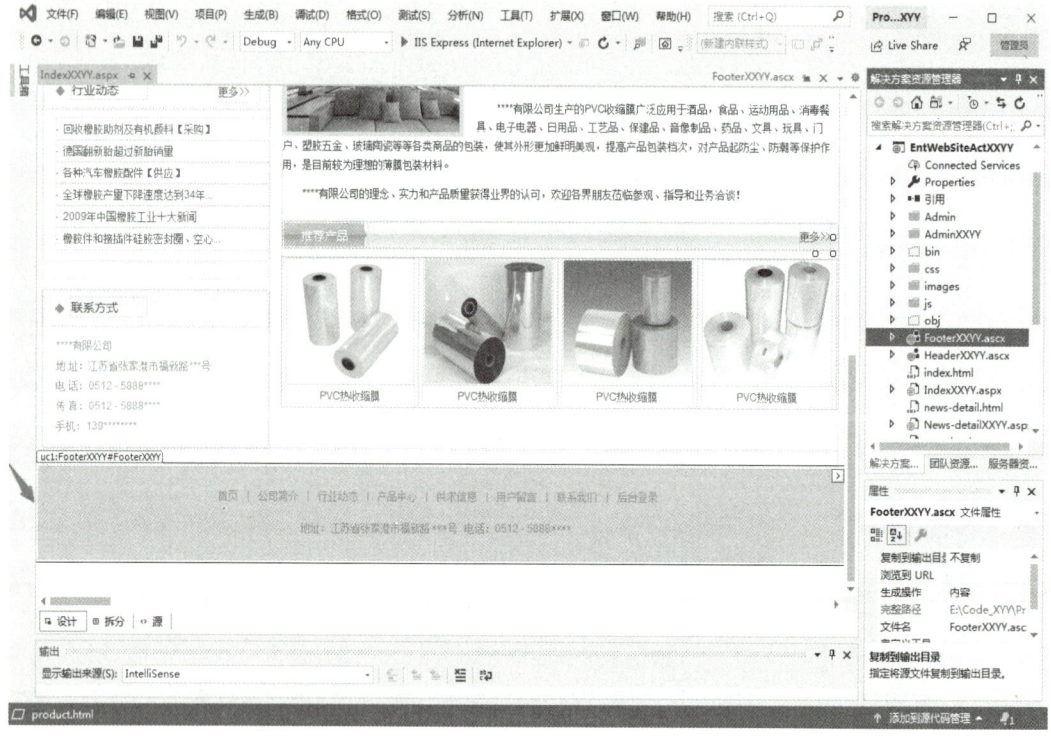

图 7-22　加入用户控件 Footer.ascx 之后的运行效果

3.为"产品中心"设计母版页

(1)新建"Web 窗体母版页",命名为:ProductXXYY.Master。

(2)设计母版页 ProductXXYY.Master。

以产品中心的 HTML 页面 Product.html 为样板,设计该母版页。

要求:将产品中心列表区域设置为"可编辑区域",如图 7-23 所示。

单元 7　主题、用户控件和母版页

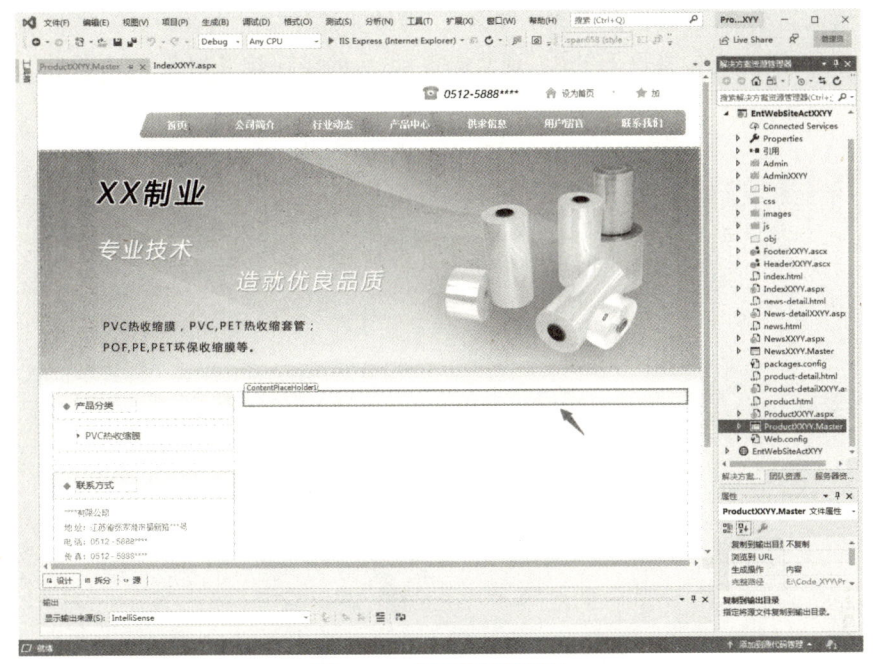

图 7-23　产品母版页设计

图 7-23 中间框起来的区域为可编辑区域，即插入了 ContentPlaceHolder 控件，页面源代码如下：

```
<asp:ContentPlaceHolder ID="ContentPlaceHolder1" runat="server">
    //可在该区域中编辑内容
</asp:ContentPlaceHolder>
```

（3）新建以"ProductXXYY.Master"为母版页的窗体 ProductXXYY.aspx，效果如图 7-24 所示。

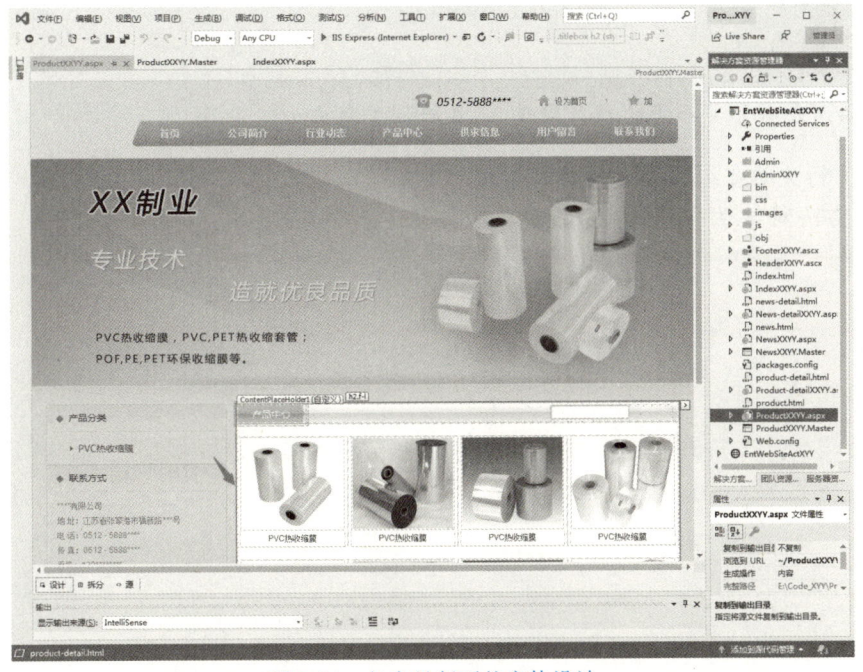

图 7-24　包含母版页的窗体设计

163

在可编辑区域中，可以根据页面功能需求，继续完成相应的页面设计。本页面最终实现产品列表显示，因此先参照原 HTML 页面内容，最后的实现效果如图 7-25 所示。

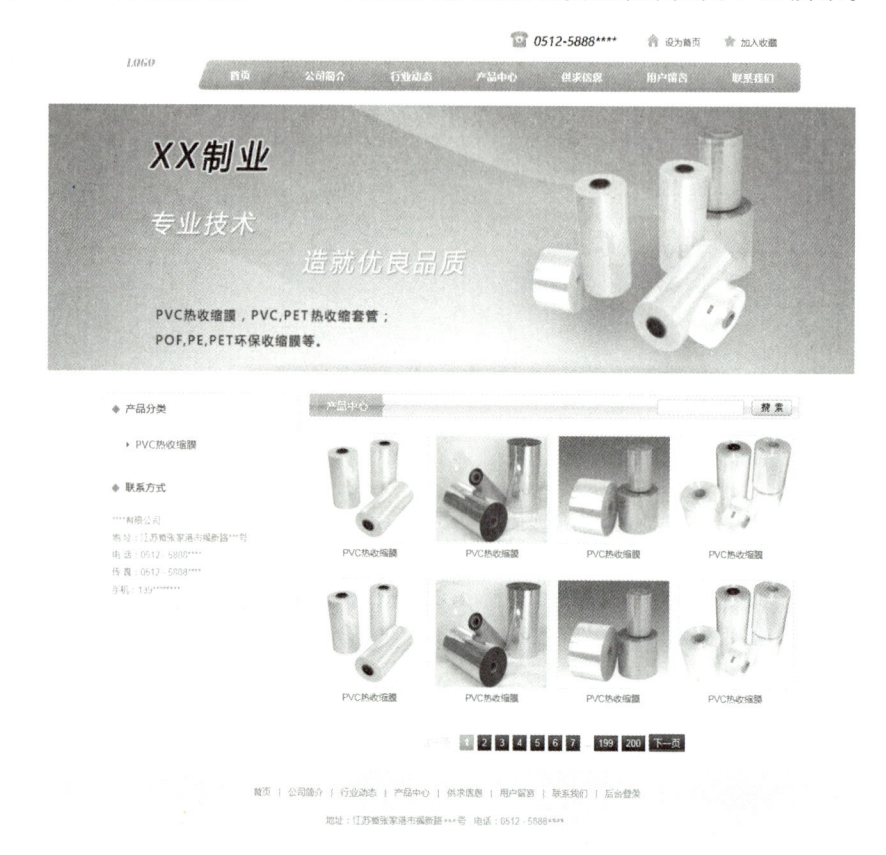

图 7-25　含有母版页的窗体运行效果

温馨提示

产品列表和分页功能的动态实现，将在后续单元中加以讲解。

4. 为"行业动态"（新闻）设计母版页

操作方法同"3. 为'产品中心'设计母版页"。

单元 8 数据控件

学习目标

知识目标：
(1) 熟悉数据源控件 SqlDataSource。
(2) 熟悉数据绑定控件 GridView、DetailsView 以及 FormView。
(3) 了解数据模板。

技能目标：
(1) 能够使用数据源控件连接数据库。
(2) 能够使用数据绑定控件在页面中显示数据。
(3) 能够使用数据绑定控件完成数据的排序、分页、录入、编辑以及删除。

重点词汇

(1) SqlDataSource：_____
(2) GridView：_____
(3) DetailsView：_____
(4) FormView：_____
(5) InsertItemTemplate：_____

8.1 引例描述

数据存放于数据库的数据表中，软件开发者负责编写程序将数据从数据库中提取出来，对数据进行各种加工处理后在界面上显示。当使用者对数据进行修改或者录入了新的数据时，程序把修改后的数据或新录入的数据保存到数据库中。

在.NET 平台上，ADO.NET 是开发数据库应用程序的核心技术，程序员可以通过编写程序访问 ADO.NET 对象(例如 SqlConnection、SqlCommand、SqlDataReader 等)完成数据的增加、删除、修改以及查询操作。同时,为了简化程序员的工作,ASP.NET 也提供了多种数据控件,程序员可以不写程序或者只需编写少量的程序就完成基本的数据访问工作。

本单元将为学习者讲解 ASP.NET 提供的数据源控件以及数据绑定控件;通过 Demo 演示和 Activity 实践,学习者能够掌握数据源控件以及数据绑定控件的基本使用方法,体会 Visual Studio 提供的强大数据访问功能,我们甚至不用写一行代码就可以实现基本的数据访问操作。

本单元的学习导图,如图 8-1 所示。

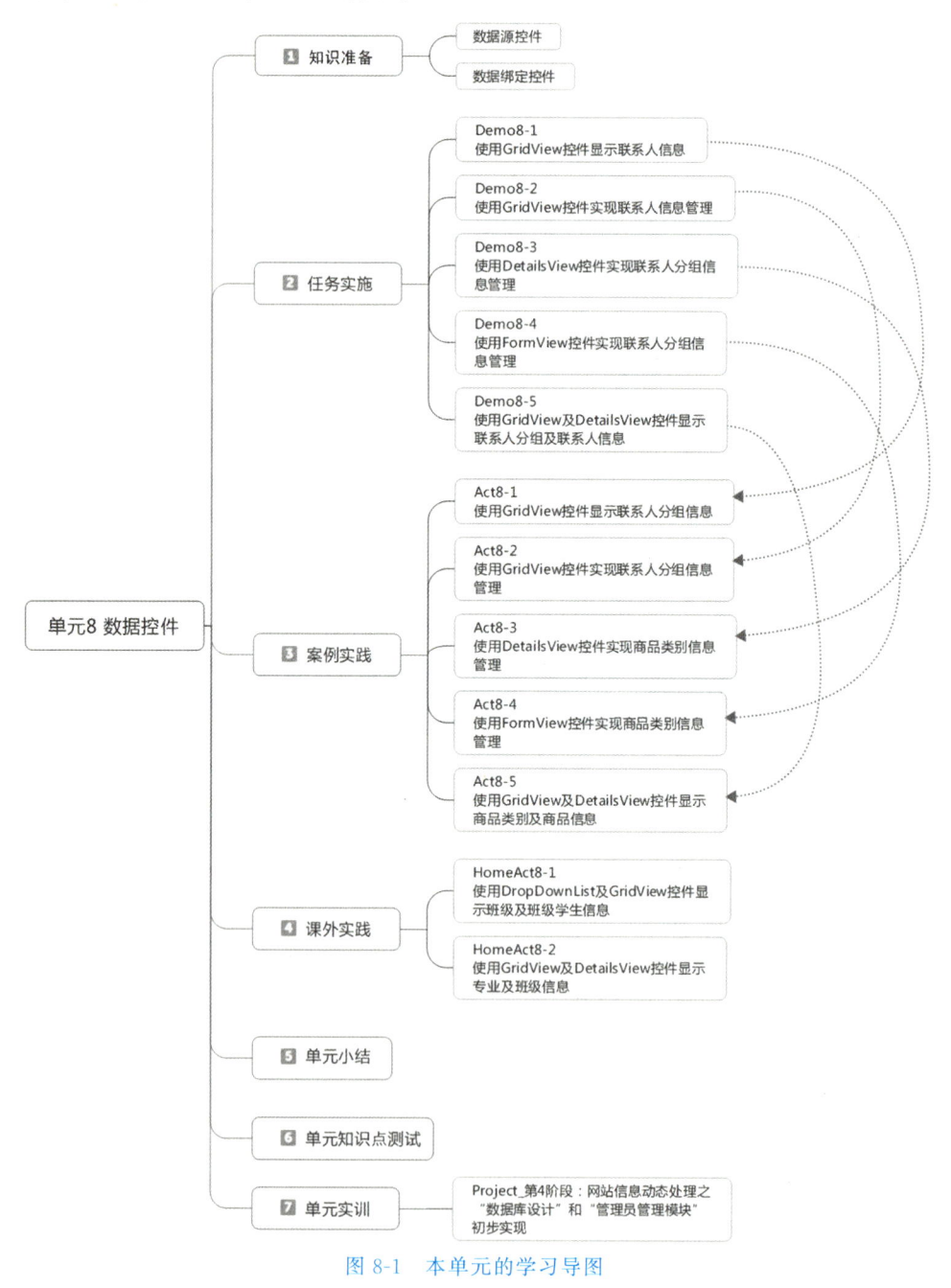

```
单元8 数据控件
├─ 1 知识准备
│   ├─ 数据源控件
│   └─ 数据绑定控件
├─ 2 任务实施
│   ├─ Demo8-1 使用GridView控件显示联系人信息
│   ├─ Demo8-2 使用GridView控件实现联系人信息管理
│   ├─ Demo8-3 使用DetailsView控件实现联系人分组信息管理
│   ├─ Demo8-4 使用FormView控件实现联系人分组信息管理
│   └─ Demo8-5 使用GridView及DetailsView控件显示联系人分组及联系人信息
├─ 3 案例实践
│   ├─ Act8-1 使用GridView控件显示联系人分组信息
│   ├─ Act8-2 使用GridView控件实现联系人分组信息管理
│   ├─ Act8-3 使用DetailsView控件实现商品类别信息管理
│   ├─ Act8-4 使用FormView控件实现商品类别信息管理
│   └─ Act8-5 使用GridView及DetailsView控件显示商品类别及商品信息
├─ 4 课外实践
│   ├─ HomeAct8-1 使用DropDownList及GridView控件显示班级及班级学生信息
│   └─ HomeAct8-2 使用GridView及DetailsView控件显示专业及班级信息
├─ 5 单元小结
├─ 6 单元知识点测试
└─ 7 单元实训
    └─ Project_第4阶段:网站信息动态处理之"数据库设计"和"管理员管理模块"初步实现
```

图 8-1 本单元的学习导图

8.2 知识准备

8.2.1 数据源控件

在 ASP.NET 程序中访问数据库需要两种控件：数据源控件和数据绑定控件。数据源控件提供页面和数据源之间的数据通道；数据绑定控件用于在页面上显示数据。

数据源控件主要包括：

(1) SqlDataSource 控件：借助 SqlDataSource 控件，可以访问位于关系型数据库（包括 Microsoft SQL Server、Oracle 数据库以及 OLE DB 和 ODBC 数据源）中的数据。

(2) XmlDataSource 控件：XmlDataSource 控件使 XML 数据可用于数据绑定控件。

(3) SiteMapDataSource 控件：SiteMapDataSource 控件从站点地图文件 Web.sitemap 中读取导航数据，然后将数据传递给可显示该数据的控件，如 TreeView 控件和 Menu 控件。

8.2.2 数据绑定控件

数据绑定控件用于在页面上显示数据，主要包括：

(1) GridView 控件：GridView 控件以表格的形式显示数据源中的值，该表格中的每一列代表一个字段，每一行代表一条记录。使用 GridView 控件可以选择和编辑这些项，也可以对它们进行排序。

(2) DetailsView 控件：使用 DetailsView 控件，可以逐一显示、编辑、插入或删除其关联数据源中的记录。即使 DetailsView 控件的数据源公开了多条记录，该控件每次也只会显示一条数据记录。

(3) FormView 控件：FormView 控件可以处理数据源中的单条记录，该控件与 DetailsView 控件相似。FormView 控件与 DetailsView 控件之间的差别在于 DetailsView 控件使用表格布局，而 FormView 控件则不指定用于显示记录的预定义布局，需要给其设定一个模板。

(4) Repeater 控件：Repeater 控件是一个数据绑定容器控件，用于生成各个项的列表。可使用模板定义网页上各个项的布局。当网页运行时，该控件为数据源中的每一项重复相应的布局。

(5) DataList 控件：DataList 控件可用于显示任何重复结构（如表格）中的数据。DataList 控件可按不同的布局显示行，例如按列或行对数据进行排序。

8.3 任务实施

Demo8-1 使用 GridView 控件显示联系人信息

▶ **DEMO（项目名称：DemoSqlDataSourceSqlContactXYY）**

制作 ASP.NET 动态网页，使用 GridView 控件在页面上显示联系人信息。显示效果如图 8-2 所示。

Id	Name	Phone	Email	QQ
1	张玉	13923081612	zhangyu@163.com	5625526
2	王安娜	13892281618	wangna@qq.com	262551
3	周一鸣	15678999044	yming@qq.com	6761589
4	李小明	13862269891	xiao@qq.com	8925798
7	李明	13962269891	xiaoming@qq.com	8925799
8	杨小明	13262269891	yang@qq.com	8825798
9	李捷	13862269896	lee@qq.com	8928798
11	周明	13863269891	zhouming@qq.com	8925898
12	邵一梅	13762269891	yimei@qq.com	8625798

图 8-2　显示联系人信息页面运行效果

主要步骤

1.在 SQL Server 数据库中创建通信录数据库 Contacts 并录入数据，或者读者也可以直接在 SQL Server 中附加本教材提供的 Contacts 数据库。Contacts 数据库包含 3 个表，分别是用户表 User、联系人分组表 ContactGroup 和联系人表 Contact。

（1）用户表 User 用于保存系统用户信息，包含用户名、密码。其结构见表 8-1。

表 8-1　　　　　　　　　　　　　　用户表 User

序号	列名	数据类型	长度	标识	主键	允许空	说明
1	UserName	varchar	50		是	否	用户名
2	Password	varchar	50			否	密码

（2）联系人分组表 ContactGroup 用于保存分组信息，包括分组编号、分组名称和备注。其结构见表 8-2。

表 8-2　　　　　　　　　　　　联系人分组表 ContactGroup

序号	列名	数据类型	长度	标识	主键	允许空	说明
1	Id	int	4	是	是	否	分组编号
2	GroupName	nvarchar	50			否	分组名称
3	Memo	nvarchar	200			是	备注

（3）联系人表 Contact 用于保存联系人信息，包括分组编号、联系人姓名、手机号、电子邮箱、QQ、工作单位、办公电话、家庭住址、家庭电话、备注等。其结构见表 8-3。

表 8-3　　　　　　　　　　　　　联系人表 Contact

序号	列名	数据类型	长度	标识	主键	允许空	说明
1	Id	int	4	是	是	否	分组编号
2	Name	nvarchar	50			否	联系人姓名
3	Phone	varchar	11			是	手机号
4	Email	nvarchar	50			是	电子邮箱

(续表)

序号	列名	数据类型	长度	标识	主键	允许空	说明
5	QQ	varchar	20			是	QQ
6	WorkUnit	nvarchar	200			是	工作单位
7	OfficePhone	varchar	20			是	办公电话
8	HomeAddress	nvarchar	200			是	家庭住址
9	HomePhone	varchar	20			是	家庭电话
10	Memo	nvarchar	200			是	备注
11	GroupId	int	4			否	分组编号,外键,参照 ContactGroup 的 Id 字段

2.新建本单元的解决方案:(UnitXYY-08)

选择启动"Visual Studio 2017",通过"文件"→"新建项目",在对话框左侧的"模板"列表框内选择"其他项目类型"→"Visual Studio 解决方案",在解决方案的名称处输入"UnitXYY-08",位置选择"E:\Code_XYY"。然后单击"确定"按钮开始建立解决方案。

3.新建本项目:(DemoSqlDataSourceSqlContactXYY)

(1)新建项目:

在 VS 2017 解决方案中,右击解决方案"UnitXYY-08",通过"添加"→"新建项目",在对话框左侧的"模板"列表框内选择"Visual C#"→"Web",然后在中间列表选择"ASP.NET Web 应用程序(.NET Framework)"。项目名称:"DemoSqlDataSourceSqlContactXYY",位置:"E:\Code_XYY\UnitXYY-08"。选择".NET Framework4.5"框架,然后单击"确定"按钮。在弹出的"新建 ASP.NET Web 应用程序"窗口中,选择"空",单击"确定"按钮后,完成空项目的新建。

(2)在项目中添加 Web 窗体 Contact.aspx,切换到设计视图,将工具箱数据选项卡中的 GridView 控件拖入窗体中,单击快捷菜单按钮▶,展开快捷菜单,在下拉列表中选择"新建数据源"选项,出现"选择数据源类型"对话框,选择"数据库",如图 8-3 所示,然后单击"确定"按钮。

(3)出现如图 8-4 所示的"选择您的数据连接"对话框,单击"新建连接"按钮。

图 8-3 选择数据源类型

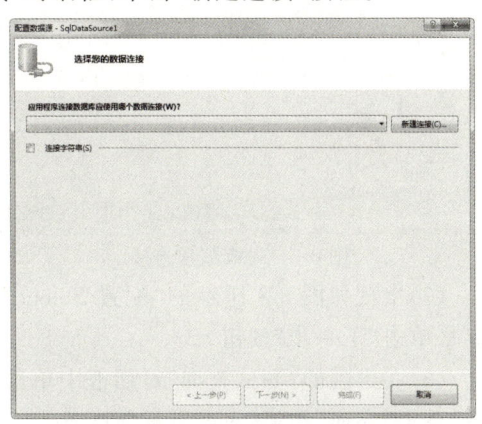

图 8-4 选择您的数据连接

(4)出现如图 8-5 所示的"添加连接"对话框,由于我们使用的是 SQL Server 2012 的 Express 版本,所以在服务器名中输入".\sqlexpress",然后选择数据库"Contacts",单击"确定"按钮。

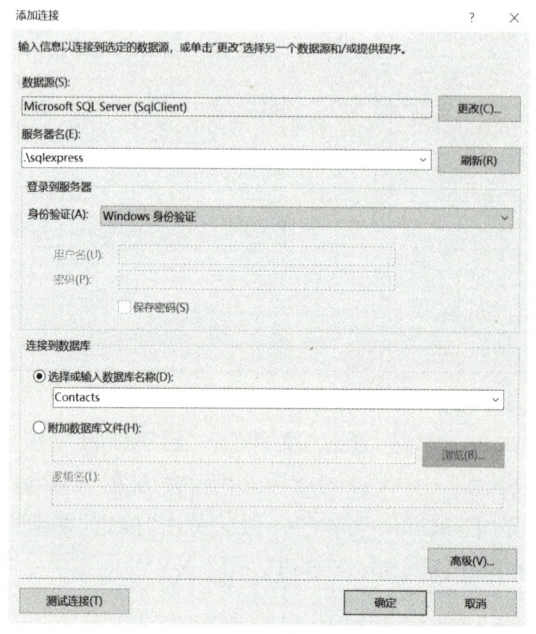

图 8-5　添加连接

(5)这时会在"选择您的数据连接"对话框中看到我们创建完成的数据连接,如图 8-6 所示。请单击"下一步"按钮。

(6)出现"将连接字符串保存到应用程序配置文件中"对话框,如图 8-7 所示。请继续单击"下一步"按钮。

图 8-6　完成数据连接

图 8-7　保存连接字符串

(7)出现如图 8-8 所示的"配置 Select 语句"对话框,勾选 Id、Name、Phone、Email、QQ 选项,单击"下一步"按钮。

(8)在出现的"测试查询"对话框中单击"测试查询"按钮,出现预览数据,如图 8-9 所示。然后单击"完成"按钮,完成数据源配置。

单元 8 数据控件

图 8-8　配置 Select 语句(1)　　　　图 8-9　测试查询(1)

(9)运行程序,即在页面上显示如图 8-2 所示的联系人信息。

GridView 控件的 DataSourceID 属性指定使用的数据源控件是 SqlDataSource1。SqlDataSource 控件的 SelectCommand 属性指明获取数据所用的 SQL 查询语句;ConnectionString 属性指明连接字符串,连接字符串保存在 Web.config 文件中。打开 Web.config 文件,可以看到该连接字符串的内容如下:

```
<connectionStrings>
    <add name="ContactsConnectionString" connectionString="Data Source=.\sqlexpress;Initial Catalog=Contacts;Integrated Security=True"
    providerName="System.Data.SqlClient" />
</connectionStrings>
```

我们可以使用集成的 Windows 身份验证和 SQL Server 身份验证这两种不同的方式来连接 SQL Server 数据库。

使用 Windows 身份验证的数据库连接字符串如下:

```
Data Source=.\sqlexpress;Initial Catalog=Contacts;Integrated Security=True
```

说明:其中 Data Source 表示运行 SQL Server 的服务器,可以用"."代表本机。由于本案例使用了 Microsoft SQL Server Express Edition,所以用".\sqlexpress"表示服务器;Initial Catalog 表示所用的数据库名称,这里所用的数据库为 Contacts;设置 Integrated Security 为 True,表示使用集成的 Windows 身份验证。

在以后的项目中,我们也可以使用 SQL Server 身份验证,则数据库连接字符串如下:

```
Data Source=.\sqlexpress;Initial Catalog=Contacts;uid=sa;pwd=sa
```

说明:其中 uid 为指定的数据库用户名,pwd 为指定用户名对应的密码。

Demo8-2　使用 GridView 控件实现联系人信息管理

> **DEMO**(项目名称:**DemoGridViewContactXYY**)

使用 GridView 控件,在页面上完成 SQL Server Contacts 数据库 Contact 表中数据的分页、排序、编辑和删除。效果如图 8-10 所示。

微课

使用 GridView 控件实现联系人信息管理

		Id	Name	Phone	Email	QQ
编辑	删除	1	张玉	13923081612	zhangyu@163.com	5625526
编辑	删除	2	王安娜	13892281618	wangna@qq.com	262551
编辑	删除	3	周一鸣	15678999044	yming@qq.com	6761589
编辑	删除	4	李小明	13862269891	xiao@qq.com	8925798
编辑	删除	7	李明	13962269891	xiaoming@qq.com	8925799

1 2

图 8-10　页面运行效果(1)

主要步骤

(1)新建项目(项目名称:DemoGridViewContactXYY)。

用同样的方法,新建 ASP.NET 项目,项目名称为"DemoGridViewContactXYY",位置为"E:\Code_XYY\UnitXYY-08"。

(2)在项目中添加 Web 窗体 Contact.aspx,切换到设计视图,将工具箱数据选项卡中的 GridView 控件拖入窗体中,单击快捷菜单按钮▶,展开快捷菜单,在下拉列表中选择"新建数据源"选项,出现"选择数据源类型"对话框,选择"数据库",单击"确定"按钮。接下来根据向导一步步完成数据源配置,整个配置过程与上一个项目基本相同。不同之处在于,需要在"配置 Select 语句"对话框中勾选 Id、Name、Phone、Email 及 QQ 选项后,单击"高级"按钮,如图 8-11 所示。

(3)在弹出的"高级 SQL 生成选项"对话框中勾选"生成 INSERT、UPDATE 和 DELETE 语句",如图 8-12 所示,然后单击"确定"按钮。接下来根据向导完成整个数据源配置。

图 8-11　配置 Select 语句(2)　　　　图 8-12　高级 SQL 生成选项(1)

(4)选中 GridView 控件,单击快捷菜单按钮▶,展开快捷菜单,选中"启用分页""启用排序""启用编辑""启用删除",如图 8-13 所示。然后选中页面上的 GridView 控件,设置 PageSize 属性为 5,如图 8-14 所示。PageSize 属性表示分页显示时每页显示的数据记录条数。

图 8-13　GridView 任务配置(1)　　　图 8-14　设置 GridView 控件的 PageSize 属性

(5) 这时的页面设计效果如图 8-15 所示。

图 8-15　页面设计效果(1)

(6) 运行程序，效果如图 8-10 所示。单击表格列标题，可以完成数据的排序；单击页号，可以浏览不同页面的数据；单击"删除"按钮，可以删除数据记录；单击"编辑"按钮，可以进入编辑模式，如图 8-16 所示；编辑完成后，单击"更新"按钮，可以完成数据的更新。

		Id	Name	Phone	Email	QQ
编辑	删除	1	张玉	13923081612	zhangyu@163.com	5625526
编辑	删除	2	王安娜	13892281618	wangna@qq.com	262551
编辑	删除	3	周一鸣	15678999044	yming@qq.com	6761589
编辑	删除	4	李小明	13862269891	xiao@qq.com	8925798
更新	取消	7	李明	13962269891	xiaoming@qq.com	8925799

1 2

图 8-16　编辑数据(1)

Demo8-3　使用 DetailsView 控件实现联系人分组信息管理

▶ **DEMO（项目名称：DemoDetailsViewContactGroupXYY）**

使用 DetailsView 控件，在页面上完成 SQL Server Contacts 数据库 ContactGroup 表中数据的分页、编辑、新建和删除。页面运行效果如图 8-17 所示。

使用 DetailsView 控件实现联系人分组信息管理

主要步骤

(1)新建项目(项目名称:DemoDetailsViewContactGroupXYY)

用同样的方法,新建 ASP.NET 项目,项目名称为"DemoDetailsViewContactGroupXYY",位置为"E:\Code_XYY\UnitXYY-08"。

(2)在项目中添加 Web 窗体 ContactGroup.aspx,切换到设计视图,将工具箱数据选项卡中的 DetailsView 控件拖入窗体中,单击快捷菜单按钮 ▶,展开快捷菜单,在下拉列表中选择"新建数据源"选项,如图 8-18 所示。

图 8-17　页面运行效果(2) 　　　　　图 8-18　选择数据源(1)

(3)出现"选择数据源类型"对话框,选择"数据库",单击"确定"按钮。接下来根据向导进行数据源配置。在"配置 Select 语句"对话框中选择"ContactGroup",勾选"＊"选项,表示选取所有字段,如图 8-19 所示。然后单击"高级"按钮,在弹出的"高级 SQL 生成选项"对话框中勾选"生成 INSERT、UPDATE 和 DELETE 语句",如图 8-20 所示,然后单击"确定"按钮。接下来根据向导继续进行数据源配置。

图 8-19　配置 Select 语句(3) 　　　　　图 8-20　高级 SQL 生成选项(2)

(4)在出现的"测试查询"对话框中单击"测试查询"按钮,出现预览数据,如图 8-21 所示。然后单击"完成"按钮,完成数据源配置。

(5)选中 DetailsView 控件,单击快捷菜单按钮 ▶,展开快捷菜单,选中"启用分页""启用插入""启用编辑""启用删除",如图 8-22 所示。这时的页面设计效果如图 8-23 所示。

图 8-21　测试查询(2)　　　　　图 8-22　DetailsView 任务配置

(6)运行程序,效果如图 8-24 所示。单击页号,可以浏览不同页面的数据;单击"编辑"按钮,可以进入编辑模式,如图 8-25 所示;编辑完成后,单击"更新"按钮,可以完成数据的更新;单击"删除"按钮,可以删除数据记录;单击"新建"按钮,可以录入数据,如图 8-26 所示;录入完成后,单击"插入"按钮,可以把新录入的数据保存到数据库中。

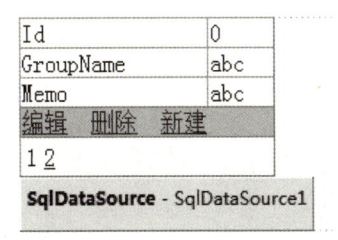

图 8-23　页面设计效果(2)　　　　　图 8-24　页面运行效果(3)

图 8-25　编辑数据(2)　　　　　图 8-26　录入数据(1)

Demo8-4　使用 FormView 控件实现联系人分组信息管理

> **DEMO（项目名称：DemoFormViewContactGroupXYY）**

使用 FormView 控件,在页面上完成 SQL Server Contacts 数据库 ContactGroup 表中数据的分页、编辑、新建和删除。显示效果如图 8-27 所示。

微课

使用 FormView 控件实现联系人分组信息管理

主要步骤

(1)新建项目(项目名称:DemoFormViewContactGroupXYY)

用同样的方法,新建 ASP.NET 项目,项目名称为"DemoFormViewContactGroupXYY",位置为"E:\Code_XYY\UnitXYY-08"。

(2)在项目中添加 Web 窗体 ContactGroup.aspx，切换到设计视图，将工具箱数据选项卡中的 FormView 控件拖入窗体中，单击快捷菜单按钮▶，展开快捷菜单，在下拉列表中选择"新建数据源"选项，如图 8-28 所示。

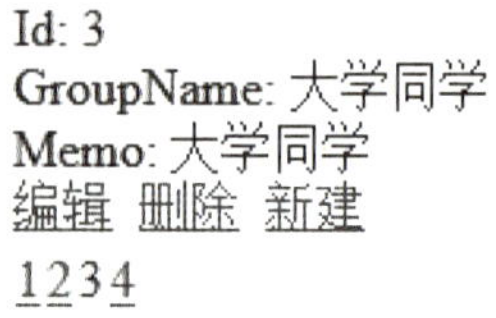

图 8-27　页面运行效果(4) 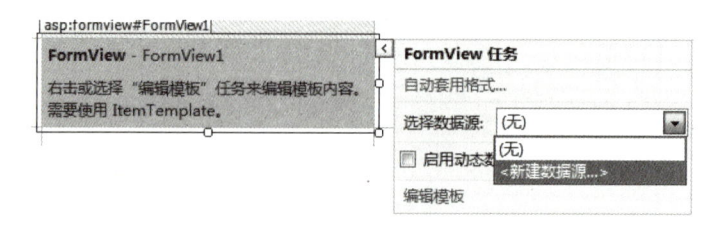　　　　　　　　图 8-28　选择数据源(2)

(3)出现"选择数据源类型"对话框，选择"数据库"，单击"确定"按钮。接下来根据向导进行数据源配置。在"配置 Select 语句"对话框中选择"ContactGroup"，勾选"*"选项，表示选取所有字段。然后单击"高级"按钮，在弹出的"高级 SQL 生成选项"对话框中勾选"生成 INSERT、UPDATE 和 DELETE 语句"，如图 8-29 所示，然后单击"确定"按钮。接下来根据向导继续进行数据源配置。

(4)选中 FormView 控件，单击快捷菜单按钮▶，展开快捷菜单，选中"启用分页"，如图 8-30 所示。

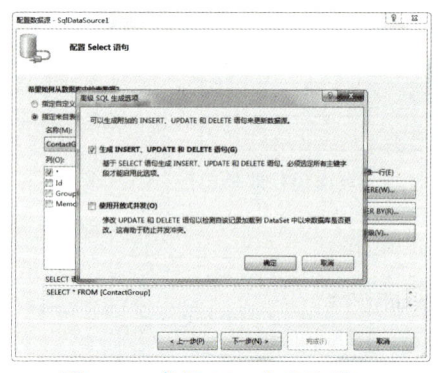

图 8-29　高级 SQL 生成选项(3) 　　　　　图 8-30　FormView 任务配置

(5)运行程序，效果如图 8-31 所示。单击页号，可以浏览不同页面的数据；单击"编辑"按钮，可以进入编辑模式，如图 8-32 所示；编辑完成后，单击"更新"按钮，可以完成数据的更新；单击"删除"按钮，可以删除数据记录；单击"新建"按钮，可以录入数据，如图 8-33 所示；录入完成后，单击"插入"按钮，可以把新录入的数据保存到数据库中。

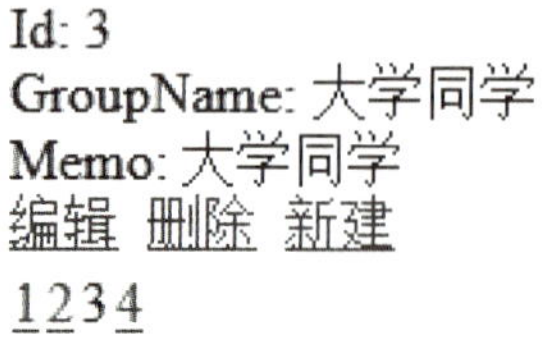

图 8-31　页面运行效果(5) 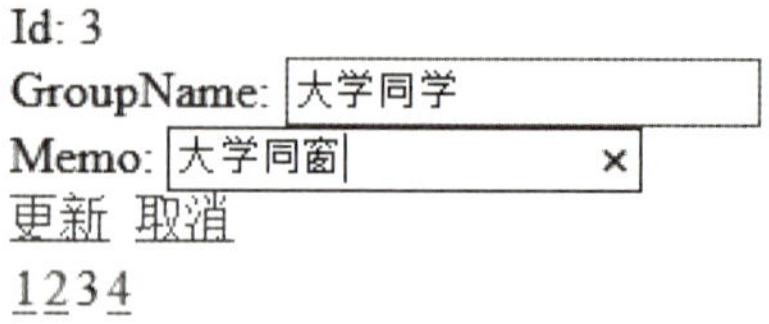　　　　　　　图 8-32　编辑数据(3)

单元 8　数据控件

图 8-33　录入数据（2）

单击页面源视图，可以查看控件模板中的数据绑定情况。

实际上，是由 Visual Studio 帮我们自动生成了项编辑模板 EditItemTemplate、项新增模板 InsertItemTemplate 以及项模板 ItemTemplate，这也是 FormView 和 DetailsView 控件的主要区别。DetailsView 控件使用表格布局，而 FormView 控件则需要设定模板进行布局。

Demo8-5　使用 GridView 及 DetailsView 控件显示联系人分组及联系人信息

> **DEMO**（项目名称：DemoGridViewDetailsViewContactsXYY）

使用 GridView 控件在页面上显示 SQL Server Contacts 数据库 ContactGroup 表中的数据，当用户单击"选择"按钮时，在页面下方通过 DetailsView 控件显示该分组下的联系人信息，页面运行效果如图 8-34 所示。

微课

使用 GridView 及 DetailsView 控件显示联系人分组及联系人信息

主要步骤

（1）新建项目（项目名称：DemoGridViewDetailsViewContactsXYY）

用同样的方法，新建 ASP.NET 项目，项目名称为"DemoGridViewDetailsViewContactsXYY"，位置为"E:\Code_XYY\UnitXYY-08"。

（2）在项目中添加 Web 窗体 Contacts.aspx，切换到设计视图，将工具箱数据选项卡中的 GridView 控件拖入窗体中，单击快捷菜单按钮，展开快捷菜单，在下拉列表中选择"新建数据源"选项，根据向导进行数据源配置。在"配置 Select 语句"对话框中选择"ContactGroup"，勾选"*"选项，表示选取所有字段。根据向导完成数据源配置。

（3）选中 GridView 控件，单击快捷菜单按钮，展开快捷菜单，选中"启用分页""启用排序""启用选定内容"，如图 8-35 所示。然后选中页面上的 GridView 控件，设置 PageSize 属性为 3。

图 8-34　页面运行效果（6）　　　图 8-35　GridView 任务配置（2）

（4）将工具箱数据选项卡中的 DetailsView 控件拖入窗体中，单击快捷菜单按钮，展开快捷菜单,在下拉列表中选择"新建数据源"选项,根据向导进行数据源配置。在"配置 Select 语句"对话框中选择"ContactGroup",勾选 Id、Name、Phone、Email 及 QQ 选项,如图 8-36 所示,然后单击"WHERE"按钮,弹出"添加 WHERE 子句"对话框,根据图 8-37 进行 WHERE 子句的添加,然后依次单击"添加"以及"确定"按钮,关闭"添加 WHERE 子句"对话框。接下来根据向导完成数据源配置。

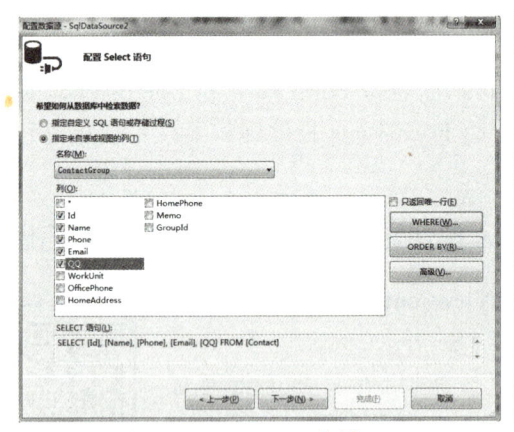

图 8-36　配置 Select 语句(4)　　　　图 8-37　添加 WHERE 子句

(5)选中 GridView 控件,单击快捷菜单按钮▶,展开快捷菜单,单击"编辑列",修改各个字段的 HeaderText 属性,改成中文标题,如图 8-38 所示。与此类似,选中 DetailsView 控件,单击快捷菜单按钮▶,展开快捷菜单,单击"编辑字段",修改各个字段的 HeaderText 属性,改成中文标题。

图 8-38　修改 GridView 控件列标题

(6)选中 DetailsView 控件,单击快捷菜单按钮▶,展开快捷菜单,选中"启用分页"。
(7)运行程序,查看程序运行效果。

8.4　案例实践

在学习了前面 5 个 Demo 任务之后,完成以下 5 个 Activity 案例的操作实践。

Act8-1 使用 GridView 控件显示联系人分组信息

➢ **ACTIVITY（项目名称：ActSqlDataSourceSqlContactGroupXYY）**

制作 ASP.NET 动态网页，使用 GridView 控件，在页面上显示联系人分组信息，如图 8-39 所示。

Act8-2 使用 GridView 控件实现联系人分组信息管理

➢ **ACTIVITY（项目名称：ActGridViewContactGroupXYY）**

使用 GridView 控件，在页面上完成 SQL Server Contacts 数据库 ContactGroup 表中数据的分页、排序、编辑和删除。显示效果如图 8-40 所示。

Id	GroupName	Memo
1	未分组	未分组
2	同事	单位同事
3	大学同学	大学同窗
4	老师	师恩永存
9	网友	来自网络世界

图 8-39 显示联系人分组信息

	Id	GroupName	Memo
编辑 删除	1	未分组	未分组
编辑 删除	2	同事	单位同事
编辑 删除	3	大学同学	大学同窗
编辑 删除	4	老师	师恩永存
编辑 删除	9	网友	来自网络世界

图 8-40 联系人分组信息管理

Act8-3 使用 DetailsView 控件实现商品类别信息管理

➢ **ACTIVITY（项目名称：ActDetailsViewCategoryXYY）**

把教材提供的 Products 数据库附加到 SQL Server 数据库中，使用 DetailsView 控件在页面上完成 SQL Server Products 数据库 Category 表中数据的分页、编辑、新建和删除。显示效果如图 8-41 所示。

CatID	1
CatName	图书
Memo	各类图书
编辑 删除 新建	
123456	

图 8-41 使用 DetailsView 控件实现商品类别信息管理

Act8-4 使用 FormView 控件实现商品类别信息管理

➢ **ACTIVITY（项目名称：ActFormViewCategoryXYY）**

使用 FormView 控件，在页面上完成 SQL Server Products 数据库 Category 表中数据的分页、编辑、新建和删除。显示效果如图 8-42 所示。

CatID: 1
CatName: 图书
Memo: 各类图书
编辑 删除 新建
123456

图 8-42 使用 FormView 控件实现商品类别信息管理

Act8-5　使用 GridView 及 DetailsView 控件显示商品类别及商品信息

➤ **ACTIVITY**（项目名称：**ActGridViewDetailsViewProductXYY**）

使用 GridView 控件在页面上显示 SQL Server Products 数据库 Category 表中的数据，当用户单击"选择"按钮时，在页面下方通过 DetailsView 控件显示该类别下的商品信息，运行效果如图 8-43 所示。

	类别编号	产品类别	备注
选择	1	图书	各类图书
选择	2	家电	多种家电
选择	3	手机	

1 2

编号	3
产品编号	814499
产品名称	魅族17 骁龙865 8GB+128GB 5G手机
数量	36
单价	3699.0000
备注	魅族17 骁龙865 8GB+128GB 5G手机（十七度灰）6.6英寸

1 2

图 8-43　商品信息运行效果

8.5　课外实践

在学习了前面的 Demo 任务和 Activity 案例实践之后，利用课外时间，完成以下 2 个 Home Activity 案例的操作实践。

HomeAct8-1　使用 DropDownList 及 GridView 控件显示班级及班级学生信息

将教材提供的 Student 数据库附加到 SQL Server 数据库中，然后新建 ASP.NET Web 应用程序 HomeActGridViewStudentXYY，根据在下拉列表框中选择的班级名称显示对应班级的学生信息，页面运行效果如图 8-44 所示。

HomeAct8-2　使用 GridView 及 DetailsView 控件显示专业及班级信息

将教材提供的 Student 数据库附加到 SQL Server 数据库中，然后新建 ASP.NET Web 应用程序 HomeActGridViewDetailsViewClassXYY，使用 GridView 控件在页面上显示 Professional 表中的数据，当用户单击"选择"按钮时，在页面下方通过 DetailsView 控件显示该专业下的班级信息，页面运行效果如图 8-45 所示。

选择班级：计应1911

学号	姓名	性别	入学成绩	出生日期
1901011101	孙晓龙	男	479	2000-09-04
1901011102	杜学艳	女	475	1999-09-10
1901011103	王迎	男	474	2001-08-11
1901011104	安专林	男	473	2000-08-16
1901011105	赵飞	男	452	1999-11-23
1901011106	许盼盼	女	462	2001-02-10
1901011107	王赢	男	472	2001-02-22
1901011108	贾思凡	女	475	2000-10-24
1901011109	严金	男	484	2001-10-24
1901011110	季莉	女	454	2000-12-29

图 8-44　班级学生信息运行效果

专业代码	专业名称	系名	
0101	计算机应用技术	计算机工程系	选择
0102	计算机网络技术	计算机工程系	选择
0201	物流管理	商贸管理系	选择
0202	会计	商贸管理系	选择
0301	德语	外语系	选择
0302	商务英语	外语系	选择
0401	模具设计与制造	机电工程系	选择
0402	机电一体化技术	机电工程系	选择
0501	有机化工生产技术	化学工程系	选择
0502	精细化学品生产技术	化学工程系	选择
1 2			

班级编号	06010111
班级名称	计应0611
专业代码	0101
1 2	

图 8-45　专业及班级信息运行效果

8.6　单元小结

本单元我们主要学习了如下内容：

1.可以通过 SqlDataSource 控件连接 SQL Server 数据库。

2.GridView 控件以表格的形式显示数据源中的值，该表格中的每一列代表一个字段，每一行代表一条记录。使用 GridView 控件可以选择和编辑这些项，也可以对它们进行排序、分页显示。

3.DetailsView 控件每次只显示一条数据记录，可以编辑、插入或删除其关联数据源中的记录。

4.FormView 控件与 DetailsView 控件类似，用于显示单条记录，也可以实现对记录的分页、插入、编辑和删除功能，但 DetailsView 控件使用表格布局，而 FormView 控件则需要设定模板来进行布局。

8.7　单元知识点测试

1.以下(　　)控件用于连接 SQL Server 数据库。

A.SqlDataSource　　B.XmlDataSource

C.SiteMapDataSource　　D.都不可以

2.以下(　　)控件可以一次显示多条记录。

A.GridView　　B.FormView

C.DetailsView　　D.都不可以

3.以下(　　)控件需要设定模板来进行布局。

A.GridView　　B.FormView

C.DetailsView　　D.以上都不是

4.(　　)列代表 GridView 控件中可绑定的列。

A.BoundField　　B.HyperLinkField

C.ImageField　　D.以上都不是

5.(　　)列代表 GridView 控件中的模板列。

A.CommandField　　B.ButtonField

C.TemplateField　　D.以上都不是

6.用于双向数据绑定的方法是(　　)。

A.Eval()　　B.Bind()

C.Page_Load　　D.以上都不是

8.8　单元实训

Project_第 4 阶段：网站信息动态处理之“数据库设计”和“管理员管理模块”初步实现

在学习了本单元知识，掌握了数据源控件和数据绑定控件的使用方法后，在现有 Project 网站项目的基础上，根据网站系统功能需要设计创建网站数据库，并在后台管理页面中初步实现“管理员管理”模块。

主要步骤(单元实训项目：EntWebsiteActXYY)如下：

1.网站数据库设计

(1)为本网站设计 SQL Server 数据库：DB_EntWebsiteXYY(XYY 为学号的后 3 位)。

温馨提示

数据库文件存放在 D 盘上，如 E:\db\DB_EntWebsiteXYY。

(2)在数据库中建表，如图 8-46 所示。

数据库中各表结构如下：

①管理员信息表：tb_AdminUserInfoXYY，如图 8-47 所示。

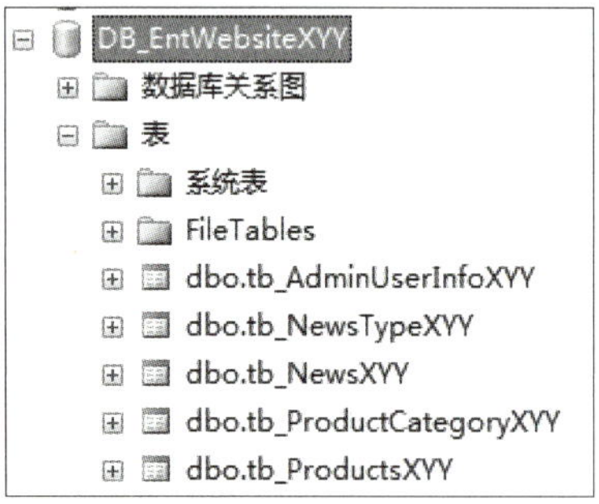

图 8-46　SQL Server 数据库

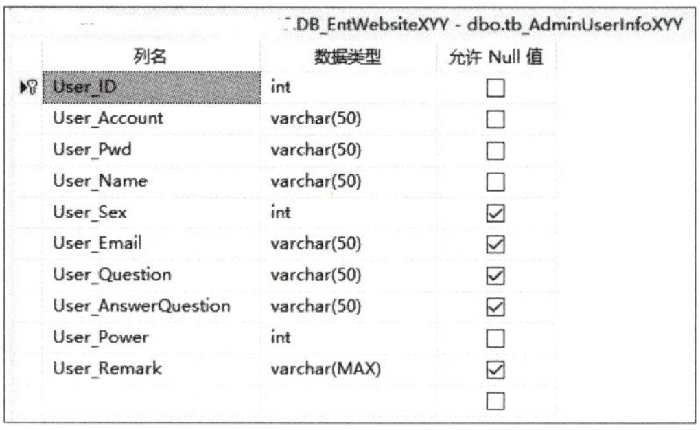

...DB_EntWebsiteXYY - dbo.tb_AdminUserInfoXYY

列名	数据类型	允许 Null 值
User_ID	int	☐
User_Account	varchar(50)	☐
User_Pwd	varchar(50)	☐
User_Name	varchar(50)	☐
User_Sex	int	☑
User_Email	varchar(50)	☑
User_Question	varchar(50)	☑
User_AnswerQuestion	varchar(50)	☑
User_Power	int	☐
User_Remark	varchar(MAX)	☑
		☐

图 8-47　管理员信息表

②产品类别表：tb_ProductCategoryXYY，如图 8-48 所示。

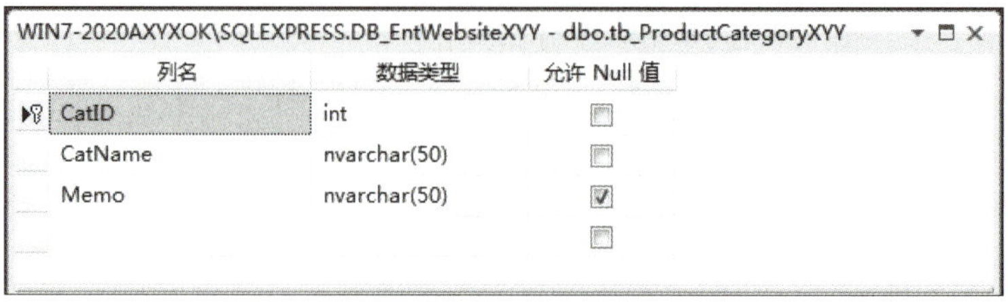

WIN7-2020AXYXOK\SQLEXPRESS.DB_EntWebsiteXYY - dbo.tb_ProductCategoryXYY

列名	数据类型	允许 Null 值
CatID	int	☐
CatName	nvarchar(50)	☐
Memo	nvarchar(50)	☑
		☐

图 8-48　产品类别表

③产品信息表:tb_ProductsXYY,如图 8-49 所示。

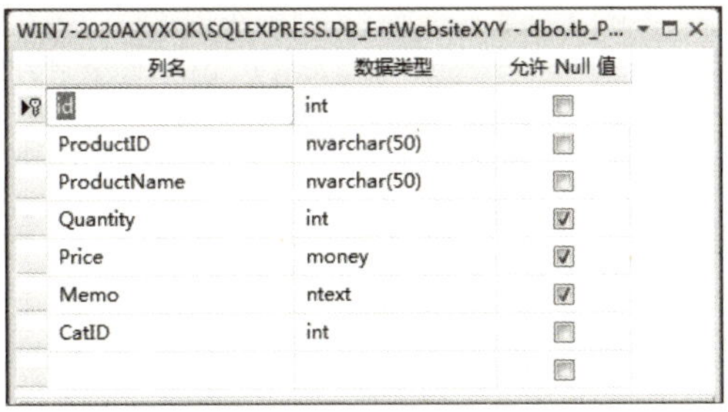

WIN7-2020AXYXOK\SQLEXPRESS.DB_EntWebsiteXYY - dbo.tb_P...

列名	数据类型	允许 Null 值
id	int	☐
ProductID	nvarchar(50)	☐
ProductName	nvarchar(50)	☐
Quantity	int	☑
Price	money	☑
Memo	ntext	☑
CatID	int	☐
		☐

图 8-49　产品信息表

④新闻类别表:tb_NewsTypeXYY,如图 8-50 所示。

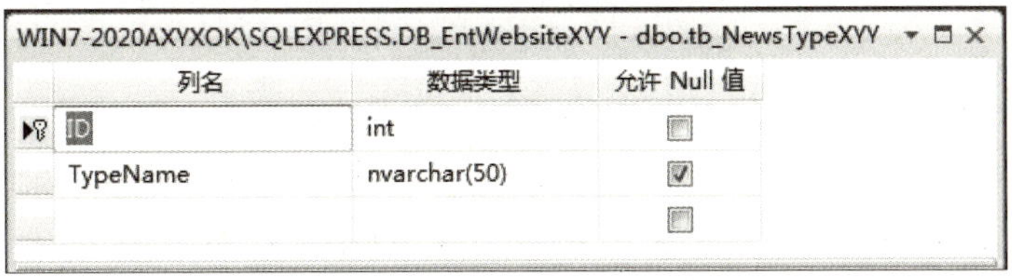

WIN7-2020AXYXOK\SQLEXPRESS.DB_EntWebsiteXYY - dbo.tb_NewsTypeXYY

列名	数据类型	允许 Null 值
ID	int	☐
TypeName	nvarchar(50)	☑
		☐

图 8-50　新闻类别表

⑤新闻信息表:tb_NewsXYY,如图 8-51 所示。

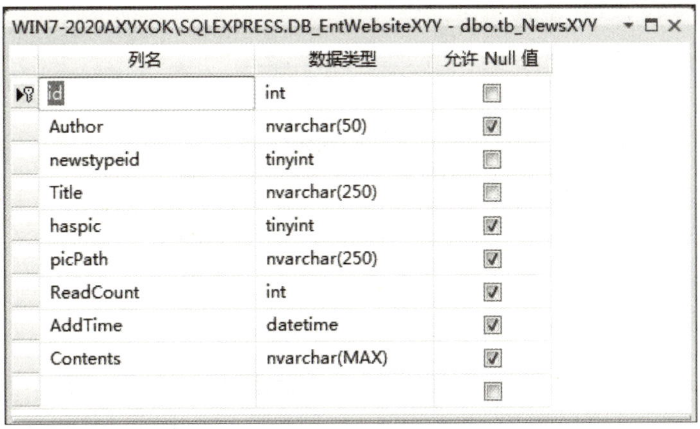

WIN7-2020AXYXOK\SQLEXPRESS.DB_EntWebsiteXYY - dbo.tb_NewsXYY

列名	数据类型	允许 Null 值
id	int	☐
Author	nvarchar(50)	☑
newstypeid	tinyint	☐
Title	nvarchar(250)	☐
haspic	tinyint	☑
picPath	nvarchar(250)	☑
ReadCount	int	☑
AddTime	datetime	☑
Contents	nvarchar(MAX)	☑
		☐

图 8-51　新闻信息表

(3)附加数据库。

如果该数据库已经创建好了,那么可以将其附加到 SQL Server 数据库中,并按要求修改数据库名和数据表名。

(4)为数据库添加几条记录。

在原有数据的基础上,在几张表中增加几条记录。比如:在管理员信息表中,增加 1~2 个管理员信息;在产品类别表中新增类别,并在产品信息表中增加 1~2 个产品,相应的 CatID 为产品类别表中新增类别的 CatID。

2.管理员管理模块的初步实现

(1)新建管理员列表页 AdminUserXYY.aspx

参照原有后台管理的 HTML 页面(如:info.html),设计该页面,如图 8-52 所示。

图 8-52　新建管理员列表页

（2）在管理员列表页中，添加 GridView 控件，实现数据绑定

在 AdminUserXYY.aspx 页面中添加 GridView 控件，并通过向导配置数据源，选择 tb_AdminUserInfoXYY 表中字段（索引字段 User_ID 必选）。

基本步骤如下：

①选择数据源，如图 8-53 所示。

②配置数据字段，如图 8-54 所示。

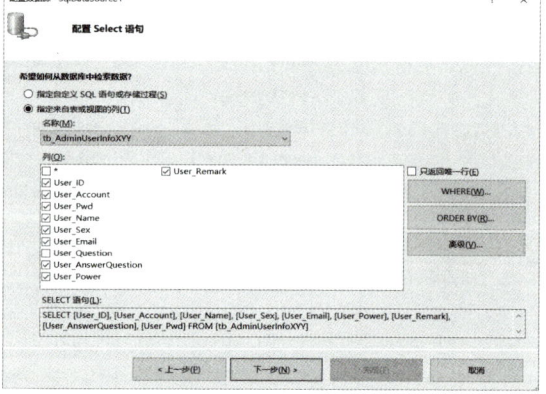

图 8-53　选择数据源　　　　　　图 8-54　配置数据字段

③完成后的页面设计效果如图 8-55 所示。

图 8-55　完成后的页面设计效果

④运行后的效果如图 8-56 所示。

图 8-56　运行后的效果

⑤在后台首页 index.html 中，添加该页面的链接。

操作方法：在 index.html 中的"栏目管理"下，新增"管理员管理"，链接指向 AdminUserList.aspx，后台首页的页面源视图如图 8-57 所示。

图 8-57　后台首页的页面源视图

⑥后台首页的页面运行效果如图 8-58 所示。

图 8-58　后台首页的页面运行效果

(3)实现管理员列表的编辑功能、分页功能

在上一步骤的基础上,重新配置数据源,实现管理员列表的编辑功能、分页功能。

①重新配置数据源时,新增设置步骤如图 8-59 所示。

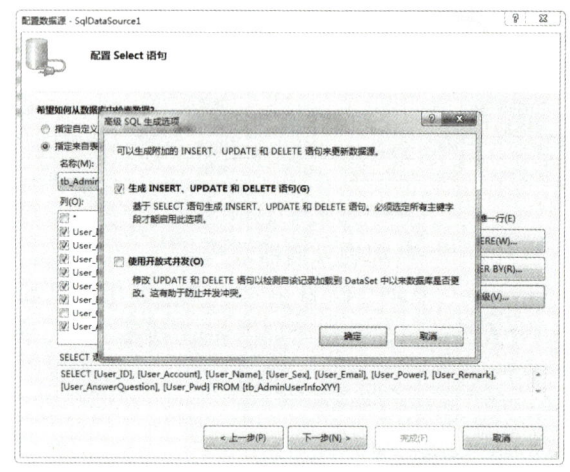

图 8-59　配置数据源

②重新配置数据源之后,启用 GridView 的分页、编辑、删除功能,如图 8-60 所示。

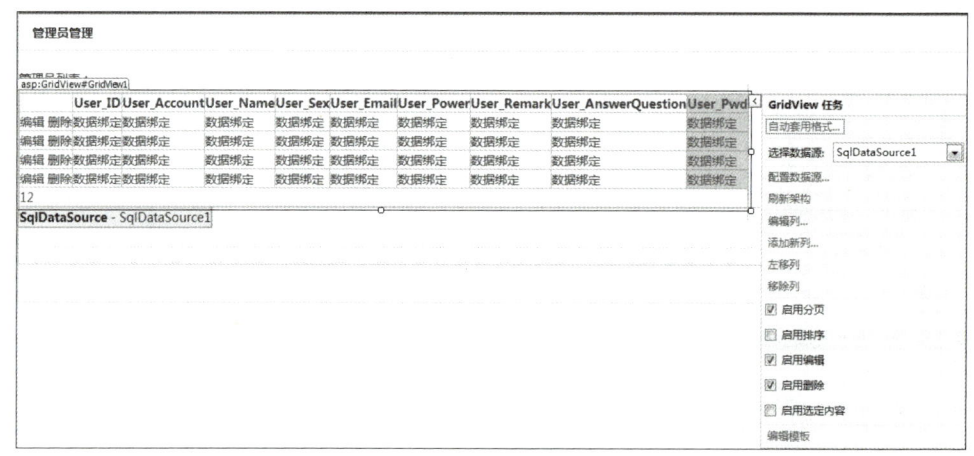

图 8-60　启用 GridView 的分页、编辑、删除功能

③运行效果如图 8-61 所示。

图 8-61　运行效果

单元 9　数据高级处理

学习目标

知识目标：

(1) 掌握 ADO.NET 对象。

(2) 掌握数据绑定控件 GridView 以及 Repeater。

(3) 理解基于三层架构的软件项目开发技术。

技能目标：

(1) 能够使用 ADO.NET 技术进行数据库编程。

(2) 能够编写并使用数据库操作类。

(3) 能够熟练使用 GridView 控件。

(4) 能够使用 Repeater 控件显示数据。

(5) 能够使用三层架构进行软件项目开发。

重点词汇

(1) SqlConnection：＿＿＿＿＿＿＿＿＿＿＿＿＿＿＿＿＿＿＿＿＿＿＿＿＿＿＿＿

(2) SqlDataAdapter：＿＿＿＿＿＿＿＿＿＿＿＿＿＿＿＿＿＿＿＿＿＿＿＿＿＿＿

(3) DataSet：＿＿＿＿＿＿＿＿＿＿＿＿＿＿＿＿＿＿＿＿＿＿＿＿＿＿＿＿＿＿＿

(4) SqlCommand：＿＿＿＿＿＿＿＿＿＿＿＿＿＿＿＿＿＿＿＿＿＿＿＿＿＿＿＿

(5) SqlDataReader：＿＿＿＿＿＿＿＿＿＿＿＿＿＿＿＿＿＿＿＿＿＿＿＿＿＿＿

(6) SqlParameter：＿＿＿＿＿＿＿＿＿＿＿＿＿＿＿＿＿＿＿＿＿＿＿＿＿＿＿＿

(7) Repeater：＿＿＿＿＿＿＿＿＿＿＿＿＿＿＿＿＿＿＿＿＿＿＿＿＿＿＿＿＿＿

9.1　引例描述

单元 8 中我们通过 ASP.NET 提供的多种数据控件体验了基本的数据访问

工作，熟悉了数据访问控件的初步使用方法。但是这种方式开发出的动态网站，其网站前端界面和后台数据访问代码混杂在一起，不利于项目的维护、扩展，比较适合初学者入门。在实际项目开发中，我们往往需要自己编写程序来访问数据，从而把网站前端界面和后台数据访问代码分离，提高程序的可维护性和可扩展性。

本单元将为学习者讲解在 ASP.NET 程序中通过 ADO.NET 技术进行数据库编程的相关知识和技能；通过 Demo 演示和 Activity 实践，学习者能够进一步掌握 GridView 及 Repeater 控件的常用属性与事件处理方法，并掌握基于三层架构的软件项目开发技术，进一步提高软件开发能力。

本单元的学习导图，如图 9-1 所示。

单元9 数据高级处理

1 知识准备
- ADO.NET技术

2 任务实施
- Demo9-1 连接SQL Server Products数据库
- Demo9-2 使用DataSet对象及GridView控件显示联系人分组信息
- Demo9-3 使用SqlDataReader对象及GridView控件显示联系人分组信息
- Demo9-4 使用参数化SQL语句实现联系人分组录入
- Demo9-5 调用存储过程实现联系人分组录入
- Demo9-6 使用GridView控件实现联系人信息管理
- Demo9-7 使用Repeater控件实现联系人信息管理
- Demo9-8 开发基于三层架构的ASP.NET Web应用程序，实现联系人信息管理

3 案例实践
- Act9-1 连接SQL Server Student数据库
- Act9-2 使用DataSet对象及GridView控件显示商品类别信息
- Act9-3 使用SqlDataReader对象及GridView控件显示商品类别信息
- Act9-4 使用参数化SQL语句实现商品类别录入
- Act9-5 调用存储过程实现商品类别录入
- Act9-6 使用GridView控件实现商品信息管理
- Act9-7 使用Repeater控件实现商品信息管理
- Act9-8 开发基于三层架构的ASP.NET Web应用程序，实现商品信息管理

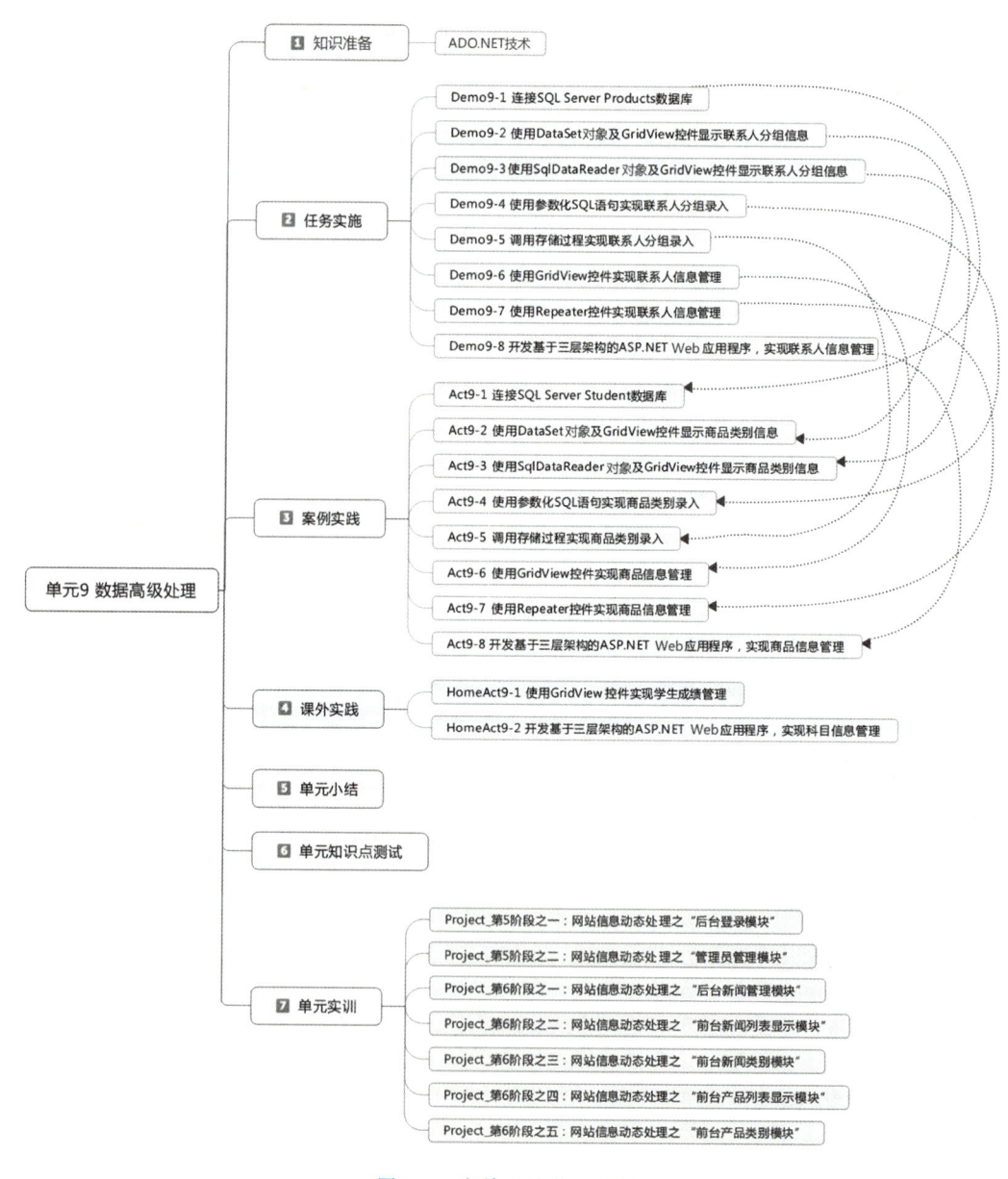

4 课外实践
- HomeAct9-1 使用GridView控件实现学生成绩管理
- HomeAct9-2 开发基于三层架构的ASP.NET Web应用程序，实现科目信息管理

5 单元小结

6 单元知识点测试

7 单元实训
- Project_第5阶段之一：网站信息动态处理之"后台登录模块"
- Project_第5阶段之二：网站信息动态处理之"管理员管理模块"
- Project_第6阶段之一：网站信息动态处理之"后台新闻管理模块"
- Project_第6阶段之二：网站信息动态处理之"前台新闻列表显示模块"
- Project_第6阶段之三：网站信息动态处理之"前台新闻类别模块"
- Project_第6阶段之四：网站信息动态处理之"前台产品列表显示模块"
- Project_第6阶段之五：网站信息动态处理之"前台产品类别模块"

图 9-1　本单元的学习导图

9.2 知识准备

9.2.1 ADO.NET 概述

ADO.NET 是由微软公司提供的在.NET 开发中操作数据库的类。访问 SQL Server 数据库所需的 ADO.NET 类在 System.Data.SqlClient 命名空间中，访问 Access 数据库所需的 ADO.NET 类在 System.Data.OleDb 命名空间中。System.Data.SqlClient 命名空间中的对象与 System.Data.OleDb 命名空间中的对象的对应关系见表 9-1。

表 9-1　　　　　两种命名空间中对象的名称及其对应关系

对象名称	System.Data.SqlClient 命名空间	System.Data.OleDb 命名空间
连接对象	SqlConnection	OleDbConnection
数据适配器对象	SqlDataAdapter	OleDbDataAdapter
数据读取对象	SqlDataReader	OleDbDataReader
命令对象	SqlCommand	OleDbCommand
SQL 参数	SqlParameter	OleDbParameter

ADO.NET 数据处理的流程一般有两种。第一种是在对数据的操作过程中与数据库的连接一直都保持着，又叫连接模型。使用连接模型的流程如下：

(1) 创建一个数据库连接。
(2) 查询一个数据集合，即执行 SQL 语句或存储过程。
(3) 对数据集合进行需要的操作。
(4) 关闭数据库连接。

第二种是在对数据的操作过程中与数据库的连接可以断开，又叫断开模型。使用断开模型的流程如下：

(1) 创建一个数据库连接。
(2) 新建一个记录集。
(3) 将记录集保存到 DataSet。
(4) 根据需要重复第 2 步，因为一个 DataSet 可以容纳多个数据集合。
(5) 关闭数据库连接。
(6) 对 DataSet 进行各种操作。
(7) 将 DataSet 的信息更新到数据库。

由于在.NET 开发中，SQL Server 数据库应用更加广泛，所以我们接下来依次介绍访问 SQL Server 数据库所需的各个 ADO.NET 对象。

9.2.2 SqlConnection 对象

使用 SqlConnection 对象可以连接 SQL Server 数据库。其主要属性和方法见表 9-2。

表 9-2　　　　　　　　　　SqlConnection 对象的主要属性和方法

属性	说明	方法	说明
ConnectionString	连接字符串	Open	打开数据库连接
Close	关闭数据库连接		

连接数据库主要分为三步：

(1) 定义连接字符串

我们可以使用集成的 Windows 身份验证和 SQL Server 身份验证这两种不同的方式来连接 SQL Server 数据库。

使用 Windows 身份验证的数据库连接字符串代码如下：

　　Data Source=.\sqlexpress;Initial Catalog=Contacts;Integrated Security=True

说明：其中 Data Source 表示运行 SQL Server 数据库的服务器，可以用"."代表本机。由于这里用了 Microsoft SQL Server Express Edition，所以用".\sqlexpress"表示服务器；Initial Catalog 表示所使用的数据库名，这里为本书所用的通信录数据库 Contacts；设置 Integrated Security 为 True，表示采用集成的 Windows 身份验证。

使用 SQL Server 身份验证的数据库连接字符串代码如下：

　　Data Source=.\sqlexpress;Initial Catalog= Contacts;uid=sa;pwd=sa

说明：其中 uid 为指定的数据库用户名，pwd 为指定用户名对应的密码。

(2) 创建 SqlConnection 对象

可以使用定义好的连接字符串创建 SqlConnection 对象，代码如下：

　　SqlConnection connection = new SqlConnection(connString);

(3) 打开数据库连接

调用 SqlConnection 对象的 Open() 方法打开数据库连接：

　　connection.Open();

> **注意**　数据库连接使用完毕后，要调用 SqlConnection 对象的 Close() 方法显式关闭数据库连接。代码如下：
> 　　connection.Close();

在访问数据库的过程中，可能出现数据库服务器没有开启、连接中断等异常情况。为了使应用程序能够处理这些突发情况，需要进行异常处理。.NET 提供了 try…catch…finally 语句块来进行异常处理。由于数据库连接必须显式关闭，所以我们可以把关闭数据库连接的语句写在 finally 块中。

加入异常处理后的连接数据库的示例代码如下：

```
string connString =@"Data Source=.\sqlexpress;Initial Catalog= Contacts;uid=sa;pwd=sa";
SqlConnection connection = new SqlConnection(connString);
try
{
    connection.Open();
    Response.Write("数据库连接成功");
}
```

```
catch (Exception ex)
{
    Response.Write(ex.ToString());
}
finally
{
    connection.Close();
    Response.Write("关闭数据库连接成功");
}
```

为了简化异常处理的代码，C#提供了using语句。SqlConnection对象会在using代码块的结尾处自动关闭。代码如下：

```
string connString =@"Data Source=.\sqlexpress;Initial Catalog= Contacts;uid=sa;pwd=sa";
using (SqlConnection connection = new SqlConnection(connString))
{
    connection.Open();
    Response.Write("数据库连接成功");
}
```

可以看到，使用using语句后，代码更加简洁、方便。

在上面的代码中，我们把数据库连接字符串写在代码中，但这样不利于应用程序的部署，因为连接字符串中用到了数据库服务器、用户名和密码，而最终用户的数据库服务器、用户名、密码可能和开发时的不一致，这就需要修改代码、重新编译程序。通过把连接字符串写到配置文件中，部署时只需修改配置文件即可，无须修改代码、重新编译程序。

在Visual Studio中打开项目配置文件Web.config，在configuration节点下增加连接字符串：

```
<connectionStrings>
    <add name="ConnectionString" connectionString="Data Source=.\sqlexpress;Initial Catalog= Contacts;uid=sa;pwd=sa" providerName="System.Data.SqlClient"/>
</connectionStrings>
```

添加对System.Configuration命名空间的引用：

```
using System.Configuration;
```

然后可以通过下面的代码读取连接字符串：

```
String connString=
    ConfigurationManager.ConnectionStrings["ConnectionString"].ConnectionString;
```

9.2.3 DataSet对象

DataSet对象可以看作一个内存中的数据库，包括表、数据行、数据列以及表与表之间的关系。创建一个DataSet对象后，它就可以单独存在，不需要一直保持和数据库的连接。应用程序需要数据时，可以直接从内存中的DataSet对象读取数据。

DataSet对象中可以包含多个表，这些表构成了数据表集合DataTableCollection，其中每个表都是一个DataTable对象。每个表又包含数据行DataRow和数据列DataColumn，所有的行构成数据行集合DataRowCollection，所有的列构成数据列集合DataColumnCollection。DataSet

还可以包含表与表之间的关系 DataRelation。DataRelation 表示数据集中 DataTable 之间的关系,可以用来保证执行完整性约束、数据级联。

创建 DataSet 对象首先要引用 System.Data 命名空间,然后可以用下面的代码:

```
DataSet ds = new DataSet();
```

创建 DataSet 对象后可以临时存储数据,那么如何将数据放到数据集中呢?这就需要用到数据适配器 DataAdapter 对象。

9.2.4 SqlDataAdapter 对象

不同类型的数据库需要使用不同的数据适配器,对于 SQL Server 数据库,我们使用 SqlDataAdapter 对象。使用 SqlDataAdapter 对象填充 DataSet 对象的步骤如下:

(1)创建数据库连接对象

```
SqlConnection conn = new SqlConnection(connString);
```

(2)建立从数据库查询数据用的 SQL 语句

```
string sql = "select Id,GroupName,Memo from ContactGroup";
```

(3)通过上面创建的 SQL 语句和数据库连接对象创建 SqlDataAdapter 对象

```
SqlDataAdapter da = new SqlDataAdapter(sql, conn);
```

(4)调用 SqlDataAdapter 对象的 Fill 方法向数据集中填充数据

```
DataSet ds = new DataSet();
da.Fill(ds);
```

如果 DataSet 对象中已包含数据,我们可以通过下面的代码来访问第一个表中第 i 行第 j 列的数据(索引均从 0 开始):

```
ds.Tables[0].Rows[i].ItemArray[j];
```

还可以通过下面的代码获取数据表中记录的行数:

```
ds.Tables[0].Rows.Count;
```

9.2.5 SqlCommand 对象

SqlCommand 对象用于执行具体的 SQL 语句,如增加、删除、修改、查找。SqlCommand 对象的使用步骤如下:

(1)创建 SqlConnection 对象

按照 9.2.2 节介绍的方法建立 SqlConnection 对象。

(2)定义 SQL 语句

把所要执行的 SQL 语句赋给字符串。

(3)创建 SqlCommand 对象

我们可以调用 SqlCommand 类的构造方法创建 SqlCommand 对象,传入 2 个参数:SQL 语句和 SqlConnection 对象。代码如下:

```
SqlCommand cmd = new SqlCommand(sqlStr, conn);
```

(4)SqlCommand

调用 SqlCommand 对象的某个方法,执行 SQL 语句。

> **注意**　在调用 SqlCommand 对象的某个方法之前,一定要打开数据库连接,否则程序会出错。

下面我们来看一下 SqlCommand 对象的几个主要方法,见表 9-3。

表 9-3　　　　　　　　　　SqlCommand 对象的主要方法

方法	说明
ExecuteScalar	执行查询命令,并返回查询结果中第一行第一列的值,类型是 object
ExecuteNonQuery	执行 SQL 语句并返回受影响的行数
ExecuteReader	执行查询命令,返回 SqlDataReader 对象

SqlCommand 对象的 ExecuteScalar 方法返回的是查询结果的第一行第一列的值,且类型是 object。所以在实际项目开发中往往需要进行强制类型转换:

　　int n = Convert.ToInt32(cmd.ExecuteScalar());

SqlCommand 对象的 ExecuteNonQuery 方法用于执行更新数据库的操作,如增加、删除、修改记录,我们将在项目开发中用到这个方法时做进一步介绍。

SqlCommand 对象的 ExecuteReader 方法返回的是 SqlDataReader 对象。下面我们来介绍 SqlDataReader 对象。

9.2.6　SqlDataReader 对象

使用 SqlDataReader 对象可以从数据库中检索只读的数据,它每次从查询结果中读取一行到内存中。对于 SQL Server 数据库,如果只需要顺序读取数据,可以优先使用 SqlDataReader 对象,其对数据库的读取速度非常快。

SqlDataReader 对象的主要属性和方法见表 9-4。

表 9-4　　　　　　　　　SqlDataReader 对象的主要属性和方法

属性	说明	方法	说明
HasRows	指示是否包含查询结果。若包含查询结果则返回 True,否则返回 False	Read	前进到下一行记录,若读到记录则返回 True,否则返回 False
FieldCount	当前行中的列数	Close	关闭 SqlDataReader 对象

使用 SqlDataReader 对象的步骤如下:

(1) 创建 SqlCommand 对象:

　　SqlCommand cmd = new SqlCommand(sqlStr, conn);

(2) 调用 SqlCommand 对象的 ExecuteReader 方法创建 SqlDataReader 对象:

　　conn.Open();
　　SqlDataReader dr = cmd.ExecuteReader();

(3) 调用 SqlDataReader 对象的 Read 方法逐行读取数据,若读到记录则返回 true,否则返回 false:

　　dr.Read();

(4) 读取当前行中某列的值。

我们可以像数组一样,用方括号来读取某列的值,如 dr[0].ToString(),方括号中的索引号从 0 开始;也可以通过列名来读取,如 dr["GroupName"].ToString(),但取出的值的类型是 object，要进行类型转换。

(5)调用 Close 方法，关闭 SqlDataReader 对象。

使用 SqlDataReader 对象读取数据的时候会占用数据库连接，必须调用它的 Close 方法关闭 SqlDataReader 对象，才能够用数据库连接进行其他操作：

```
dr.Close();
```

DataSet 与 SqlDataReader 对象都可以作为数据绑定控件的数据源，但两者有很大的区别。

(1)DataSet 对象对数据的操作采用的是断开模型，把表读取到 SQL 的缓冲池中，对数据可以进行前后读取；而 SqlDataReader 对象对数据的操作采用的是连接模型，对数据只能向前读取。

(2)DataSet 对象支持分页、动态排序等操作，而 SqlDataReader 对象没有分页、动态排序的功能。

(3)DataSet 对象读取、处理速度较慢，而 SqlDataReader 对象读取、处理速度较快。

所以，DataSet 与 SqlDataReader 对象有各自适用的场合。若数据源控件只是用来填入数据，或者数据绑定控件不需要提供排序、分页功能，则可以选用 SqlDataReader 对象；反之，则必须使用 DataSet 对象。

9.2.7 SqlParameter 对象

在系统编码中，如果采用 SQL 语句拼接，将导致 SQL 注入攻击，存在极大的安全隐患。要避免 SQL 注入攻击，可以采用参数化 SQL 语句。首先在 SQL 语句中用@符号声明参数，然后给参数赋值。在 ADO.NET 对象模型中执行一个参数化查询，需要向 SqlCommand 对象的 Parameters 集合添加 SqlParameter 对象。

SqlParameter 对象表示 SqlCommand 对象的参数。下面我们来学习它的常用构造方法和属性。

SqlParameter 对象有多个重载的构造方法，常用的构造方法如下：

(1)SqlParameter()：初始化 SqlParameter 对象的新实例。如：

```
SqlParameter parameter = new SqlParameter();
```

(2)SqlParameter(String，SqlDbType)：用参数名称和数据类型初始化 SqlParameter 对象的新实例。如：

```
SqlParameter parameter = new SqlParameter("@Password", SqlDbType.VarChar);
```

(3)SqlParameter(String，SqlDbType，Int32)：用参数名称、SqlDbType 和大小初始化 SqlParameter 对象的新实例。如：

```
SqlParameter parameter = new SqlParameter("@Password", SqlDbType.VarChar, 100);
```

SqlParameter 对象的常用属性见表 9-5 所示。

表 9-5　　　　　　　　　　SqlParameter 对象的常用属性

属性	说明
ParameterName	参数的名称。要与参数化 SQL 语句中出现的参数名称对应
SqlDbType	参数的数据类型

（续表）

属性	说明
Size	参数的最大值
Value	参数的值
Direction	参数类型，如输入参数 ParameterDirection.Input、输出参数 ParameterDirection.Output。默认为输入参数

因此，我们可以自己定义参数对象，然后加入 SqlCommand 对象中，代码如下：

```
SqlParameter parm = new SqlParameter();
parm.ParameterName = "@Password";
parm.SqlDbType = SqlDbType.NVarChar;
parm.Size = 50;
parm.Value = txtUserPassword.Text.Trim();
cmd.Parameters.Add(parm);
```

SqlParameter 对象的使用方法非常灵活，我们也可以用下面的代码：

```
cmd.Parameters.Add("@Password", SqlDbType.NVarChar, 50);
cmd.Parameters["@Password"].Value = txtUserPassword.Text.Trim();
```

或

```
SqlParameter parm = cmd.Parameters.Add("@Password", SqlDbType.NVarChar, 50);
parm.Value = txtUserPassword.Text.Trim();
```

生成 SqlParameter 对象最简单的方式是调用 SqlCommand 对象的 Parameters 集合的 AddWithValue 方法，该方法的声明如下：

```
public SqlParameter AddWithValue(string parameterName, Object value)
```

示例代码如下：

```
string sqlStr = "select * from [User] where UserName=@UserName and
        Password=@Password";
SqlCommand cmd = new SqlCommand(sqlStr, conn);
cmd.Parameters.AddWithValue("@UserName", txtUserName.Text.Trim());
cmd.Parameters.AddWithValue("@Password", txtUserPassword.Text.Trim());
```

不管用哪种方法，在.NET 中使用参数化 SQL 语句的步骤都是相同的：

（1）定义包含参数的 SQL 语句，用@符号声明参数。

（2）为 SQL 语句中出现的每一个参数定义参数对象，并将参数对象加入 SqlCommand 对象中。

（3）给参数赋值，并执行 SQL 语句。

9.2.8 使用存储过程

存储过程（Stored Procedure）是在大型数据库系统中，一组为了完成特定功能的 SQL 语句集，经编译后存储在数据库中，用户通过指定存储过程的名称并给出参数（如果该存储过程带有参数）来执行它。

在性能方面，存储过程有如下优点：

1．预编译，存储过程被预先编译好放在数据库内，减少了编译语句所花费的时间。

2.缓存,编译好的存储过程会进入缓存,所以对于经常执行的存储过程,除了第一次执行外,其他次执行的速度会有明显提高。

3.减少网络传输,特别是对于处理一些数据的存储过程,不必像直接用 SQL 语句实现那样多次传送数据到客户端。

在.NET 中调用存储过程的示例代码如下:

```
//存储过程名称
string sql = "InsertContactGroup";
SqlCommand cmd = new SqlCommand(sql, conn);
//指定 SqlCommand 对象的 CommandType 类型为 StoredProcedure
cmd.CommandType = CommandType.StoredProcedure;
//给存储过程中的参数赋值
cmd.Parameters.AddWithValue("@GroupName", groupName);
cmd.Parameters.AddWithValue("@Memo", memo);
conn.Open();
int n = cmd.ExecuteNonQuery();
```

在上面的代码中,我们用到了 SqlCommand 对象的一个新的属性 CommandType,其值为枚举类型,其常用成员见表 9-6。

表 9-6　　　　　　　　　　　CommandType 的常用成员

成员名称	说明
StoredProcedure	存储过程的名称
Text	SQL 文本命令

SqlCommand 对象 CommandType 属性的默认值为 Text。在前面的小节中,我们没有指明 SqlCommand 对象 CommandType 属性的类型,实际上就是执行了 SQL 文本命令;当 CommandType 属性设置为 StoredProcedure 时,表示调用存储过程。如果存储过程有参数,我们还需要给参数赋值。

9.2.9　GridView 控件

GridView 控件在实际项目开发中应用很广,在前面我们已学习了 GridView 控件的初步使用方法,在这一节中我们进一步学习 GridView 控件的使用。

1.GridView 控件以表格的形式显示数据。

(1)表格中的行与单元格

GridViewRow 类代表表格中的行,其 RowType 属性指定了行的类型,其值为 DataControlRowType 值之一。RowType 属性值见表 9-7。

表 9-7　　　　　　　　　　　RowType 属性值

行类型	说明
DataRow	GridView 控件中的一个数据行
Footer	GridView 控件中的脚注行
Header	GridView 控件中的表头行

(续表)

行类型	说明
EmptyDataRow	GridView 控件中的空行。当 GridView 控件中没有要显示的任何记录时，将显示空行
Pager	GridView 控件中的一个页导航行
Separator	GridView 控件中的一个分隔符行

　　行中的每个单元格都是一个 TableCell 对象，GridViewRow 类有一个 Cells 集合属性，可以通过下标访问特定的单元格。而每个单元格都是一个容器控件，可以包含其他控件。如果某个单元格包含其他控件，那么可以使用单元格的 Controls 集合属性来访问这些控件。如果某控件指定了 ID 属性，还可以使用单元格对象的 FindControl() 方法来查找该控件。

　　GridView 控件有一个 Rows 集合属性用于保存 GridViewRow 对象，可以通过下标来访问特定的行。另外，GridView 控件的 EditIndex 属性代表正在编辑的行的索引，SelectedIndex 属性代表当前选中行的索引，这两个属性为 −1 时，表示没有选中任何项，或者用于清除对某项的选择。

　　(2) 表格中的列

　　GridView 控件可以显示多种类型的表格列，具体见表 9-8。

表 9-8　　　　　　　　　　　　GridView 控件的列字段类型

列字段类型	说明
BoundField	以文本形式显示数据源中某个字段的值
ButtonField	显示数据绑定控件中的命令按钮。根据控件的不同，允许显示带有自定义按钮控件的行或列，如"添加"或"移除"按钮
CheckBoxField	显示数据绑定控件中的复选框。此数据控件字段类型通常用于显示带有布尔值的字段
CommandField	显示数据绑定控件中要执行编辑、插入或删除操作的内置命令按钮
HyperLinkField	将数据源中某个字段的值显示为超链接
ImageField	显示数据绑定控件中的图像
TemplateField	根据指定的模板，显示数据绑定控件中的用户定义内容

　　2. GridView 控件可以触发相当多的事件，在编程中用得比较多的事件见表 9-9。

表 9-9　　　　　　　　　　　　GridView 控件的重要事件

事件	说明
PageIndexChanging	发生在单击某一页导航按钮时，但在 GridView 控件处理分页操作之前
SelectedIndexChanging	发生在单击某一行的"选择"按钮之后，但在 GridView 控件对相应的选择操作进行处理之前
Sorting	发生在单击用于列排序的超链接时，但在 GridView 控件对相应的排序操作进行处理之前
RowCommand	当单击 GridView 控件中的按钮时发生
RowDataBound	在 GridView 控件中将数据行绑定到数据时发生

(续表)

事件	说明
RowDeleting	发生在单击某一行的"删除"按钮时,但在 GridView 控件删除该行之前
RowUpdating	发生在单击某一行的"更新"按钮之后,但在 GridView 控件对该行进行更新之前

9.2.10 Repeater 控件

Repeater 控件是一个基本模板数据绑定列表。它没有内置的布局或样式,因此必须在该控件的模板内显式声明所有的布局、格式设置和样式标记。Repeater 控件的各种模板及其说明见表 9-10。

表 9-10　　　　　　　　Repeater 控件的各种模板及其说明

模板	说明
ItemTemplate	定义列表中项目的内容和布局。此模板为必选
AlternatingItemTemplate	若定义,则可以确定交替(从零开始的奇数索引)项的内容和布局。若未定义,则使用 ItemTemplate
SeparatorTemplate	若定义,则呈现在项(以及交替项)之间。若未定义,则不呈现分隔符
HeaderTemplate	若定义,则可以确定列表表头的内容和布局。若未定义,则不呈现表头
FooterTemplate	若定义,则可以确定列表脚注的内容和布局。若未定义,则不呈现脚注

若要利用模板创建表,请在 HeaderTemplate 模板中包含表开始标记＜table＞,在 ItemTemplate 模板中包含单个表行标记＜tr＞,并在 FooterTemplate 模板中包含表结束标记＜/table＞。

Repeater 控件没有内置的选择功能和编辑支持。可以使用 ItemCommand 事件来处理从模板引发到该控件的控件事件。

9.2.11 基于三层架构的项目开发技术

传统的二层架构应用程序将用户界面、业务逻辑和数据访问代码混杂在一起,整个项目耦合度高,不易扩展。如果要把一个使用二层架构开发的 C/S 结构的软件扩展为 B/S 结构,因为操作数据库的代码和界面代码混杂在一起,改动工作量是巨大的,而且不利于团队协作开发,开发人员必须对界面设计、业务逻辑、数据库编程各方面都非常熟悉。而三层架构可以将各层功能分开,分别进行设计。其中某一层发生了变化,只需要修改该层代码即可,不影响其他各层,易于维护和修改。且可以让界面设计人员、数据库编程人员等各司其职,有利于团队协作开发。二层及三层架构分别如图 9-2、图 9-3 所示。

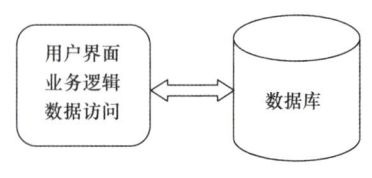

图 9-2　二层架构

```
用户     业务     数据
界面 ↔  逻辑 ↔  访问 ↔  数据库
```

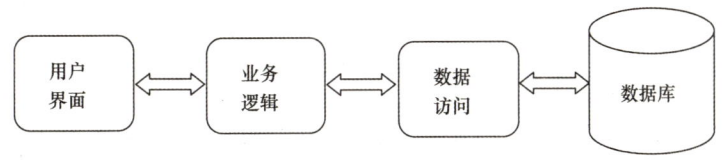

图 9-3 三层架构

"三层架构"一词中的"三层"是指:"表示层"、"业务逻辑层"和"数据访问层"。

(1) 表示层:用于显示数据和接收用户输入的数据,为用户提供一种交互式操作的界面。表示层的常见形式为 Windows 窗体和 Web 页面。

(2) 业务逻辑层:负责处理用户输入的信息,或者将这些信息发送给数据访问层进行保存,或者调用数据访问层中的方法再次读出这些数据。业务逻辑层也可以包括一些描述"商业逻辑"的代码。

(3) 数据访问层:负责访问数据库系统或文件,实现对数据的保存和读取操作。

表示层只提供软件系统与用户交互的接口;业务逻辑层是表示层和数据访问层之间的桥梁,负责数据处理和传递;数据访问层只负责数据的存取工作。使用三层架构开发项目,各层之间职责明确,降低了项目的耦合度,使项目维护起来相对容易。

在实际的项目开发中,往往会用到业务实体层 Model 和通用类库层 Common。其中业务实体层用于封装实体类数据结构,一般用于映射数据库的数据表或视图,描述业务中的对象,在各层之间传递;通用类库层一般包含通用的辅助工具类,用于数据校验、数据加密、数据解密等。此时,三层架构会演变为如图 9-4 所示的多层架构。

图 9-4 多层架构

9.3 任务实施

Demo9-1 连接 SQL Server Products 数据库

> **DEMO**(项目名称:**DemoSqlConnectionXYY**)

编写程序,使用 SqlConnection 对象连接 SQL Server Products 数据库。如图 9-5 所示,单击页面上的"单击,连接数据库"按钮后,页面上显示"数据库连接成功"字样。

图 9-5 页面运行效果

主要步骤

1.新建本单元解决方案：UnitXYY-09

选择启动"Visual Studio 2017"，通过"文件"→"新建项目"，在对话框左侧的"模板"列表框内选择"其他项目类型"→"Visual Studio 解决方案"，在解决方案的名称处输入"UnitXYY-09"，位置选择"E:\Code_XYY"。然后单击"确定"按钮开始建立解决方案。

2.新建本项目：DemoSqlConnectionXYY

（1）新建项目

在 Visual Studio 2017 解决方案中，右击解决方案"UnitXYY-09"，通过"添加"→"新建项目"，在对话框左侧的"模板"列表框内选择"Visual C#"→"Web"，然后在中间列表选择"ASP.NET Web 应用程序(.NET Framework)"。项目名称为"DemoSqlConnectionXYY"，位置为"E:\Code_XYY\UnitXYY-09"。选择".NET Framework4.5"框架，然后单击"确定"按钮。在弹出的"新建 ASP.NET Web 应用程序"窗口中，选择"空"，单击"确定"按钮后，完成空项目的新建。

（2）在 Visual Studio 2017 中打开项目配置文件 Web.config，在 configuration 节点下增加连接字符串：

```
<connectionStrings>
    <add name="ConnectionString" connectionString="Data Source=.\sqlexpress;Initial Catalog=Products;Integrated Security=True" providerName="System.Data.SqlClient"/>
</connectionStrings>
```

（3）在项目中添加 Web 窗体 Default.aspx，切换到设计视图，将工具箱标准选项卡中的 Button 控件拖入窗体中，修改 Button 控件的 Text 属性为"单击，连接数据库"。双击 Button 控件，进入代码视图，添加对 System.Data.SqlClient 及 System.Configuration 命名空间的引用：

```
using System.Data.SqlClient;
using System.Configuration;
```

（4）在 Button 控件的单击事件处理代码中补充如下代码：

```
string connString =
    ConfigurationManager.ConnectionStrings["ConnectionString"].ConnectionString;
using (SqlConnection connection = new SqlConnection(connString))
{
    connection.Open();
    Response.Write("数据库连接成功");
}
```

（5）运行程序，单击按钮，页面上显示"数据库连接成功"字样。

Demo9-2　使用 DataSet 对象及 GridView 控件显示联系人分组信息

> **DEMO（项目名称：DemoSqlDataAdapterXYY）**

编写程序，使用 DataSet 对象作为 GridView 控件的数据源，在页面上显示 SQL Server Contacts 数据库 ContactGroup 表中的数据。页面运行效果如图 9-6 所示。

微课

使用 DataSet 及 GridView 控件显示联系人分组信息

Id	GroupName	Memo
1	未分组	未分组
2	同事	单位同事
3	大学同学	大学同窗
4	老师	师恩永存

图 9-6　页面运行效果(1)

主要步骤

(1) 新建项目(项目名称:DemoSqlDataAdapterXYY)

用同样的方法,新建 ASP.NET 项目,项目名称为"DemoSqlDataAdapterXYY",位置为"E:\Code_XYY\UnitXYY-09"。

(2) 在 Visual Studio 中打开项目配置文件 Web.config,在 configuration 节点下增加连接字符串:

```
<connectionStrings>
    <add name="ConnectionString" connectionString="Data Source=.\sqlexpress;Initial Catalog=Contacts;Integrated Security=True" providerName="System.Data.SqlClient"/>
</connectionStrings>
```

(3) 在项目中添加 Web 窗体 Default.aspx,切换到设计视图,将工具箱数据选项卡中的 GridView 控件拖入窗体中,双击页面空白区域,进入代码视图,添加对 System.Data、System.Data.SqlClient 及 System.Configuration 命名空间的引用:

```
using System.Data;
using System.Data.SqlClient;
using System.Configuration;
```

(4) 在 Page_Load 事件代码中补充如下代码:

```
if (! IsPostBack)
{
    string connString =
        ConfigurationManager.ConnectionStrings["ConnectionString"].ConnectionString;
    using (SqlConnection conn = new SqlConnection(connString))
    {
        string sql = "select * from ContactGroup";
        SqlDataAdapter da = new SqlDataAdapter(sql, conn);
        DataSet ds = new DataSet();
        da.Fill(ds);
        GridView1.DataSource = ds.Tables[0];//指定 GridView 控件的数据源
        GridView1.DataBind();//绑定数据
    }
}
```

(5) 运行程序,即在页面上显示 ContactGroup 表中的数据。

Demo9-3　使用 SqlDataReader 对象及 GridView 控件显示联系人分组信息

▶ **DEMO（项目名称：DemoSqlDataReaderXYY）**

新建 ASP.NET Web 应用程序，编写程序，使用 SqlDataReader 对象作为 GridView 控件的数据源，在页面上显示 SQL Server Contacts 数据库 ContactGroup 表中的数据。页面运行效果如图 9-7 所示。

Id	GroupName	Memo
1	未分组	未分组
2	同事	单位同事
3	大学同学	大学同窗
4	老师	师恩永存

图 9-7　页面运行效果（2）

微课：使用 SqlDataReader 及 GridView 控件显示联系人分组信息

主要步骤

（1）新建项目（项目名称：DemoSqlDataReaderXYY）

用同样的方法，新建 ASP.NET 项目，项目名称为"DemoSqlDataReaderXYY"，位置为"E:\Code_XYY\UnitXYY-09"。

（2）在 Visual Studio 中打开项目配置文件 Web.config，在 configuration 节点下增加连接字符串：

```
<connectionStrings>
    <add name="ConnectionString" connectionString="Data Source=.\sqlexpress;Initial Catalog=Contacts;Integrated Security=True" providerName="System.Data.SqlClient"/>
</connectionStrings>
```

（3）在项目中添加 Web 窗体 Default.aspx，切换到设计视图，将工具箱数据选项卡中的 GridView 控件拖入窗体中，双击页面空白区域，进入代码视图，添加对 System.Data、System.Data.SqlClient 及 System.Configuration 命名空间的引用：

```
using System.Data;
using System.Data.SqlClient;
using System.Configuration;
```

（4）在 Page_Load 事件代码中补充如下代码：

```
if (! IsPostBack)
{
    string connString =
        ConfigurationManager.ConnectionStrings["ConnectionString"].ConnectionString;
    using (SqlConnection conn = new SqlConnection(connString))
    {
        string sql = "select * from ContactGroup";
        SqlCommand cmd = new SqlCommand(sql, conn);
        conn.Open();
        SqlDataReader reader = cmd.ExecuteReader();
        GridView1.DataSource = reader;        //指定 GridView 控件的数据源
```

```
            GridView1.DataBind();//绑定数据
            reader.Close();
        }
}
```

(5)运行程序,即在页面上显示 ContactGroup 表中的数据。

Demo9-4　使用参数化 SQL 语句实现联系人分组录入

▶ DEMO(项目名称:DemoSqlParameterXYY)

新建 ASP.NET Web 应用程序,编写程序,使用参数化 SQL 语句,实现 SQL Server Contacts 数据库 ContactGroup 表中数据的录入,页面运行效果如图 9-8 所示。

图 9-8　页面运行效果(3)

微课

使用参数化 SQL 语句
实现联系人分组录入

主要步骤

(1)新建项目(项目名称:DemoSqlParameterXYY)

用同样的方法,新建 ASP.NET 项目,项目名称为"DemoSqlParameterXYY",位置为"E:\Code_XYY\UnitXYY-09"。

(2)在 Visual Studio 中打开项目配置文件 Web.config,在 configuration 节点下增加连接字符串:

```
<connectionStrings>
    <add name="ConnectionString" connectionString="Data Source=.\sqlexpress;Initial Catalog
=Contacts;Integrated Security=True" providerName="System.Data.SqlClient"/>
</connectionStrings>
```

(3)在项目中添加 Web 窗体 Default.aspx,完成界面设计,双击页面空白区域,进入代码视图,添加对 System.Data、System.Data.SqlClient 及 System.Configuration 命名空间的引用:

```
using System.Data;
using System.Data.SqlClient;
using System.Configuration;
```

(4)在按钮的单击事件代码中补充如下代码:

```
string groupName = txtGroupName.Text.Trim();
string memo = txtGroupMemo.Text.Trim();
string connString =
    ConfigurationManager.ConnectionStrings["ConnectionString"].ConnectionString;
using (SqlConnection conn = new SqlConnection(connString))
{
    //定义参数化 SQL 语句
    string sql = "insert into ContactGroup values(@GroupName,@Memo)";
    SqlCommand cmd = new SqlCommand(sql, conn);
    cmd.Parameters.AddWithValue("@GroupName", groupName);
```

```
        cmd.Parameters.AddWithValue("@Memo", memo);
        conn.Open();
        //执行SQL语句
        int n = cmd.ExecuteNonQuery();
        if (n != 1)
        {
            Response.Write("添加分组失败!");
        }
        else
        {
            Response.Write("添加分组成功!");
        }
    }
```

(5)运行程序,测试程序功能。

在上面的代码中,我们通过调用 SqlCommand 对象中 Parameters 集合的 AddWithValue 方法生成 SqlParameter 对象,然后调用 SqlCommand 对象的 ExecuteNonQuery 方法执行参数化 SQL 语句。

Demo9-5 调用存储过程实现联系人分组录入

▶ DEMO(项目名称:DemoStoredProcedureXYY)

新建 ASP.NET Web 应用程序,编写程序,调用存储过程,实现 SQL Server Contacts 数据库 ContactGroup 表中数据的录入,页面运行效果与图 9-8 相同。

主要步骤

(1)在 SQL Server Contacts 数据库中新建录入联系人分组的存储过程 InsertContactGroup,SQL 语句如下:

```
USE [Contacts]
GO
CREATE Procedure [dbo].[InsertContactGroup]   /*新增分组*/
@GroupName nvarchar(50),
@Memo nvarchar(200)
As
begin
    insert into ContactGroup(GroupName,Memo) values(@GroupName,@Memo)
end
GO
```

(2)新建项目(项目名称:DemoStoredProcedureXYY)

用同样的方法,新建 ASP.NET 项目,项目名称为"DemoStoredProcedureXYY",位置为"E:\Code_XYY\UnitXYY-09"。

(3)在 Visual Studio 中打开项目配置文件 Web.config,在 configuration 节点下增加连接字符串:

```
<connectionStrings>
    <add name="ConnectionString" connectionString="Data Source=.\sqlexpress;Initial Catalog=Contacts;Integrated Security=True" providerName="System.Data.SqlClient"/>
</connectionStrings>
```

（4）在项目中添加 Web 窗体 Default.aspx，完成界面设计，双击页面空白区域，进入代码视图，添加对 System.Data、System.Data.SqlClient 及 System.Configuration 命名空间的引用：

```
using System.Data;
using System.Data.SqlClient;
using System.Configuration;
```

（5）在按钮的单击事件代码中补充如下代码：

```
string groupName = txtGroupName.Text.Trim();
string memo = txtGroupMemo.Text.Trim();
string connString =
    ConfigurationManager.ConnectionStrings["ConnectionString"].ConnectionString;
using (SqlConnection conn = new SqlConnection(connString))
{
    string sql = "InsertContactGroup";//存储过程名称
    SqlCommand cmd = new SqlCommand(sql, conn);
    cmd.CommandType = CommandType.StoredProcedure;
    cmd.Parameters.AddWithValue("@GroupName", groupName);
    cmd.Parameters.AddWithValue("@Memo", memo);
    conn.Open();
    int n = cmd.ExecuteNonQuery();
    if (n != 1)
    {
        Response.Write("添加分组失败!");
    }
    else
    {
        Response.Write("添加分组成功!");
    }
}
```

（6）运行程序，测试程序功能。

Demo9-6　使用 GridView 控件实现联系人信息管理

▶ **DEMO（项目名称：DemoGridViewContactMngXYY）**

新建 ASP.NET Web 应用程序，编写程序，实现 SQL Server Contacts 数据库 Contact 表中数据的分页显示、修改、录入、删除，页面运行效果如图 9-9 所示，单击表格中的"编辑"按钮，可以进入编辑页面，如图 9-10 所示；单击页面上的"录入"按钮，可以进入录入页面，如图 9-11 所示；在"选择"列勾选复选框，单击"删除选中的记录"按钮，可以批量删除数据。

图9-9　页面运行效果(4)

图9-10　编辑页面(1)　　　图9-11　录入页面(1)

主要步骤

(1)新建项目(项目名称:DemoGridViewContactMngXYY)

用同样的方法,新建 ASP.NET 项目,项目名称为"DemoGridViewContactMngXYY",位置为"E:\Code_XYY\UnitXYY-09"。

(2)在 Visual Studio 中打开项目配置文件 Web.config,在 configuration 节点下增加连接字符串:

```
＜connectionStrings＞
    ＜add name="ConnectionString" connectionString="Data Source=.\sqlexpress;Initial Catalog=Contacts;Integrated Security=True" providerName="System.Data.SqlClient"/＞
＜/connectionStrings＞
```

(3)在项目中添加 Web 窗体 Default.aspx,将 GridView 控件添加到页面上,取消"自动生成字段",通过智能标记,编辑列,添加 BoundField,设置各 BoundField 的属性:DataField、HeaderText,如图9-12所示。各字段设置见表9-11。

图9-12　编辑 BoundField

表 9-11　　　　　　　　　　　　BoundField 各属性设置

DataField	HeaderText
id	编号
name	姓名
phone	电话
email	邮箱
groupname	所在分组

（4）为 GridView 控件添加 HyperLinkField，该字段属性设置如图 9-13 所示。

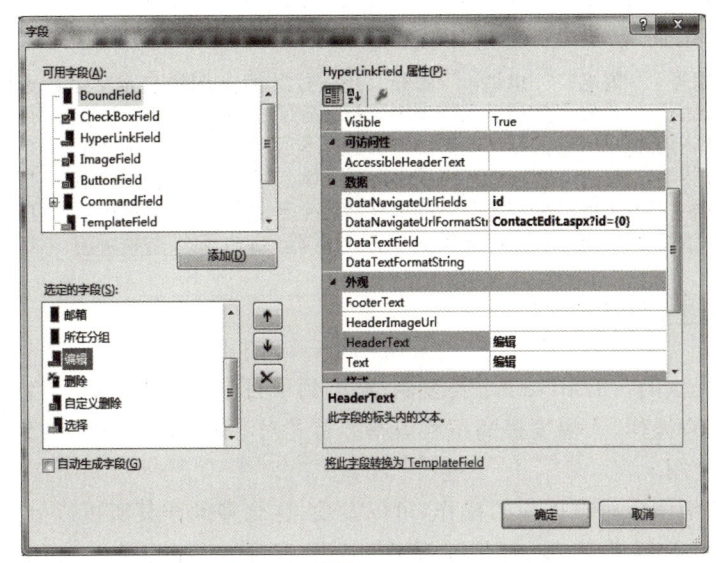

图 9-13　编辑 HyperLinkField

（5）为 GridView 控件添加 CommandField"删除"字段，如图 9-14 所示。

（6）为 GridView 控件添加 ButtonField，设置 HeaderText 属性为"自定义删除"，DataTextField 属性为"name"，DataTextFormatString 属性为"删除'{0}'的信息"，如图 9-15 所示。另设置 CommandName 属性为"del"。

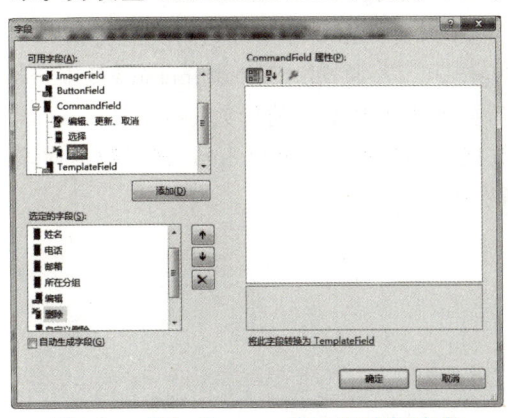

图 9-14　添加 CommandField"删除"字段　　　　图 9-15　添加 ButtonField

（7）为 GridView 控件添加 TemplateField。添加完模板列之后，在 GridView 控件的智

能标记菜单选择"编辑模板",将 CheckBox 控件添加到模板中,然后单击"结束模板编辑"菜单项完成模板的设计工作,如图 9-16 所示。

图 9-16 编辑模板

(8)设置 GridView 控件的 AllowPaging 属性为"True",DataKeyNames 属性为"id",PageSize 属性为"5"。并且将 2 个 Button 控件添加到页面上,设置其 Text 属性分别为"录入""删除选中的记录"。整个页面设计完成后的效果如图 9-17 所示。

图 9-17 页面设计效果(1)

(9)把教材提供的 SqlDbHelper 类复制、粘贴到项目中。接下来我们将使用该类完成对数据库的增删改查操作,大幅度提高编程效率。首先对 SqlDbHelper 类的代码做一些介绍,便于大家理解、使用。

如果我们细细体会对数据库的操作,可以发现,这么多操作其实可以分为下面四种:

①对数据库进行非连接式查询操作,返回多条查询记录。这种操作可以通过 SqlDataAdapter 对象的 Fill 方法来完成,即把查询得到的结果填充到 DataTable(或 DataSet)对象中。

②对数据库进行连接式查询操作,返回多条查询记录。这种操作可以通过 SqlCommand 对象的 ExecuteReader 方法来完成,返回 SqlDataReader 对象。

③从数据库中检索单个值。这种操作可以通过 SqlCommand 对象的 ExecuteScalar 方法来完成。ExecuteScalar 方法返回的是 Object 类型,需要根据实际情况进行类型转换。

④对数据库执行增删改操作。该操作可以通过 SqlCommand 对象的 ExecuteNonQuery 方法来完成,返回增删改操作后数据库中受影响的行数。

根据上面的分析,我们就可以自己编写一个数据库操作类 SqlDbHelper,把对数据库操作的方法封装成上面四种,便于程序调用,提高编程效率。

①添加命名空间

```
using System;
using System.Data;
using System.Configuration;
using System.Collections.Generic;
using System.Data.SqlClient;
using System.Text;
```

②读写数据库连接字符串

```
private static string connString =
    ConfigurationManager.ConnectionStrings["ConnectionString"].ConnectionString;
/// <summary>
///设置数据库连接字符串
/// </summary>
public static string ConnectionString
{
    get { return connString; }
    set { connString = value; }
}
```

上述代码的作用是读取配置文件中的连接字符串。为了进一步符合面向对象编程中"封装"的思想,我们通过 ConnectionString 属性来读取并设置连接字符串。

③编写 ExecuteDataTable 方法

下面我们来编写对数据库进行非连接式查询操作的方法,用于获取多条查询记录。

```
public static DataTable ExecuteDataTable(string commandText, CommandType commandType,
SqlParameter[] parameters)
{
    DataTable data = new DataTable();//实例化 DataTable,用于装载查询结果
    using (SqlConnection connection = new SqlConnection(connString))
    {
        using (SqlCommand command = new SqlCommand(commandText, connection))
        {
            //设置 command 的 CommandType 为指定的 commandType
            command.CommandType = commandType;
            //若同时传入了参数,则添加这些参数
            if (parameters != null)
            {
                foreach (SqlParameter parameter in parameters)
                {
                    command.Parameters.Add(parameter);
                }
            }
            //通过包含查询 SQL 的 SqlCommand 实例来实例化 SqlDataAdapter
            SqlDataAdapter adapter = new SqlDataAdapter(command);
            adapter.Fill(data);//填充 DataTable
        }
    }
    return data;
}
```

上述方法的返回值为 DataTable,用于表示查询结果。同时 ExecuteDataTable 方法包含了三个参数:commandText 表示要执行的 SQL 语句;commandType 表示要执行的查询

语句的类型,如存储过程或 SQL 文本命令；parameters 表示 SQL 语句或存储过程的参数数组。

为便于方法调用,提高开发速度,我们再编写两个重载的 ExecuteDataTable 方法：

```
public static DataTable ExecuteDataTable(string commandText)
{
    return ExecuteDataTable(commandText, CommandType.Text, null);
}
public static DataTable ExecuteDataTable(string commandText, CommandType commandType)
{
    return ExecuteDataTable(commandText, commandType, null);
}
```

如果存储过程或 SQL 文本命令中没有参数,那么我们只需调用这两个方法即可。

④编写 ExecuteReader 方法

下面我们来编写对数据库进行连接式查询操作的方法,用于获取多条查询记录。

```
public static SqlDataReader ExecuteReader(string commandText, CommandType commandType, SqlParameter[] parameters)
{
    SqlConnection connection = new SqlConnection(connString);
    SqlCommand command = new SqlCommand(commandText, connection);
    //设置 command 的 CommandType 为指定的 commandType
    command.CommandType = commandType;
    //若同时传入了参数,则添加这些参数
    if (parameters != null)
    {
        foreach (SqlParameter parameter in parameters)
        {
            command.Parameters.Add(parameter);
        }
    }
    connection.Open();
    //CommandBehavior.CloseConnection 参数指示关闭 Reader 对象时关闭与其关联的 Connection
    //对象
    return command.ExecuteReader(CommandBehavior.CloseConnection);
}
```

上述方法的返回值为 SqlDataReader,用于表示查询结果。同时 ExecuteReader 方法包含了三个参数：commandText 表示要执行的 SQL 语句；commandType 表示要执行的查询语句的类型,如存储过程或 SQL 文本命令；parameters 表示 SQL 语句或存储过程的参数数组。

为便于方法调用,提高开发速度,我们再编写两个重载的 ExecuteReader 方法：

```
public static SqlDataReader ExecuteReader(string commandText)
{
    return ExecuteReader(commandText, CommandType.Text, null);
```

单元 9 数据高级处理

```
}
public static SqlDataReader ExecuteReader(string commandText, CommandType commandType)
{
    return ExecuteReader(commandText, commandType, null);
}
```

如果存储过程或 SQL 文本命令中没有参数,那么我们只需调用这两个方法即可。

⑤编写 ExecuteScalar 方法

下面我们来编写从数据库中检索单个值的 ExecuteScalar 方法。

```
public static Object ExecuteScalar(string commandText, CommandType commandType,
SqlParameter[] parameters)
{
    object result = null;
    using (SqlConnection connection = new SqlConnection(connString))
    {
        using (SqlCommand command = new SqlCommand(commandText, connection))
        {
            //设置 command 的 CommandType 为指定的 commandType
            command.CommandType = commandType;
            //若同时传入了参数,则添加这些参数
            if (parameters != null)
            {
                foreach (SqlParameter parameter in parameters)
                {
                    command.Parameters.Add(parameter);
                }
            }
            connection.Open();//打开数据库连接
            result = command.ExecuteScalar();
        }
    }
    return result;//返回查询结果的第一行第一列,忽略其他行和列
}
```

上述方法的返回值为 Object 类型,表示从数据库中检索到的单个值(例如一个聚合值)。同时 ExecuteScalar 方法包含了三个参数:commandText 表示要执行的 SQL 语句;commandType 表示要执行的查询语句的类型,如存储过程或 SQL 文本命令;parameters 表示 SQL 语句或存储过程的参数数组。

为便于方法调用,提高开发速度,我们再编写两个重载的 ExecuteScalar 方法:

```
public static Object ExecuteScalar(string commandText)
{
    return ExecuteScalar(commandText, CommandType.Text, null);
}
public static Object ExecuteScalar(string commandText, CommandType commandType)
```

```
    {
        return ExecuteScalar(commandText, commandType, null);
    }
```

如果存储过程或 SQL 文本命令中没有参数,那么我们只需调用这两个方法即可。

⑥编写 ExecuteNonQuery 方法

下面我们来编写对数据库执行增删改操作的 ExecuteNonQuery 方法。

```
public static int ExecuteNonQuery(string commandText, CommandType commandType, SqlParameter[] parameters)
{
    int count = 0;
    using (SqlConnection connection = new SqlConnection(connString))
    {
        using (SqlCommand command = new SqlCommand(commandText, connection))
        {
            //设置 command 的 CommandType 为指定的 commandType
            command.CommandType = commandType;
            //若同时传入了参数,则添加这些参数
            if (parameters != null)
            {
                foreach (SqlParameter parameter in parameters)
                {
                    command.Parameters.Add(parameter);
                }
            }
            connection.Open();//打开数据库连接
            count = command.ExecuteNonQuery();
        }
    }
    return count;//返回执行增删改操作之后,数据库中受影响的行数
}
```

上述方法的返回值为 int 类型,表示执行增删改操作之后数据库中受影响的行数。同时 ExecuteNonQuery 方法包含了三个参数:commandText 表示要执行的 SQL 语句,commandType 表示要执行的查询语句的类型,如存储过程或 SQL 文本命令;parameters 表示 SQL 语句或存储过程的参数数组。

为便于方法调用,提高开发速度,我们再编写两个重载的 ExecuteNonQuery 方法:

```
public static int ExecuteNonQuery(string commandText)
{
    return ExecuteNonQuery(commandText, CommandType.Text, null);
}
public static int ExecuteNonQuery(string commandText, CommandType commandType)
{
    return ExecuteNonQuery(commandText, commandType, null);
}
```

单元 9　数据高级处理

如果存储过程或 SQL 文本命令中没有参数，那么我们只需调用这两个方法即可。

通过上述步骤，我们便完成了自定义数据库操作类 SqlDbHelper 的编写。为了便于方法调用，我们给这些方法都加了 static 关键字，将它们定义成静态方法。这样，在调用这些方法时，就不用产生 SqlDbHelper 类的对象，可以通过类名直接调用。

（10）完成界面设计，双击页面空白区域，进入代码视图，添加对 System.Data 及 System.Data.SqlClient 命名空间的引用：

```
using System.Data;
using System.Data.SqlClient;
```

（11）在代码视图中编写如下的 BindData() 方法，为 GridView 控件完成数据绑定。

```
private void BindData()
{
    string sql = "select contact.id, name, phone, email, groupname from contact inner join contactgroup on contact.groupid=contactgroup.id";
    DataTable dt = SqlDbHelper.ExecuteDataTable(sql);
    GridView1.DataSource = dt;
    GridView1.DataBind();
}
```

然后，在 Page_Load 事件中调用 BindData() 方法，实现数据的显示。

```
if (! IsPostBack)
{
    BindData();
}
```

（12）处理 GridView 控件的 PageIndexChanging 事件，完成分页功能，补充代码如下：

GridView1.PageIndex = e.NewPageIndex;
BindData();

（13）当用户单击"删除"按钮时，会触发 RowDeleting 事件，我们通过编写 RowDeleting 事件处理代码，实现删除记录功能。代码如下：

```
int rowIndex = e.RowIndex;
//获取主键
int id = Convert.ToInt32(GridView1.DataKeys[rowIndex].Value);
string sql = "delete from Contact where id=@id";
SqlParameter[] sp = {
    new SqlParameter("@id", id)};
SqlDbHelper.ExecuteNonQuery(sql, CommandType.Text, sp);
BindData();
```

2-删除记录的三种操作

（14）当用户单击 ButtonField 时，会触发 GridView 控件的 RowCommand 事件，其参数 e 有以下重要属性：

e.CommandName 属性表明是哪一个按钮被单击。

e.CommandArgument 属性表明是哪一行。

可以通过编写 RowCommand 事件处理代码，实现自定义删除记录功能。代码如下：

```csharp
if (e.CommandName == "del")
{
    int rowIndex = Convert.ToInt32(e.CommandArgument);
    //获取主键
    int id = Convert.ToInt32(GridView1.DataKeys[rowIndex].Value);
    string sql = "delete from Contact where id=@id";
    SqlParameter[] sp = {
            new SqlParameter("@id", id)};
    SqlDbHelper.ExecuteNonQuery(sql, CommandType.Text, sp);
}
BindData();
```

(15)处理"录入"按钮的单击事件，补充代码如下：

```csharp
Response.Redirect("ContactAdd.aspx");      //转到记录编辑页面
```

(16)处理"删除选中的记录"按钮的单击事件，完成批量删除功能。要补充的代码如下：

```csharp
string sb = String.Empty;
foreach (GridViewRow gvr in GridView1.Rows)
{
    //判断是否为数据行
    if (gvr.RowType == DataControlRowType.DataRow)
    {
        //根据模板列中的控件ID查找指定的控件
        CheckBox chk = gvr.FindControl("CheckBox1") as CheckBox;
        if ((chk != null) && chk.Checked)
            //取出选中行的主键,加入到字符串中
            sb += GridView1.DataKeys[gvr.RowIndex].Value + ",";
    }
}
if (sb.Length > 0)
{
    sb = sb.Substring(0, sb.Length - 1);//去除字符串最后的","号
    string sql = "delete from contact" + " where id in(" + sb + ")";
    SqlDbHelper.ExecuteNonQuery(sql);
    BindData();
}
```

(17)新建数据录入页面ContactAdd.aspx，按照图9-11完成数据录入页面的设计。进入代码视图，添加对System.Data及System.Data.SqlClient命名空间的引用：

```csharp
using System.Data;
using System.Data.SqlClient;
```

首先编写BindGroup()方法，完成分组下拉列表框的数据绑定，代码如下：

```csharp
private void BindGroup()
{
    string sql = "select id,groupname from contactgroup";
```

```
    DataTable dt = SqlDbHelper.ExecuteDataTable(sql);
    DropDownList1.DataTextField = "groupname";
    DropDownList1.DataValueField = "id";
    DropDownList1.DataSource = dt;
    DropDownList1.DataBind();
}
```

然后,在 Page_Load 事件中调用 BindGroup()方法,实现分组的显示。

```
if(! IsPostBack)
{
    BindGroup();//绑定分组下拉列表框
}
```

处理"保存"按钮的单击事件,补充代码如下:

```
if(txtName.Text == "")
{
    lblMsg.Text = "姓名不能为空";
    return;
}
string sql = "insert into contact(name,phone,email,groupid)
        values(@name,@phone,@email,@groupid)";
SqlParameter[] sp = {new SqlParameter("@name", txtName.Text),
        new SqlParameter("@phone", txtPhone.Text),
        new SqlParameter("@email", txtEmail.Text),
        new SqlParameter("@groupid",
        Convert.ToInt32(DropDownList1.SelectedValue))};
SqlDbHelper.ExecuteNonQuery(sql, CommandType.Text, sp);
Response.Redirect("Default.aspx");
```

处理"返回"按钮的单击事件,补充代码如下:

```
Response.Redirect("Default.aspx");
```

(18)新建数据修改页面 ContactEdit.aspx,按照图 9-10 完成数据修改页面的设计。进入代码视图,添加对 System.Data 及 System.Data.SqlClient 命名空间的引用:

```
using System.Data;
using System.Data.SqlClient;
```

首先编写 BindGroup()方法,完成分组下拉列表框的数据绑定,代码如下:

```
private void BindGroup()
{
    string sql = "select id,groupname from contactgroup";
    DataTable dt = SqlDbHelper.ExecuteDataTable(sql);
    DropDownList1.DataTextField = "groupname";
    DropDownList1.DataValueField = "id";
    DropDownList1.DataSource = dt;
    DropDownList1.DataBind();
}
```

然后,在 Page_Load 事件中补充如下代码,实现数据的显示。

```csharp
if (string.IsNullOrEmpty(Request.QueryString["id"]))
{
    Response.Redirect("Default.aspx");
}
if (! IsPostBack)
{
    string id = Request.QueryString["id"];            //获取主键
    lblID.Text = id;
    BindGroup();                                      //绑定分组下拉列表框
    string sql = "select id,name,phone,email,groupid from contact where id=@id";
    SqlParameter[] sp = { new SqlParameter("@id", Convert.ToInt32(id))};
    using (SqlDataReader dr = SqlDbHelper.ExecuteReader(sql, CommandType.Text, sp))
    {
        if (dr.Read())
        {
            txtName.Text = dr["name"].ToString();
            txtPhone.Text = dr["phone"].ToString();
            txtEmail.Text = dr["email"].ToString();
            //选中相应的分组
            DropDownList1.SelectedValue = dr["groupid"].ToString();
        }
    }
}
```

处理"保存"按钮的单击事件,补充代码如下:

```csharp
if(txtName.Text=="")
{
    lblMsg.Text = "姓名不能为空";
    return;
}
string sql = "update contact set
    name=@name,phone=@phone,email=@email,groupid=@groupid where id=@id";
SqlParameter[] sp = {new SqlParameter("@name", txtName.Text),
           new SqlParameter("@phone", txtPhone.Text),
           new SqlParameter("@email", txtEmail.Text),
           new SqlParameter("@groupid",
           Convert.ToInt32(DropDownList1.SelectedValue)),
           new SqlParameter("@id", Convert.ToInt32(lblID.Text))};
SqlDbHelper.ExecuteNonQuery(sql, CommandType.Text, sp);
Response.Redirect("Default.aspx");
```

处理"返回"按钮的单击事件,补充代码如下:

```csharp
Response.Redirect("Default.aspx");
```

(19)运行程序,测试各项功能。

上述案例是一个比较综合的例子,直观展示了在实际项目开发中运用比较广泛的 GridView 控件的各项重要功能,大家一定要细细揣摩、认真理解。

Demo9-7 使用 Repeater 控件实现联系人信息管理

▶ **DEMO**(项目名称:**DemoRepeaterContactXYY**)

新建 ASP.NET Web 应用程序,编写程序,使用 Repeater 控件实现 SQL Server Contacts 数据库 Contact 表中数据的分页、显示及删除功能,页面运行效果如图 9-18 所示。

图 9-18 页面运行效果(5)

主要步骤

(1)在 SQL Server Contacts 数据库中新建分页存储过程 GetPageData,SQL 语句如下:

```
USE [Contacts]
GO
create procedure GetPageData
(@startIndex int,
@endIndex int
)
as
begin
with temptbl as (
SELECT ROW_NUMBER() OVER (ORDER BY contact.id) AS Row, contact.id, name, phone, email, groupname from contact inner join contactgroup on contact.groupid=contactgroup.id)
SELECT * FROM temptbl where Row between @startIndex and @endIndex
end
GO
```

(2)新建项目(项目名称:DemoRepeaterContactXYY)

用同样的方法,新建 ASP.NET 项目,项目名称为"DemoRepeaterContactXYY",位置为"E:\Code_XYY\UnitXYY-09"。

(3)在 Visual Studio 中打开项目配置文件 Web.config,在 configuration 节点下增加连接字符串:

```
<connectionStrings>
    <add name="ConnectionString" connectionString="Data Source=.\sqlexpress;Initial Catalog=Contacts;Integrated Security=True" providerName="System.Data.SqlClient"/>
</connectionStrings>
```

(4)新建 Default.aspx 页面,把 Repeater 控件添加到页面上,切换到源视图,编写 Repeater 控件的布局、格式设置程序,代码如下:

```
<asp:Repeater ID="Repeater1" runat="server">
    <HeaderTemplate>
        <table>
            <tr><td>联系人</td><td>电话</td><td>邮箱</td><td>分组</td><td>操作</td></tr>
    </HeaderTemplate>
    <ItemTemplate>
<tr><td><%# Eval("Name")%></td><td><%# Eval("Phone")%></td>
<td><%# Eval("Email")%></td><td><%# Eval("groupname")%></td>
<td><asp:LinkButton ID="btnDel" runat="server" OnClientClick='return confirm("确定删除?")'
CommandName="del" CommandArgument='<%# Eval("ID")%>'>删 除</asp:LinkButton>
</td></tr>
    </ItemTemplate>
    <FooterTemplate>
        </table>
    </FooterTemplate>
</asp:Repeater>
```

同时,在页面头部编写表格样式:

```
<style type="text/css">
    table {
        border-collapse: collapse;
    }
    td {
        border: 1px solid black;
        height: 22px;
    }
</style>
```

(5)同样的,把教材提供的 SqlDbHelper 类复制、粘贴到项目中。接下来使用该类完成对数据库的增删改查操作。

(6)由于 Repeater 控件本身不提供分页功能,所以我们在本项目中采用 AspNetPager 控件实现数据的分页显示。AspNetPager 是一款优秀的开源分页控件,使用该控件进行数据源分页时,关键是设置该控件的 RecordCount、StartRecordIndex 和 EndRecordIndex 属性和处理 PageChanged 事件。在 Visual Studio 的工具箱中添加一个 AspNetPager 选项卡,然后在该选项卡下右击,在弹出的快捷菜单中选择"选择项",在出现的对话框中单击"浏览"按钮,找到本书提供的 AspNetPager.dll,即把 AspNetPager 控件添加到工具箱中。接着把工具箱中的 AspNetPager 控件添加到页面上,设置 AspNetPager 的 PageSize 属性为 5,即每页显示 5 条记录。然后进入代码视图,添加对 System.Data、System.Data.SqlClient 及 System.Configuration 命名空间的引用:

```csharp
using System.Data;
using System.Data.SqlClient;
using System.Configuration;
```

(7)编写获取记录总数的 GetRecordCount() 方法
```csharp
int GetRecordCount()
{
    string sql = "select count(*)from contact";
    return Convert.ToInt32(SqlDbHelper.ExecuteScalar(sql));
}
```

(8)编写实现数据绑定的 BindData() 方法
```csharp
private void BindData()
{
    AspNetPager1.RecordCount = GetRecordCount();//总记录数
    string sql = "GetPageData";//分页存储过程名称
    SqlParameter[] sp ={new SqlParameter("@startIndex", AspNetPager1.StartRecordIndex),
                        new SqlParameter("@endIndex", AspNetPager1.EndRecordIndex)};
    DataTable dt = SqlDbHelper.ExecuteDataTable(sql, CommandType.StoredProcedure, sp);
    Repeater1.DataSource = dt;
    Repeater1.DataBind();
}
```

(9)在 Page_Load 方法中调用 BindData() 方法
```csharp
if(! IsPostBack)
{
    BindData();
}
```

(10)处理 AspNetPager 控件的 PageChanged 事件
```csharp
protected void AspNetPager1_PageChanged(object sender, EventArgs e)
{
    BindData();
}
```

(11)处理 Repeater 控件的 ItemCommand 事件,当用户单击"删除"按钮时会触发该事件。
```csharp
protected void Repeater1_ItemCommand(object source, RepemandEventArgs e)
{
    if(e.CommandName=="del")
    {
        int id = Convert.ToInt32(e.CommandArgument);
        string sql = "delete from Contact where id=@id";
        SqlParameter[] sp = {new SqlParameter("@id", id)};
        SqlDbHelper.ExecuteNonQuery(sql, CommandType.Text, sp);
        BindData();
    }
}
```

(12) 运行程序，测试程序功能。

在上面的项目中，我们通过 AspNetPager 控件结合分页存储过程实现了数据的分页显示，其思路是显示哪一页数据，就从数据库中提取这一页的数据并提供给 Repeater 控件显示，从而提高了程序性能。

Demo9-8　开发基于三层架构的 ASP.NET Web 应用程序，实现联系人信息管理

➢ **DEMO**（项目名称：DemoThreeLayerWebAppXYY、DemoThreeLayerDALXYY、DemoThreeLayerBLLXYY、DemoThreeLayerModelXYY）

开发基于三层架构的 ASP.NET Web 应用程序，实现 SQL Server Contacts 数据库 Contact 表中数据的分页显示及删除功能，页面运行效果如图 9-19 所示，单击表格中的"编辑"按钮，可以进入编辑页面，如图 9-20 所示；单击页面上的"新增"按钮，可以进入录入页面，如图 9-21 所示。

图 9-19　页面运行效果（6）

图 9-20　编辑页面（2）　　　图 9-21　录入页面（2）

开发基于三层架构的 ASP.NET 应用程序，实现联系人信息管理

主要步骤

（1）Visual Studio 中新建类库项目 DemoThreeLayerDALXYY，如图 9-22 所示。继续添加类库项目 DemoThreeLayerBLLXYY、DemoThreeLayerModelXYY 以及 ASP.NET Web 应用程序 DemoThreeLayerWebAppXYY。整个解决方案包含的项目及其说明见表 9-12。

图 9-22　新建类库项目

表 9-12　　解决方案包含的项目及其说明

项目名称	说明
DemoThreeLayerWebAppXYY	ASP.NET Web 应用程序,表示层
DemoThreeLayerBLLXYY	类库项目,业务逻辑层
DemoThreeLayerDALXYY	类库项目,数据访问层
DemoThreeLayerModelXYY	类库项目,业务实体层

(2)采用三层架构开发软件,各层之间存在着依赖关系。因此,需要添加某一层对其他层的项目引用。

①由于业务实体层 DemoThreeLayerModelXYY 类库项目用于在各层之间传递数据,所以需要添加数据访问层 DemoThreeLayerDALXYY 类库项目对 DemoThreeLayerModelXYY 类库项目的引用,如图 9-23 所示。

图 9-23　添加项目引用

②添加业务逻辑层 DemoThreeLayerBLLXYY 类库项目对 DemoThreeLayerModelXYY 类库项目的引用。同时,由于业务逻辑层依赖于数据访问层,所以要添加 DemoThreeLayerBLLXYY 类库项目对 DemoThreeLayerDALXYY 类库项目的引用。

③添加表示层 DemoThreeLayerWebAppXYY 项目对 DemoThreeLayerModelXYY 类库项目的引用。同时由于表示层依赖于业务逻辑层,所以要添加表示层 DemoThreeLayerWebAppXYY 项目对 DemoThreeLayerBLLXYY 类库项目的引用。

(3)编写 DemoThreeLayerModelXYY 层代码,新建类 Contact,代码如下:

```
public class Contact
{
    public int Id { get; set; }//编号
    public string Name { get; set; }//姓名
    public string Phone { get; set; }//电话
    public int GroupId { get; set; }//分组编号
}
```

（4）编写 DemoThreeLayerDALXYY 层代码。

①添加 DemoThreeLayerDALXYY 类库项目对程序集 System.Configuration 的引用，如图 9-24 所示。

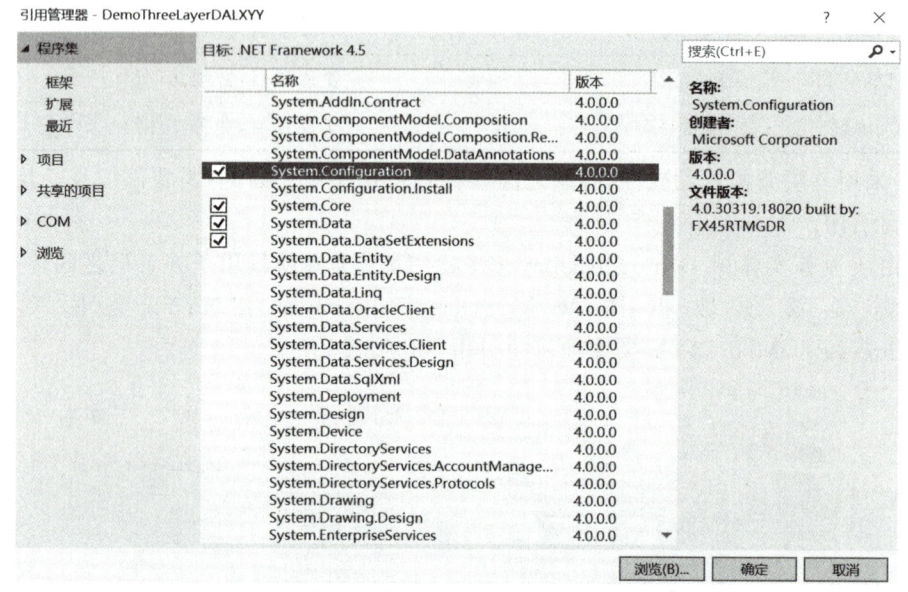

图 9-24　添加对程序集 System.Configuration 的引用

②同样的，把教材提供的 SqlDbHelper 类复制、粘贴到项目中。接下来使用该类完成对数据库的增删改查操作。

③新建类 ContactGroup，首先添加对命名空间 System.Data 的引用：

```
using System.Data;
```

然后定义方法 GetAll()，用于获取所有的分组信息，代码如下：

```
public class ContactGroup
{
    //返回 DataTable,查询分组编号、名称及备注
    public DataTable GetAll()
    {
        string sql = "select id,groupname,memo from ContactGroup";
        return SqlDbHelper.ExecuteDataTable(sql);
    }
}
```

④编写类 Contact，首先添加对命名空间 System.Data、System.Data.SqlClient 的引用：

```
using System.Data;
using System.Data.SqlClient;
```

然后定义各个方法，用于操作联系人信息，代码如下：

```
public class Contact
{
    //返回 DataTable,查询联系人编号、姓名、电话及所在分组名称
    public DataTable GetAll()
```

```csharp
        {
            string sql = "select Contact.id,name,phone,groupname from Contact Inner join ContactGroup on Contact.GroupId=ContactGroup.id";
            return SqlDbHelper.ExecuteDataTable(sql);
        }
        //根据传入的联系人编号,删除该联系人信息
        public int Delete(int id)
        {
            string sql = "delete from contact where id=@id";
            SqlParameter[] sp = { new SqlParameter("@id", id)};
            return SqlDbHelper.ExecuteNonQuery(sql, CommandType.Text, sp);
        }
        //将传入的联系人信息保存到数据库中
        public int Add(DemoThreeLayerModelXYY.Contact model)
        {
            string sql = "insert into contact(name,phone,groupid) values(@name,@phone,@groupid)";
            SqlParameter[] sp ={new SqlParameter("@name",model.Name)
                               ,new SqlParameter("@phone",model.Phone)
                               ,new SqlParameter("@groupid",model.GroupId)};
            return SqlDbHelper.ExecuteNonQuery(sql, CommandType.Text, sp);
        }
        //根据传入的id,返回该联系人信息
        public DemoThreeLayerModelXYY.Contact GetContact(int id)
        {
            string sql = "select * from contact where id=@id";
            SqlParameter[] sp = { new SqlParameter("@id", id)};
            DataTable dt = SqlDbHelper.ExecuteDataTable(sql, CommandType.Text, sp);
            DemoThreeLayerModelXYY.Contact model
                            = new DemoThreeLayerModelXYY.Contact();
            if (dt.Rows.Count > 0)
            {
                model.Id = Convert.ToInt32(dt.Rows[0]["id"]);
                model.Name = dt.Rows[0]["Name"].ToString();
                model.Phone = dt.Rows[0]["Phone"].ToString();
                model.GroupId = Convert.ToInt32(dt.Rows[0]["GroupId"]);
            }
            return model;
        }
        //根据传入的联系人信息,更新数据库
        public int Update(DemoThreeLayerModelXYY.Contact model)
        {
            string sql = "update contact set name=@name,phone=@phone,groupid=@groupid where id=@id";
```

```
            SqlParameter[] sp ={new SqlParameter("@name",model.Name)
                              ,new SqlParameter("@phone",model.Phone)
                              ,new SqlParameter("@groupid",model.GroupId)
                              ,new SqlParameter("@id",model.Id)};
            return SqlDbHelper.ExecuteNonQuery(sql,CommandType.Text,sp);
        }
    }
```

(5) 编写 DemoThreeLayerBLLXYY 层代码。

①编写 ContactGroup 类，首先添加对命名空间 System.Data 的引用：

using System.Data;

然后编写 GetAll 方法，调用数据访问层的 GetAll 方法，返回所有的分组信息，代码如下：

```
public class ContactGroup
{
    public DataTable GetAll()
    {
        DemoThreeLayerDALXYY.ContactGroup dal
                = new DemoThreeLayerDALXYY.ContactGroup();
        return dal.GetAll();
    }
}
```

②编写 Contact 类，首先添加对命名空间 System.Data 的引用：

using System.Data;

然后定义各个方法，通过调用数据访问层的方法完成数据库操作。

```
public class Contact
{
    DemoThreeLayerDALXYY.Contact dal
            = new DemoThreeLayerDALXYY.Contact();
    public DataTable GetAll()
    {
        return dal.GetAll();
    }
    public int Delete(int id)
    {
        return dal.Delete(id);
    }
    public int Add(DemoThreeLayerModelXYY.Contact model)
    {
        return dal.Add(model);
    }
    public DemoThreeLayerModelXYY.Contact GetContact(int id)
    {
```

```
            return dal.GetContact(id);
        }
        public int Update(DemoThreeLayerModelXYY.Contact model)
        {
            return dal.Update(model);
        }
    }
```

(6)完成 DemoThreeLayerWebAppXYY 项目的编写。

①在 Visual Studio 中打开项目配置文件 Web.config,在 configuration 节点下增加连接字符串:

```
<connectionStrings>
    <add name="ConnectionString" connectionString="Data Source=.\sqlexpress;Initial Catalog
= Contacts; Integrated Security=True" providerName="System.Data.SqlClient"/>
</connectionStrings>
```

②新建 Default.aspx 页面,完成页面设计,如图 9-25 所示。

编号	姓名	电话	分组名称	删除	编辑
数据绑定	数据绑定	数据绑定	数据绑定	删除	编辑
数据绑定	数据绑定	数据绑定	数据绑定	删除	编辑
数据绑定	数据绑定	数据绑定	数据绑定	删除	编辑
数据绑定	数据绑定	数据绑定	数据绑定	删除	编辑
数据绑定	数据绑定	数据绑定	数据绑定	删除	编辑
1 2					

新增

图 9-25 页面设计效果(2)

其中 GridView 控件的前台代码如下:

```
<asp:GridView ID="GridView1" runat="server" AutoGenerateColumns="False"
        DataKeyNames =" id" onrowdeleting =" GridView1 _ RowDeleting" AllowPaging =" True"
OnPageIndexChanging="GridView1_PageIndexChanging" PageSize="5">
    <Columns>
        <asp:BoundField DataField="Id" HeaderText="编号" />
        <asp:BoundField DataField="Name" HeaderText="姓名" />
        <asp:BoundField DataField="Phone" HeaderText="电话" />
        <asp:BoundField DataField="GroupName" HeaderText="分组名称" />
        <asp:CommandField HeaderText="删除" ShowDeleteButton="True" />
        <asp:HyperLinkField DataNavigateUrlFields="id"
            DataNavigateUrlFormatString="ContactEdit.aspx? id={0}" HeaderText="编辑"
            Text="编辑" />
    </Columns>
</asp:GridView>
```

③完成 Default.aspx 页面后台代码的编写。

首先添加对 System.Data 命名空间的引用:

```
using System.Data;
```

编写 Fill 方法,用于绑定 GridView 控件:

```csharp
private void Fill()
{
    DemoThreeLayerBLLXYY.Contact bll = new DemoThreeLayerBLLXYY.Contact();
    DataTable dt = bll.GetAll();//调用DemoThreeLayerBLLXYY层方法
    GridView1.DataSource = dt;
    GridView1.DataBind();
}
```

在Page_Load事件中调用Fill方法，完成数据的显示：

```csharp
protected void Page_Load(object sender, EventArgs e)
{
    if (!IsPostBack)
    {
        Fill();
    }
}
```

处理GridView控件的PageIndexChanging事件，完成数据的分页显示：

```csharp
protected void GridView1_PageIndexChanging(object sender, GridViewPageEventArgs e)
{
    GridView1.PageIndex = e.NewPageIndex;
    Fill();
}
```

处理GridView控件的RowDeleting事件，完成数据的删除功能：

```csharp
protected void GridView1_RowDeleting(object sender, GridViewDeleteEventArgs e)
{
    int id = Convert.ToInt32(GridView1.DataKeys[e.RowIndex].Value);
    DemoThreeLayerBLLXYY.Contact bll = new DemoThreeLayerBLLXYY.Contact();
    bll.Delete(id);
    Fill();
}
```

处理"新增"按钮的单击事件：

```csharp
protected void btnAdd_Click(object sender, EventArgs e)
{
    Response.Redirect("ContactAdd.aspx");
}
```

④新建ContactAdd.aspx页面，如图9-26所示，完成数据的录入。

图9-26 页面设计效果(3)

首先添加对System.Data命名空间的引用：

```csharp
using System.Data;
```

在 Page_Load 事件中调用 DemoThreeLayerBLLXYY 层 ContactGroup 类的 GetAll 方法,用于绑定分组下拉列表:

```
protected void Page_Load(object sender, EventArgs e)
{
    if (! IsPostBack)
    {
        DemoThreeLayerBLLXYY.ContactGroup bll
                        = new DemoThreeLayerBLLXYY.ContactGroup();
        DataTable dt = bll.GetAll();
        ddlGroup.DataTextField = "groupname";
        ddlGroup.DataValueField = "id";
        ddlGroup.DataSource = dt;
        ddlGroup.DataBind();
    }
}
```

处理"录入"按钮的单击事件,调用 DemoThreeLayerBLLXYY 层 Contact 类的 Add 方法显示数据录入功能:

```
protected void btnAdd_Click(object sender, EventArgs e)
{
    DemoThreeLayerModelXYY.Contact model
                        = new DemoThreeLayerModelXYY.Contact();
    model.Name = txtName.Text;
    model.Phone = txtPhone.Text;
    model.GroupId = Convert.ToInt32(ddlGroup.SelectedValue);
    DemoThreeLayerBLLXYY.Contact bll = new DemoThreeLayerBLLXYY.Contact();
    bll.Add(model);
    Response.Redirect("Default.aspx");
}
```

处理"返回"按钮的单击事件:

```
protected void btnCancel_Click(object sender, EventArgs e)
{
    Response.Redirect("Default.aspx");
}
```

⑤新建 ContactEdit.aspx 页面,如图 9-27 所示,完成数据修改功能。

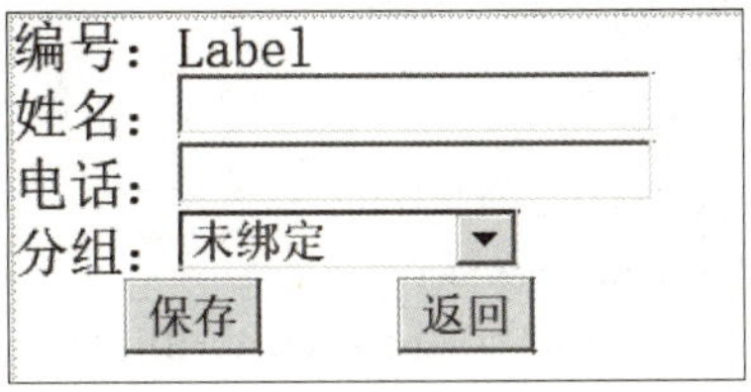

图 9-27 页面设计效果(4)

首先添加对 System.Data 命名空间的引用:

```
using System.Data;
```

在 Page_Load 事件中调用 DemoThreeLayerBLLXYY 层 ContactGroup 类的 GetAll 方法绑定分组下拉列表，并通过 DemoThreeLayerBLLXYY 层 Contact 类的 GetContact 方法，显示联系人信息：

```csharp
protected void Page_Load(object sender, EventArgs e)
{
    string id = Request.QueryString["id"];
    if (string.IsNullOrEmpty(id))
    {
        Response.Redirect("Default.aspx");
    }
    lblId.Text = id;
    if (!IsPostBack)
    {
        DemoThreeLayerBLLXYY.ContactGroup bll
                       = new DemoThreeLayerBLLXYY.ContactGroup();
        DataTable dt = bll.GetAll();
        ddlGroup.DataTextField = "groupname";
        ddlGroup.DataValueField = "id";
        ddlGroup.DataSource = dt;
        ddlGroup.DataBind();
        //根据 id，显示该联系人详细信息
        DemoThreeLayerBLLXYY.Contact contact
                       = new DemoThreeLayerBLLXYY.Contact();
        DemoThreeLayerModelXYY.Contact model
                       = contact.GetContact(Convert.ToInt32(id));
        txtName.Text = model.Name;
        txtPhone.Text = model.Phone;
        ddlGroup.SelectedValue = model.GroupId.ToString();
    }
}
```

处理"保存"按钮的单击事件，调用 DemoThreeLayerBLLXYY 层 Contact 类的 Update 方法实现数据更新功能：

```csharp
protected void btnSave_Click(object sender, EventArgs e)
{
    DemoThreeLayerModelXYY.Contact model
                   = new DemoThreeLayerModelXYY.Contact();
    model.Id = Convert.ToInt32(lblId.Text);
    model.Name = txtName.Text;
    model.Phone = txtPhone.Text;
    model.GroupId = Convert.ToInt32(ddlGroup.SelectedValue);
    DemoThreeLayerBLLXYY.Contact contact
                   = new DemoThreeLayerBLLXYY.Contact();
    contact.Update(model);
    Response.Redirect("Default.aspx");
}
```

处理"返回"按钮的单击事件：

```
protected void btnCancel_Click(object sender, EventArgs e)
{
    Response.Redirect("Default.aspx");
}
```

(7) 运行程序，测试程序功能。

使用三层架构开发项目，表示层仅仅负责接收及显示数据，数据访问层仅仅负责对数据进行访问操作，而由业务逻辑层根据业务需求来调用数据访问层的方法。各层之间职责明确，实现了层内部的高内聚，降低了层与层之间的耦合度，使项目易于维护和扩展。

9.4 案例实践

在学习了前面 8 个 Demo 任务之后，完成以下 8 个 Activity 案例的操作实践。

Act9-1 连接 SQL Server Student 数据库

▶ **ACTIVITY（项目名称：ActSqlConnectionXYY）**

编写程序，使用 SqlConnection 对象连接 SQL Server Student 数据库。单击页面上的"连接数据库"按钮后，页面上显示"Student 数据库连接成功"，如图 9-28 所示。

图 9-28 连接 Student 数据库

Act9-2 使用 DataSet 及 GridView 控件显示商品类别信息

▶ **ACTIVITY（项目名称：ActSqlDataAdapterXYY）**

新建 ASP.NET Web 应用程序，编写程序，使用 DataSet 作为 GridView 控件的数据源，在页面上显示 SQL Server Products 数据库 Category 表中的数据，程序运行效果如图 9-29 所示。

CatID	CatName	Memo
1	图书	各类图书
2	家电	多种家电
3	手机	主营智能机
4	电脑	品牌电脑
5	服装	流行服饰
6	运动	运动装备

图 9-29 显示商品类别信息

Act9-3 使用 SqlDataReader 及 GridView 控件显示商品类别信息

▶ **ACTIVITY（项目名称：ActSqlDataReaderXYY）**

新建 ASP.NET Web 应用程序，编写程序，使用 SqlDataReader 作为 GridView 控件的

数据源，在页面上显示 SQL Server Products 数据库 Category 表中的数据，程序运行效果与图 9-29 相同。

Act9-4　使用参数化 SQL 语句实现商品类别录入

➢ **ACTIVITY（项目名称：ActSqlParameterXYY）**

新建 ASP.NET Web 应用程序，编写程序，使用参数化 SQL 语句，实现 SQL Server Products 数据库 Category 表中数据的录入，页面运行效果如图 9-30 所示。

图 9-30　页面运行效果(7)

Act9-5　调用存储过程实现商品类别录入

➢ **ACTIVITY（项目名称：ActStoredProcedureXYY）**

新建 ASP.NET Web 应用程序，编写程序，调用存储过程，实现 SQL Server Products 数据库 Category 表中数据的录入，页面运行效果与图 9-30 相同。

Act9-6　使用 GridView 控件实现商品信息管理

➢ **ACTIVITY（项目名称：ActGridViewProductMngXYY）**

新建 ASP.NET Web 应用程序，编写程序，实现 SQL Server Products 数据库 Product 表中数据的分页显示、修改、录入、删除，页面运行效果如图 9-31 所示，单击表格中的"修改"按钮，可以进入编辑页面，如图 9-32 所示；单击页面上的"录入"按钮，可以进入录入页面，如图 9-33 所示。

商品ID	商品名称	商品数量	商品单价	商品类别	修改	删除
804396	（PHILIPS）42PFL5525/T3 42英寸LED液晶电视	10	4399.0000	家电	修改	删除
9787115253293	ASP.NET 高级程序设计（第4版）	30	59.0000	图书	修改	删除
814499	魅族17 骁龙865 8GB+128GB 5G手机	36	3699.0000	手机	修改	删除
762381	索尼(SONY) SVE14A28CCS 14.0	62	5999.0000	电脑	修改	删除
FZ5001	里维斯牛仔10ZA款1	100	168.0000	服装	修改	删除
NIKE6001	耐克篮球鞋-2020特别款	65	980.0000	运动	修改	删除
12						

录入

图 9-31　页面运行效果(8)

图 9-32　编辑页面(3)

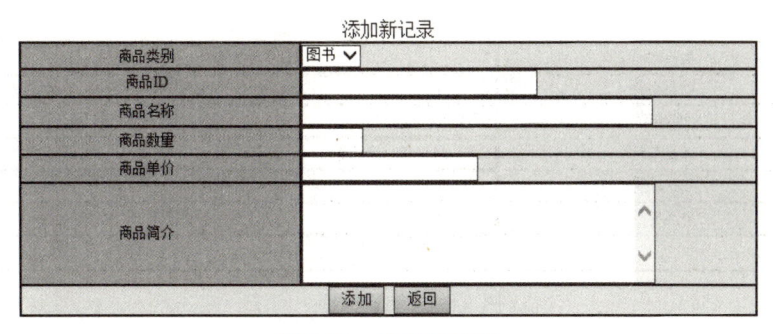

图 9-33　录入页面(3)

Act9-7　使用 Repeater 控件实现商品信息管理

➤ **ACTIVITY**（项目名称：**ActRepeaterProductXYY**）

新建 ASP.NET Web 应用程序，编写程序，使用 Repeater 控件实现 SQL Server Products 数据库 Product 表中数据的分页显示及删除功能，页面运行效果如图 9-34 所示。

商品编号	商品名称	商品数量	商品单价	商品类别	操作
804396	（PHILIPS）42PFL5525/T3 42英寸LED液晶电视	10	4399.0000	家电	删除
9787115253293	ASP.NET高级程序设计（第4版）	30	59.0000	图书	删除
814499	魅族17 骁龙865 8GB+128GB 5G手机	36	2499.0000	手机	删除
762381	索尼(SONY) SVE14A28CCS 14.0	62	5999.0000	电脑	删除
FZ5001	里维斯牛仔10ZA款1	100	168.0000	服装	删除
NIKE6001	耐克篮球鞋-2020特别款	65	980.0000	运动	删除
764910	苹果（APPLE)iPhone 11 4GB+64GB 4G手机	108	5499.0000	手机	删除
SP89375637	英国朗视LIONSEE双筒望远镜朗视8X25	20	399.0000	运动	删除
9787302241300	C#入门经典（第5版）	35	49.0000	图书	删除
SP94934837	Spalding斯伯丁74-221篮球	39	160.0000	服装	删除

<< < 1 2 > >>

图 9-34　页面运行效果(9)

Act9-8　开发基于三层架构的 ASP.NET 应用程序，实现商品信息管理

➤ **ACTIVITY**（项目名称：**ActThreeLayerWebAppXYY、ActThreeLayerDALXYY、ActThreeLayerBLLXYY、ActThreeLayerModeXYY**）

开发基于三层架构的 ASP.NET Web 应用程序，实现 SQL Server Products 数据库 Product 表中数据的分页显示及删除功能，页面运行效果如图 9-35 所示，单击表格中的"修改"按钮，可以进入编辑页面，如图 9-36 所示；单击页面上的"录入"按钮，可以进入录入页面，如图 9-37 所示。

商品ID	商品名称	商品数量	商品单价	商品类别	修改	删除
764910	苹果（APPLE)iPhone 11 4GB+64GB 4G手机	108	5499.0000	手机	修改	删除
SP89375637	英国朗视LIONSEE 双筒望远镜朗视8X25	20	399.0000	运动	修改	删除
9787302241300	C#入门经典（第5版）	35	49.0000	图书	修改	删除
SP94934837	Spalding斯伯丁74-221篮球	39	160.0000	服装	修改	删除
9787302241300	Visual C#2010从入门到精通	25	86.0000	图书	修改	删除

1 2

录入

图 9-35　页面运行效果(10)

图 9-36 编辑页面(4)

图 9-37 录入页面(4)

9.5 课外实践

在学习了前面的 Demo 任务和 Activity 案例实践之后,利用课外时间,完成以下 2 个 Home Activity 案例的操作实践。

HomeAct9-1 使用 GridView 控件实现学生成绩管理

把本书提供的 AspNetDB 数据库附加到 SQL Server 中,编写 ASP.NET Web 应用程序 HomeActStudentScoreXYY,实现学生成绩的分页显示、修改、录入、删除,页面运行效果如图 9-38 所示。单击页面上的"增加"按钮,可以进入学生成绩录入页面,如图 9-39 所示。单击表格中的"修改"按钮,可以进入学生成绩修改页面,如图 9-40 所示。

图 9-38 学生成绩管理   图 9-39 学生成绩录入   图 9-40 学生成绩修改

HomeAct9-2 开发基于三层架构的 ASP.NET Web 应用程序,实现科目信息管理

把本书提供的 MySchool 数据库附加到 SQL Server 中,编写基于三层架构的 ASP.NET Web 应用程序 HomeActThreeLayerWebAppXYY、HomeActThreeLayerDALXYY、HomeActThreeLayerBLLXYY、HomeActThreeLayerModeXYY,实现科目信息的显示、修改、录入、删除,页面运行效果如图 9-41 所示。单击页面上的"新增"按钮,可以进入科目信

息录入页面,如图 9-42 所示。单击表格中的"编辑"按钮,可以进入科目信息修改页面,如图 9-43 所示。

科目编号	科目名称	科目学时	所属年级	编辑	删除
8	进入软件编程世界	14	S1	编辑	删除
9	使用SQL Server管理和查询数据	20	S1	编辑	删除
12	使用HTML语言开发商业站点	20	S1	编辑	删除

[新增]

图 9-41 科目信息管理

图 9-42 科目信息录入   图 9-43 科目信息修改

9.6 单元小结

本单元我们主要学习了如下内容:

1.ADO.NET 包括 4 个核心对象:Connection、Command、DataAdapter 和 DataReader。
2.SqlConnection 对象用于连接 SQL Server 数据库。
3.SqlCommand 对象用于执行具体的 SQL 语句,如增加、删除、修改、查找。
4.SqlDataReader 对象用来从 SQL Server 数据库中获取只读、只进的数据。
5.DataSet 是一个临时存储数据的地方,位于客户端的内存中。它不和数据库直接打交道,而是通过 DataAdapter 对象来填充数据。SqlDataAdapter 对象是 DataSet 和 SQL Server 数据库之间的桥梁,用来将数据填充到 DataSet 中。
6.GridView 控件可以显示多种类型的表格列;Repeater 控件没有内置的布局或样式,因此必须在该控件的模板内显式声明所有的布局、格式设置和样式标记。
7."三层架构"一词中的"三层"是指"表示层""业务逻辑层"和"数据访问层"。使用三层架构开发的软件项目,各层之间职责明确,实现了层内部的高内聚,降低了层与层之间的耦合度,使项目易于维护和扩展。

9.7 单元知识点测试

1.(　　)对象提供与数据源的连接。
　A.SqlConnection　　　　　　　　B.SqlCommand
　C.SqlDataReader　　　　　　　　D.SqlDataAdapter
2.(　　)对象用于返回数据、修改数据、运行存储过程及发送或检索参数信息的数据库命令。

  A.SqlConnection   B.SqlCommand

  C.SqlDataReader   D.SqlDataAdapter

  3.使用（　　）对象可以将 SQL Server 中的数据填充到 DataSet 中。

  A.SqlConnection   B.SqlCommand

  C.SqlDataReader   D.SqlDataAdapter

  4.Connection 对象的（　　）属性：设置或获取用于打开数据源的连接字符串，给出了数据源的位置、数据库的名称、用户名、密码以及打开方式等。

  A.DataSource   B.ConnectionString

  C.State   D.Database

  5.（　　）方法用于执行统计查询，执行后只返回查询所得到的结果集中第一行的第一列，忽略其他的行或列。

  A.ExecuteReader()   B.ExecuteScalar()

  C.ExecuteSql()   D.ExecuteNonQuery()

  6.（　　）方法用于执行不需要返回结果的 SQL 语句，如 Insert、Update、Delete 等，执行后返回受影响的记录的行数。

  A.ExecuteReader()   B.ExecuteScalar()

  C.ExecuteSql()   D.ExecuteNonQuery()

9.8　单元实训

Project_第 5 阶段之一：网站信息动态处理之"后台登录模块"

结合本单元 ADO.NET 数据库的操作方法，实现管理员登录验证。

主要步骤（单元实训项目：EntWebsiteActXYY）如下：

1.配置 Web.config。

在＜configuration＞＜/configuration＞中新增数据库连接字符串：

```
<connectionStrings>
    <add name="dbConnstr" connectionString="Data Source=.\sqlexpress;Initial Catalog=db_EntWebsiteXYY;UID=sa;PWD=123456" providerName="System.Data.SqlClient"/>
</connectionStrings>
```

提示：请根据实际情况修改其中的数据库名称和连接方式。

2.编写 Login.aspx.cs 的按钮事件代码。

通过 Login.aspx.cs 的按钮事件，实现从管理员表中判断是否有匹配的输入账号和密码，然后完成登录跳转。基本步骤如下：

（1）首先在 Page_Load 等事件之外，创建一个用于存储数据库连接字符串的公共变量 connStr，并为该变量赋值：

```
public string connStr = ConfigurationManager.ConnectionStrings["dbConnstr"].ConnectionString;
```

（2）然后在登录按钮的 btnSubmit_Click 事件中编写代码，实现登录验证功能，具体代码参考指导手册。

3.编写 AdminIndex.aspx.cs 程序,实现管理员登录判断,并提示管理员姓名。

4.调试并运行。

如果用户名和密码正确,就能实现登录。

(1)存在的问题:密码不区分大小写。

(2)解决方法:将数据表中的密码字段采用 MD5 加密成密文,然后在登录事件中,对输入的密码进行 MD5 加密,若加密后的信息与数据表中的密文一致,则匹配成功。

5.使用 SqlDBHelper 操作类,实现以上功能。

(1)将提供的 SqlDBHelper.cs 添加到项目中。

(2)修改 SqlDBHelper.cs 代码中的命名空间为当前项目的命名空间。

(3)修改 SqlDBHelper.cs 中的数据库连接字符串 connString。

(4)编写事件代码:获取用户名和密码信息,与数据库进行连接验证。

6.拓展 1:使用内置 MD5 方法对密码进行加密处理。

7.拓展 2:使用 MD5 函数对密码进行加密处理。

(1)编写 GetMD5 方法。

(2)在登录事件中,调用 GetMD5 方法对密码进行 MD5 加密处理。

Project_第 5 阶段之二:网站信息动态处理之"管理员管理模块"

结合本单元 ADO.NET 数据库操作方法,实现管理员的增删改查功能。

主要步骤(单元实训项目:EntWebsiteActXYY)如下:

(一)功能说明

在项目后台管理目录 Admin 中,新建 ASP.NET Web 应用程序,使用 GridView 控件编写程序,实现 DB_EntWebsiteXYY 数据库 tb_AdminUserInfoXYY 表中数据的分页显示、修改、添加、删除等功能。

(二)功能实现

1.后台左侧栏目链接修改

在后台管理页面左侧链接的"栏目管理"项中,新增"管理员管理",并将链接指向管理员信息列表显示页面 AdminUserList.aspx,如图 9-44 所示。

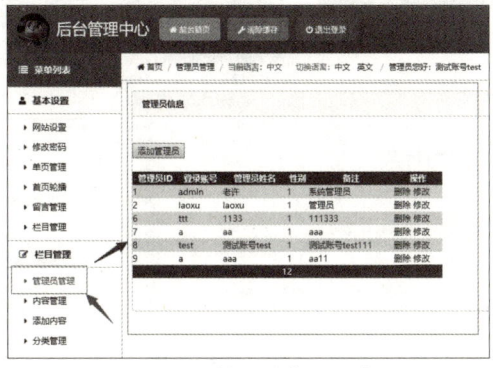

图 9-44 管理员信息列表

2.管理员信息列表显示页面:AdminUserList.aspx

备注:该页面参照原有后台管理的静态页面进行设计。

(1)设计页面,如图 9-45 所示。

(2)运行效果,如图 9-46 所示。

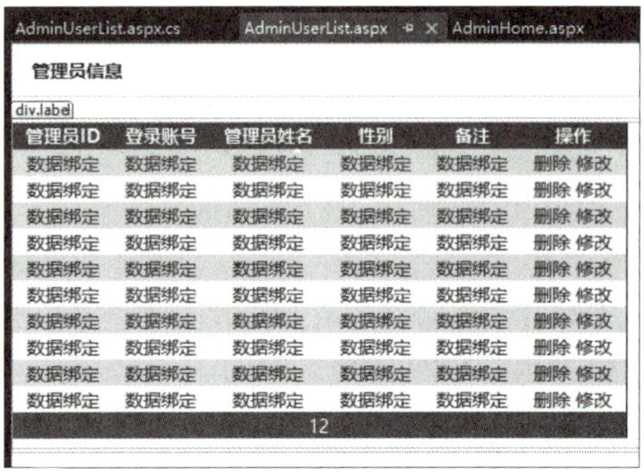

图 9-45　管理员信息页面设计 　　图 9-46　管理员信息页面运行效果

3.管理员新增页面:AdminUserAdd.aspx

(1)设计页面,如图 9-47 所示。

(2)运行效果,如图 9-48 所示。

图 9-47　管理员新增页面设计 　　图 9-48　管理员新增页面运行效果

4.管理员信息编辑页面:AdminUserEdit.aspx

(1)设计页面,如图 9-49 所示。

(2)运行效果,如图 9-50 所示。

图 9-49　管理员信息编辑页面设计 　　图 9-50　管理员信息编辑页面运行效果

(三)拓展

在完成以上基本功能的基础上,完成如下拓展功能:

1.自动套用格式。
2.添加删除后确认对话框。
3.后台管理登录验证(需要登录后才可以打开该管理员页面)。

Project_第6阶段之一：网站信息动态处理之"后台新闻管理模块"

结合本单元 ADO.NET 数据库操作方法，实现后台新闻类别及新闻的增删改查功能。
主要步骤(单元实训项目：EntWebsiteActXYY)如下：

(一)功能说明

在 Admin 后台管理目录中，创建新闻管理模块，使用 GridView 控件编写程序，实现 DB_EntWebsiteXYY数据库 tb_NewsXYY 表中数据的分页显示、修改、添加、删除等功能。

(二)功能实现

1.后台左侧栏目链接修改

在后台管理页面左侧链接的"栏目管理"项中，新增"新闻管理"，并将链接指向新闻信息列表显示页面 NewsList.aspx，如图 9-51 所示。

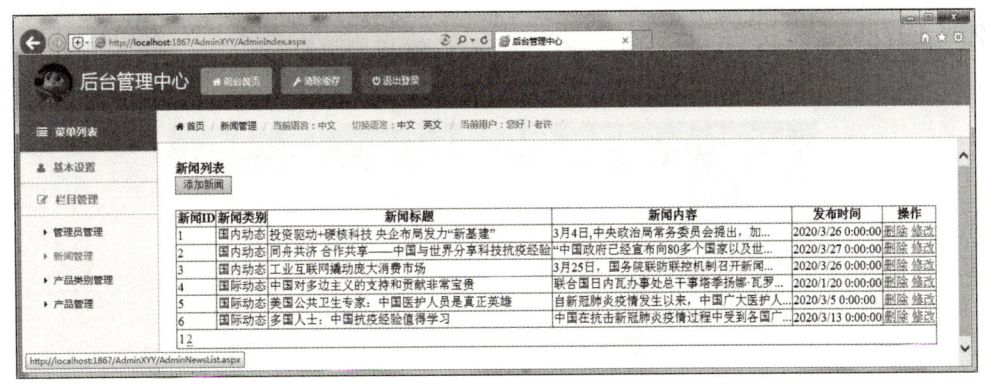

图 9-51　新闻信息列表

2.新闻信息列表显示页面：NewsList.aspx

备注：该页面参照原有后台管理的静态页面进行设计。

(1)设计页面，如图 9-52 所示。

图 9-52　新闻信息列表设计页面

提示：可以通过 GridView 控件的编辑列来实现以上设计，并且"操作"功能中的"删除"

和"修改"可以通过模板编辑来实现相应的功能设计。如图 9-53 所示。

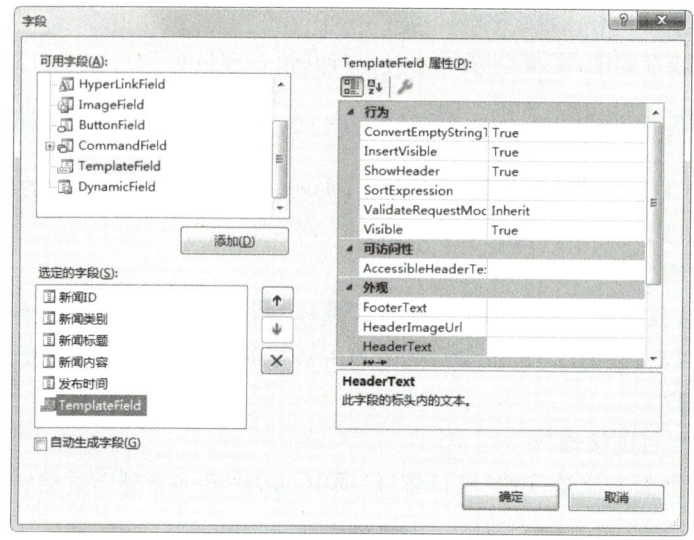

图 9-53　GridView 模板编辑

(2) GridView 控件绑定数据的详细代码,请参考"指导手册"。

(3) 运行效果,如图 9-54 所示。

图 9-54　新闻信息列表运行效果

3. 新闻信息列表新增页面:NewsAdd.aspx

(1) 设计页面,如图 9-55 所示。

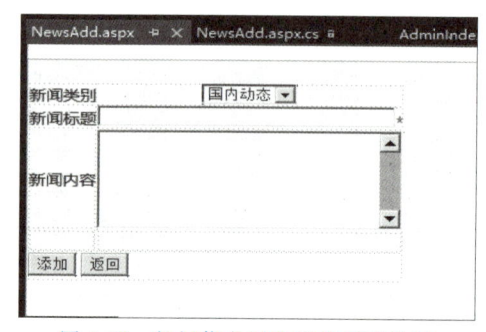

图 9-55　新闻信息列表新增页面设计

(2)主要程序代码,请参考"指导手册"。

(3)运行效果,如图 9-56 所示。

4.新闻管理员信息编辑页面:NewsEdit.aspx

(1)设计页面,如图 9-57 所示。

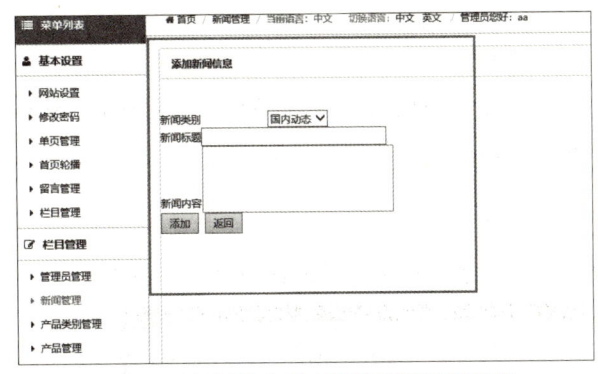

图 9-56　新闻信息列表新增页面运行效果 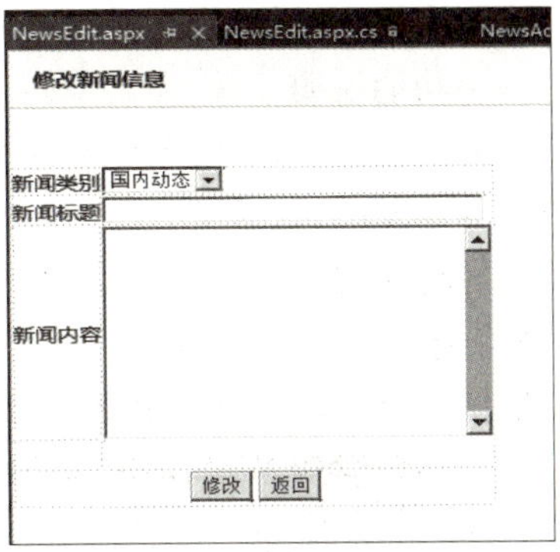　　图 9-57　新闻管理员信息编辑页面设计

(2)程序代码,请参考"指导手册"。

(3)运行效果,如图 9-58 所示。

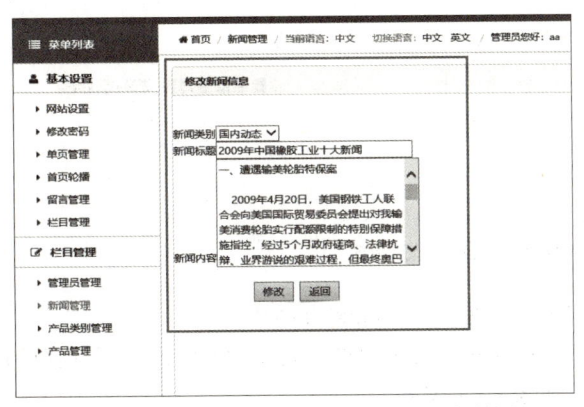

图 9-58　新闻管理员信息编辑页面运行效果

(三)拓展

在完成以上基本功能的基础上,完成如下拓展功能:

1.自动套用格式。

2.添加删除后确认对话框,如图 9-59 所示。

图 9-59　删除后确认对话框

3. 后台管理员登录验证(需要登录后才可以打开该管理员页面)。

Project_第6阶段之二：网站信息动态处理之"前台新闻列表显示模块"

结合本单元 ADO.NET 数据库的操作方法，实现前台新闻列表显示功能。

主要步骤(单元实训项目：EntWebsiteActXYY)如下：

（一）功能说明

在网站前台目录中，创建新闻列表 News.aspx，使用 Repeater 控件编写程序，实现 DB_EntWebsiteXYY 数据库 tb_NewsXYY 表中数据的分页显示等功能。

（二）功能实现

1. 新建 News.aspx 页面

根据原有 News.html 静态页面的界面设计，完善 News.aspx 的设计。如图 9-60 所示。

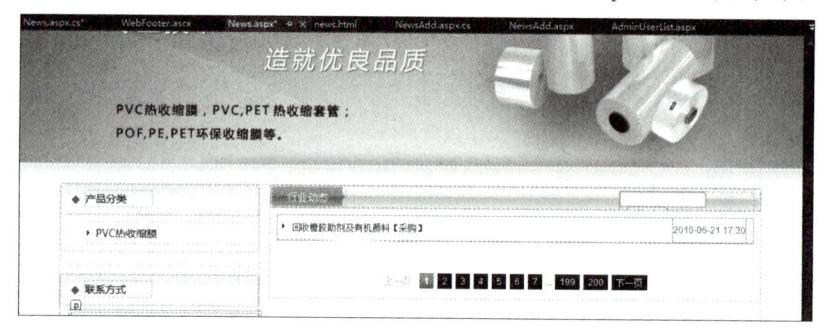

图 9-60　前台新闻列表页面

温馨提示

页面中的新闻仅保留一条记录即可。

2. 把 Repeater 控件添加到 News.aspx 页面中

切换到页面源视图，编写 Repeater 控件的布局、格式设置，详细代码请参考"指导手册"。完成设计后，效果如图 9-61 所示。

图 9-61　前台新闻列表页面设计

3.编写 News.aspx.cs 程序代码

详细代码,请参考"指导手册"。

4.前台新闻列表页面运行效果,如图 9-62 所示。

图 9-62 前台新闻列表页面运行效果

(三)拓展

在完成以上基本功能的基础上,完成如下拓展功能:

为 Repeater 控件添加分页功能:

1.方法 1:AspNetPager 分页控件

可参考 AspNetPager 示例——Repeater 分页示例。

2.方法 2:PagedDataSource 控件

可参考 ASP.NET 中 Repeater 控件实现分页功能示例。

Project_第 6 阶段之三:网站信息动态处理之"前台新闻类别模块"

结合本单元 ADO.NET 数据库的操作方法,实现前台新闻类别模块功能。

主要步骤(单元实训项目:EntWebsiteActXYY)如下:

(一)功能说明

在网站前台新闻列表 News.aspx 页面左侧的"行业动态"区域内,使用 Repeater 控件编写程序,实现 DB_EntWebsiteXYY 数据库 tb_NewsTypeXYY 新闻类别表中数据的显示及相关链接功能。

(二)功能实现

1.News.aspx 页面左侧新闻类别页面设计。

(1)修改 News.aspx 页面左侧的"产品分类"为"行业动态",如图 9-63 所示。

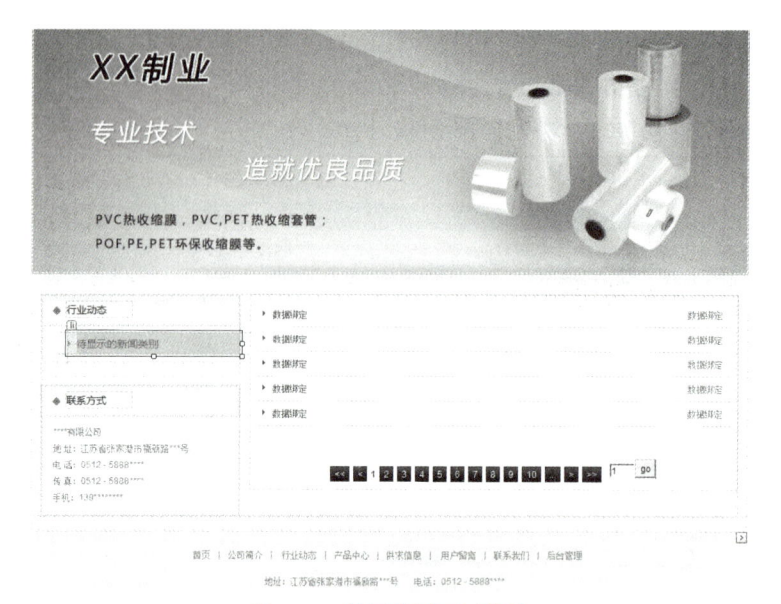

图 9-63　新闻类别页面设计

(2)将 Repeater 控件添加到 News.aspx 页面中原新闻类别列表区域,切换到页面源视图,编写 Repeater 控件的布局程序,并进行格式设置。

完成设计后,效果如图 9-64 所示。

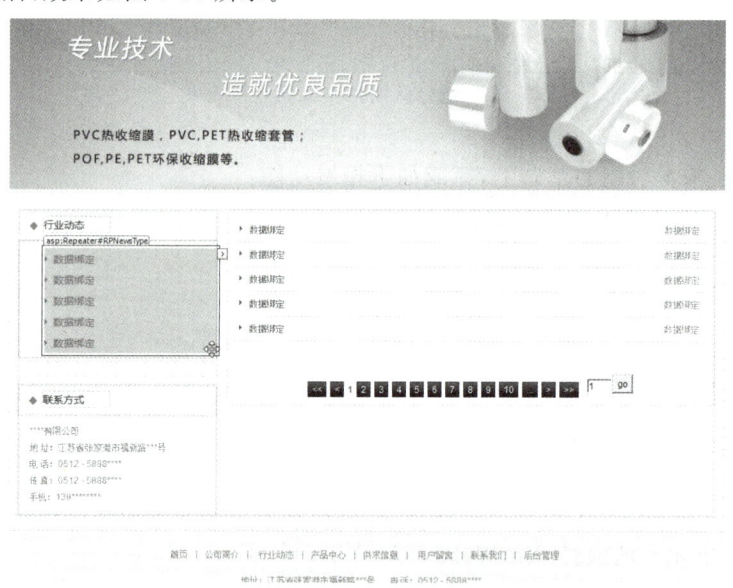

图 9-64　新闻类别页面设计效果

2.完善 News.aspx.cs 程序代码,完成对新闻类别列表区域 rpNewsType 控件的数据绑定。

(1)在 Page_Load 事件中,新增新闻类别列表区域 Repeater 控件(rpNewsType)的数据绑定自定义函数。代码如下:

```
bindRPNewsTypeData();    //绑定页面左侧新闻类别列表区域的 rpNewsType 控件
bindRPNewsData();        //绑定页面中的 Repeater 控件
```

(2)自定义函数 bindRPNewsTypeData()的方法代码详见"指导手册"。

3.添加了行业动态新闻类别后的页面运行效果,如图 9-65 所示。

图 9-65　行业动态新闻类别页面运行效果

(三)拓展

1.在完成以上基本功能的基础上,完成如下拓展功能:

左侧行业动态的新闻类别显示后,在每个新闻类别的链接中,都以"News.aspx?NewsTypeId=1"中的 1 为该类别的 ID 值。

问题:如何实现单击左侧相应新闻类别的链接后,右侧的新闻类别列表只显示该类别的所有新闻?

提示:在 News.aspx.cs 中,根据获取的 NewsTypeId 的值,修改绑定原先新闻类别列表区域的 Repeater 控件(RPNews)的 SQL 字符串信息。效果如图 9-66 所示。

图 9-66　新闻类别页面链接运行效果

2.修改 News.aspx.cs 的程序代码。

(1)获取新闻类别 ID：

> NewsTypeId = Convert.ToInt32(Request.QueryString["typeid"].ToString());

(2)修改 bindRPNewsData 方法的 Sql 语句，替换代码如下：

> Sql = "select id,title,addtime from tb_NewsXYY where NewsTypeId=" + NewsTypeId + " order by id desc";

参照以上方法，完成后台管理中"产品管理"的产品列表、产品新增、产品修改等功能。

单元 10　ASP.NET MVC 编程

学习目标

知识目标：
(1) 熟悉 MVC 模式的基本原理。
(2) 掌握 MVC 模式"模型""视图"和"控制器"三部分的功能与流程。
(3) 理解 URLRouting 路由机制。
(4) 熟悉 Razor 视图引擎的语法。

技能目标：
(1) 能够使用 Visual Studio 创建 ASP.NET MVC 项目。
(2) 能够在 ASP.NET MVC 项目中创建模型、视图、控制器。
(3) 能够在 ASP.NET MVC 项目中使用 Entity Framework 框架来操作数据库。
(4) 能够将 ASP.NET MVC 编写的 Web 应用程序部署到 IIS 上。

重点词汇

(1) MVC：_____
(2) Model：_____
(3) View：_____
(4) Controller：_____
(5) URLRouting：_____
(6) Razor：_____
(7) EF：_____

10.1　引例描述

ASP.NET 是一个使用 HTML、CSS、JavaScript 和服务器脚本创建网页和网站的开发框架。ASP.NET 支持三种不同的开发模式：Web Pages(Web 页面)、MVC(Model View Controller 模型-视图-控制器)、Web Forms(Web 窗体)。

MVC 框架是三种 ASP.NET 编程模式中的一种，是一套成熟的、高度可测试的表现层框架，它被定义在 System.Web.MVC 命名空间中，MVC 框架并没有取代 Web Forms 框架，在分离应用程序内部的关注点方面，MVC 是一种强大而简洁的方式，尤其适合应用在 Web 应用程序中。

本单元的学习导图，如图 10-1 所示。

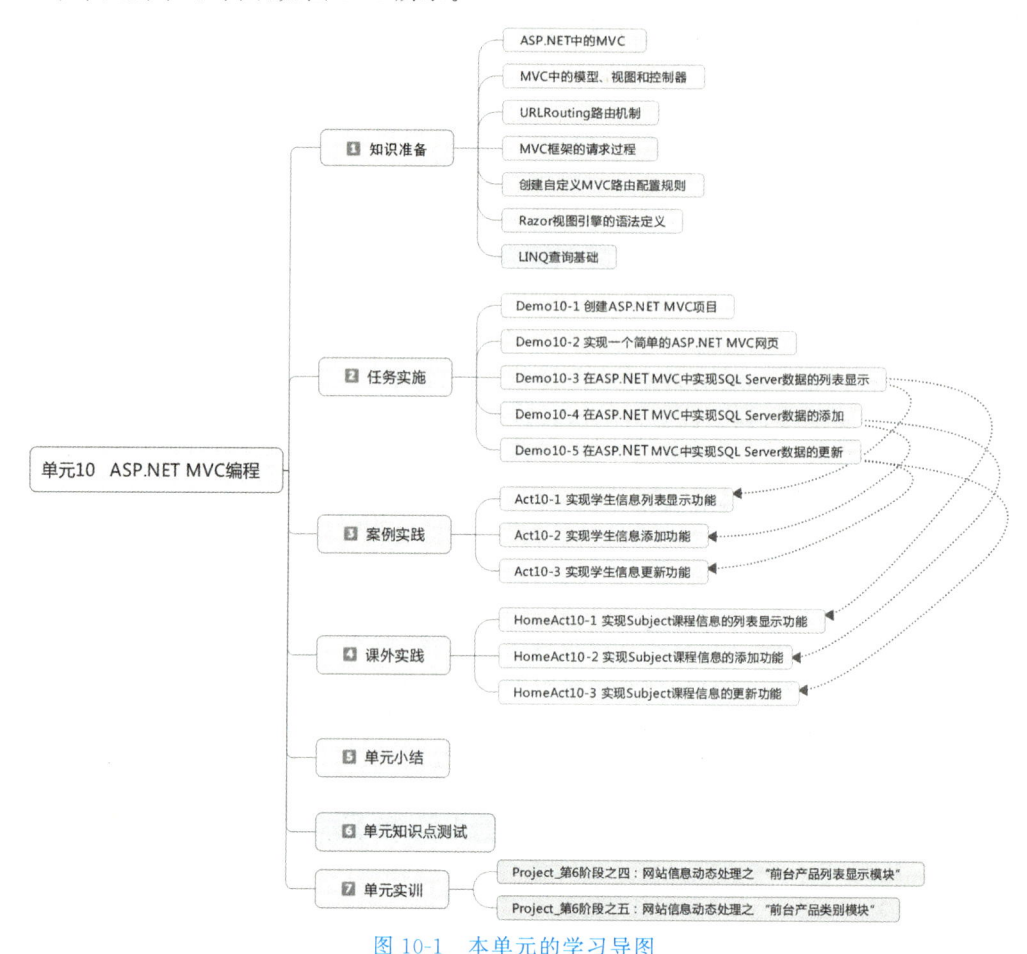

图 10-1　本单元的学习导图

10.2　知识准备

10.2.1　ASP.NET 中的 MVC

1. MVC 模式简介

MVC 是一种软件架构模式，该模式分为三个部分：模型（Model）、视图（View）和控制器（Controller）。

MVC 模式最早由 Trygve Reenskaug 在 1974 年提出,是施乐帕罗奥多研究中心(Xerox PARC)在 20 世纪 80 年代为程序语言 Smalltalk 发明的一种软件设计模式,其特点是松耦合、关注点分离、易扩展和维护,使前端开发人员和后端开发人员充分分离,不会相互影响工作内容与进度。

而 ASP.NET MVC 模式是微软公司在 2007 年开始设计、2009 年 3 月发布的 Web 开发框架,从 1.0 版本开始到现在的 5.0 版本,经历了五个主要版本的改进与优化。MVC 框架采用了两种内置视图引擎:ASPX 和 Razor,也可以使用第三方或其他自定义视图引擎,强类型的数据交互使开发变得更加高效。MVC 框架还具有强大的路由功能配置、友好的 URL 重写功能。MVC 是开源的,通过 Nuget 工具(包管理工具)可以下载很多开源的插件类库。

2. MVC 和 ASP.NET

(1)MVC 是 ASP.NET 技术的子集。

(2)MVC 在 ASP.NET 核心的基础之上构建:

①依赖于 HttpHandler,如请求是如何进入控制器的。

②依赖于 Session、Cookie、Cache、Application 等状态保持机制。

③使用 HttpContext、Request、Response、Server 等对象。

④在 Controller 中使用智能感知很容易得到以上对象。

(3)MVC 是在.NET 中编写 Web 应用程序的一种可选方式。

3. MVC 和 Web Forms

(1)MVC 和 Web Forms 都是.NET 中开发 Web 应用程序的一种方式,两者是一种并列的关系。

(2)Web Forms 的特点:

①所见即所得,开发傻瓜式。

②借鉴了 Win Forms 的特色。

③采用事件驱动模式来控制应用程序请求,由大量服务器控件支持。

(3)MVC 的特点:

①关注分离。

- Web Forms 只是把一个页面分成了前置页面和后置代码,分离得不够彻底。
- MVC 可以把一个页面分成 Model、View、Controller 三部分,分离得更彻底。

②测试性强。可以针对 Model、View、Controller 单独进行测试。

③应用程序通过 Controller 来控制程序请求,并提供了原生的 URLRouting 功能来重写 URL。

10.2.2 MVC 中的模型、视图和控制器

模型、视图和控制器是 MVC 框架的三个核心组件,三者的关系如图 10-2 所示。

模型(Model):模型对象是实现应用程序数据域逻辑的部件。通常,模型对象会检索模型状态并执行存储或读取数据操作。例如,将 School 对象模型的信息更改后提交到数据库对应的 School 表中进行更新。

视图(View):视图是显示用户界面的部件。在常规情况下,视图上的内容是由模型中的数据创建的。例如,可以将 School 对象模型绑定在视图上。除了显示数据外,还可以实现对数据的编辑操作。

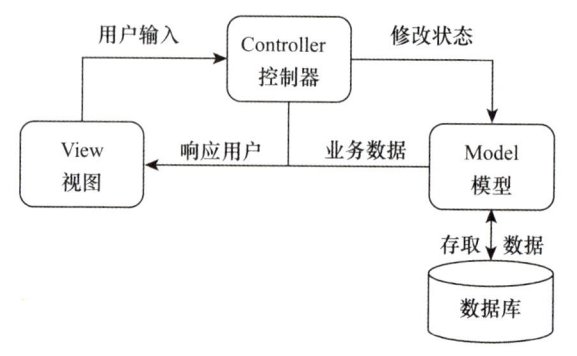

图 10-2 模型、视图和控制器三者的关系

控制器(Controller):控制器是处理用户交互、使用模型并最终选择要呈现的视图等的流程控制部件。控制器接收用户的请求,然后处理用户要查询的信息,最后将一个视图交还给用户。

10.2.3 URLRouting 路由机制

在 Web Forms 框架中,一次 URL 请求对应着一个 ASPX 页面,一个 ASPX 页面又必须是一个物理文件。而在 MVC 框架中,一个 URL 请求是由 Controller(控制器)中的 Action(方法)来处理的,这是由于使用了 URLRouting(路由机制)来正确定位到 Controller 和 Action,Routing 的主要作用是解析 URL 和生成 URL。

在创建 MVC 项目时,默认会在 App_Start 文件夹下的 RouteConfig.cs 文件中创建基本的路由规则配置方法,该方法在 ASP.NET 全局应用程序类中被调用,代码如下:

```
public static void RegisterRoutes(RouteCollection routes)
{
    routes.IgnoreRoute("{resource}.axd/{*pathInfo}");    //忽略指定的 URL 路由
    routes.MapRoute(
        name: "Default",                                  //路由名称
        url: "{controller}/{action}/{id}",                //路由配置规则
        //路由配置规则的默认值
        defaults: new { controller = "Home", action = "Index", id = UrlParameter.Optional }
    );
}
```

上面代码中默认的路由配置规则匹配了以下任意一条 URL 请求:

http://localhost

http://localhost/Home/Index

http://localhost/Index/Home

http://localhost/Home/Index/1

URLRouting 的执行流程和执行过程如图 10-3 所示。

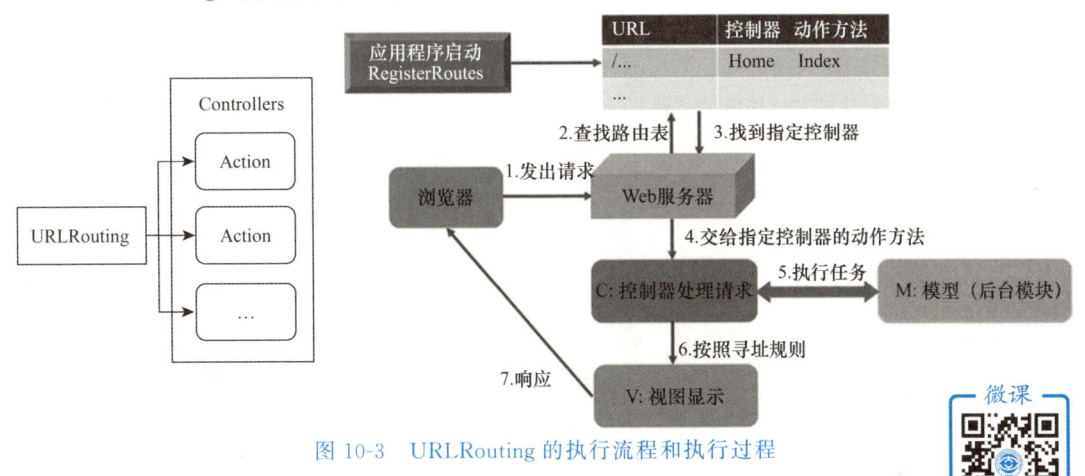

图 10-3　URLRouting 的执行流程和执行过程

10.2.4　MVC 框架的请求过程

当在浏览器中输入一个有效的请求地址或者通过网页上的某个按钮请求一个地址时，MVC 框架通过配置的路由信息找到最符合请求的地址，当路由遇到了合适的请求，访问先到达 Controller 和 Action，Controller 接收用户请求传递过来的数据（包括 URL 参数、POST 参数、Cookie 等），并做出相应的判断处理。如果本次是一次合法的请求，并需要加载持久化数据，那么通过 Model 实体模型构造相应的数据。在相应的用户阶段可返回以下三种数据格式：

（1）返回默认的 View(视图)，即与 Action 名称相同。

（2）返回指定的 View，但与 Action 必须属于该 Controller。

（3）重定向到其他的 View。

例如，当一个用户在浏览器中输入并请求了"http://localhost/Home/Index"地址，程序会先执行路由匹配，然后转到 Home 控制器再进入 Index 方法中，下面是 Home 控制器的代码片段：

```
public class HomeController: Controller          //Home 控制器类，继承自 Controller
{
    public ActionResult Index()                   //Index 方法（Action）
    {
        return View();                            //默认返回 Home 控制器下的 Index 视图
    }
}
```

10.2.5　创建自定义 MVC 路由配置规则

在实际开发中，默认的路由规则可能无法满足项目需求，因此，需要创建自定义的路由规则。

假设有一个 URL 请求，用户需要查询某一天的数据报表：

http://localhost/ReportForms/Data/2019-12-11

上面的 URL 请求虽然使用默认的配置规则，在理论上是可行的，但是实际上无论是从参数名称(ID)上看还是从参数类型上看都是不友好的匹配方式,从长远考虑可能会出现功能上的瓶颈。

正确的做法是在"App_Start\RouteConfig.cs"中自定义一个路由匹配规则,如下所示:

```
//自定义路由,放在默认路由的上面
routes.MapRoute(
        name: "ReportForms",                                    //路由名称
        url: "{controller}/{action}/{SearchDate}",              //路由配置规则
        defaults: new { controller = "ReportForms", action = "Data" }
        );
```

这段路由匹配规则定义了参数 SearchDate。在后台控制器的 Action 参数中,同样需要定义同名的 SearchDate 参数。Action 代码如下:

```
public ActionResult Data(DateTime SearchDate)        //定义 Data 方法并接收 SearchDate 参数
{
    ViewBag.dt = SearchDate;                          //定义动态变量
    return View();                                    //返回视图
}
```

添加到路由表中的路由顺序非常重要。上面自定义的路由应当放在默认路由的上面,这是因为默认的路由规则也能够匹配上述请求的 URL 路径,但默认的路由中定义的参数为 ID。所以,当路由映射到 ReportForms 控制器中的 Data 动作时,并没有传入 SearchDate 参数,这也就导致了程序会抛出 SearchDate 参数为 null 的异常错误。

10.2.6　Razor 视图引擎的语法定义

MVC 框架有多种视图引擎可以使用,Razor 是其中常用的视图引擎之一。它的视图文件的后缀名为.cshtml。Razor 是在 MVC 3 中出现的,语法格式与 ASPX 页面的语法格式有区别,下面介绍 Razor 视图引擎中常用的语法标记和一些帮助类。

1. @符号标记代码块

@符号是 Razor 视图引擎的语法标记,它的功能和 ASPX 页面中的＜%%＞标记相同,都用于调用 C# 指令。不过,Razor 视图引擎的@标记使用起来更加灵活简单,@符号的各种用法如下:

● 单行代码:使用一个"@"符号作为开始标记并且无结束标记,代码如下:

```
<span>@DateTime.Now</span>
```

● 多行代码:使用"@{code...}"标记代码块,在大括号内可以编写 C# 代码,并且可以随时切换 C# 代码与输出 HTML 标记,代码如下:

```
@{
    for (int i = 0; i < 10; i++)
    {
        <span>@i</span>
    }
}
```

● 输出纯文本:若在代码块中直接输出纯文本,则使用"@:内容…",这样就可以在不

使用 HTML 标记的情况下直接输出文本,代码如下:

```
@{
    for (int i = 0; i < 10; i++)
    {
        @:内容 @i
    }
}
```

- 输出多行纯文本:若输出多行纯文本,则使用<text>标记,这样就可以更方便地输出多行纯文本,代码如下:

```
@{
    if (IsLogin)
    {
        <text>
            您好:@ViewBag.Name <br />
            今天是:@DateTime.Now.ToString("yyyy-MM-dd")<br />
        </text>
    }
}
```

- 输出连续文本:若需要在一行文本内容中输出变量值,则使用"@()"标记,这样就可以避免出现文本空格的现象,代码如下:

```
@{
    for (int i = 0; i < 10; i++)
    {
        @:内容 @(i)
    }
}
```

2. 帮助器

在设计.cshtml 页面时,会用到各种 HTML 标记,这些标记通常都是手动创建的,例如<a href="">link</a>,但在 Razor 视图引擎中使用 HtmlHelper 类可以更加方便迅速地实现这些标记的定义。所以,在 MVC 框架中表单和链接推荐使用 HTML 帮助器来实现,其他标记可根据需求选择实现方式。

(1) Raw 方法,返回非 HTML 编码的标记,调用方式如下:

```
@Html.Raw("<font color=""red"">颜色</font>")
```

调用前,页面将显示"<font color="red">颜色</font>",调用后页面将显示颜色为红色的"颜色"二字。

(2) Encode 方法,编码字符串,以防止跨站脚本攻击,调用方式如下:

```
@Html.Encode("<script type=\"text/javascript\"></script>")
```

返回编码结果为:"< script type = \ " text/javascript" > < script>"。

(3) ActionLink 方法,生成一个链接到控制器行为的<a>标记,调用方式如下:

```
@Html.ActionLink("关于","About","Home")
```

（4）BeginForm 方法，生成 form 表单，调用方式如下：
```
@using (Html.BeginForm("Save", "User", FormMethod.Post))
{
    @Html.TextBox()
    ...
}
```

在 HtmlHelper 类中，还有很多实用的方法，例如表单控件等，可以在开发项目时通过实践操作去学习和掌握。

3. _ViewStart 文件和布局页

在通过 Visual Studio 创建的 MVC 项目中，默认包含了一个_Layout.cshtml 文件，位于 Views\Shared 文件夹中，它用来布局其他页面视图的公共内容部分，类似于之前的母版页。在_Layout 布局代码中，包含标准的 HTML 标记定义。同样的，使用了布局页的视图页面无须再次定义<html><head><body>等标记。

如果每个视图页面中都要引用一次布局页，就会增加很多重复性的工作，这时需要一个可以统一引用布局页的机制。在 Views 文件夹中包含一个_ViewStart.cshtml 文件，该文件的作用是将 Views 文件夹下的所有视图文件都以_ViewStart.cshtml 内引用的布局文件为布局页，在默认情况下，在 _ViewStart.cshtml 内通过"Layout = "~/Views/Shared/_Layout.cshtml";"引用了默认的_Layout.cshtml 布局文件。_Layout.cshtml 布局文件可以自定义创建。

除了在 Views 目录下定义全局_ViewStart.cshtml 文件之外，在 Views 目录下与控制器同名的各子文件夹内也可以定义_ViewStart.cshtml 文件。这样，在视图文件的存放目录结构上，越接近页面视图文件的_ViewStart.cshtml 文件越被优先调用。

4. Model 对象

每个视图都有自己的 Model 属性，它用于存放控制器传递过来的 Model 对象，这就实现了强类型。强类型的好处之一是类型安全，如果在绑定视图页面数据时写错了 Model 对象的某个成员名，编译器就会报错；另一个好处是 Visual Studio 的代码只有提示功能。它的调用方式如下：

```
@Model MySite.Models.School
```

这句代码是指在视图中引入了控制器方法传递过来的实例对象，需要注意的是：在页面中使用时，Model 中的 M 是大写的。

10.2.7　LINQ 查询基础

LINQ（语言集成查询）是.NET Framework 中引入的一种数据查询技术。LINQ 可以查询或操作任何存储形式的数据，如对象（集合、数组、字符串）、关系（关系型数据库、ADO.NET 数据集等）、XML 文档、支持 IEnumerable 或泛型 IEnumerable<T>接口的任何对象集合。

1. LINQ 中的查询形式

实现 LINQ 查询时，可以使用两种形式：方法语法和查询语法。

（1）方法语法（Method Syntax）：使用标准的方法调用，这些方法是一组标准查询运算

符的方法。语法是命令式的,它指明了查询方法的调用顺序。使用方法语法的基本形式如下:

```
int[] values = new int[]{2,4,6,8,10};
List<int> list = values.Where(W => W >=6).ToList();
```

(2)查询语法(Query Syntax):与 SQL 语句很相似的查询子句。查询语法是声明式的,只是定义了要返回的数据,没有指明如何执行这个查询,所以,编译器实际上会将查询语法表示的查询翻译为方法调用的形式。使用查询语法的基本形式如下:

```
int[] values = new int[]{2,4,6,8,10};
var list = from v in values where v >= 6 select v;
```

上面两种形式的结果是相同的,推荐使用查询语法,它更易读,更能清晰地表明查询意图,也更不容易出错。

2.查询表达式的结构

LINQ 查询表达式是 LINQ 中非常重要的内容,它可以从一个或多个给定的数据源中检索数据,并指定检索结果的数据类型和表现形式。LINQ 查询表达式由一个或多个 LINQ 查询子句按照一定的规则组成。LINQ 查询表达式包括以下几个子句:

- from 子句:指定查询操作的数据源和范围变量。
- where 子句:筛选元素的逻辑条件,一般由逻辑运算符组成。
- select 子句:指定查询结果的类型和表现形式。
- order by 子句:对查询结果进行排序(降序或升序)。
- group by 子句:对查询结果进行分组。
- join 子句:链接多个查询操作的数据源。
- into 子句:提供一个临时的标识符,该标识符可以引用 join、group by 和 select 子句的结果。
- let 子句:引入用于存储查询表达式中子表达式结果的范围变量。

LINQ 查询表达式必须包括 from 子句,且以 from 子句开头。from 子句指定查询操作的数据源和范围变量。其中,数据源不但包括查询本身的数据源,而且包括子查询的数据源。范围变量一般用来表示源序列中的每一个元素。若该查询表达式还包括自查询,则子查询表达式也必须以 from 子句开头。

以下是一个完整的 LINQ 查询表达式语句:

```
List<Student>  student = GetStudents();
//定义并创建一个具有若干元素的 List<Student>对象
List<Scores>  scores = GetScores();
//定义并创建一个具有若干元素的 List<Scores>对象
var list = from _student in student//查询学生表
    join _scores in scores on _student.ID equals _scores.StudentID   //Scores 表的 StudentID 与
                                                                      //Student 表的 ID 关联
    where (_scores.Chinese + _scores.Math + _scores.English)/ 3 > 60 //平均分在 60 分以上
    group _student by new {_student.Age} into newStu    //按学生年龄分组
    order by newStu.Key.Age descending//按学生年龄降序排列
    select new data { Age = newStu.Key.Age, count = new Stu.Count() } ;//查询最后需要用
                                                        //到的信息以及各种统计数据等
```

上述语句表示：

Student 和 Scores 分别是两个存在关联性的 List 数据集合，通过 from 子句和 join 子句指定关联属性可以将两个集合进行数据间的关联。where 子句筛选了平均分在 60 分以上的学生，然后通过 group by 子句指定了分组依据，并使用 into 子句将分组结果存储在标识符 newStu 中。在 group by 或 select 子句中使用 into 子句建立临时标识符，有时也可称其为"延续"。order 子句定义了按指定属性进行排序的操作，排序方式可以为 descending 和 ascending，其中 descending 为降序排列，ascending 为升序排列。最后通过 select 子句返回一个自定义的数据实体类。

说明：LINQ 的详细内容，限于篇幅不再详述，请参考相应的技术资料。

10.3 任务实施

> **温馨提示**
>
> 以下新建的 Demo 项目，统一放在本单元的解决方案"UnitXYY-10"中。

MVC 项目的开发过程与传统的 Web Forms 完全不同，包括项目结构、文件类型等。

Demo10-1 创建 ASP.NET MVC 项目

在本单元的解决方案中，新建一个 ASP.NET MVC 项目，并完成模型、视图、控制器等的创建。

创建 ASP.NET MVC 项目

> **DEMO（项目名称：DemoASPNETMVCXYY）**

ASP.NET MVC 项目的创建与之前的 Web Forms 网站创建稍有不同。

主要步骤如下：

1.创建项目

（1）在解决方案中，添加→新建项目（项目名称：DemoASPNETMVCXYY），路径如图 10-4 所示。

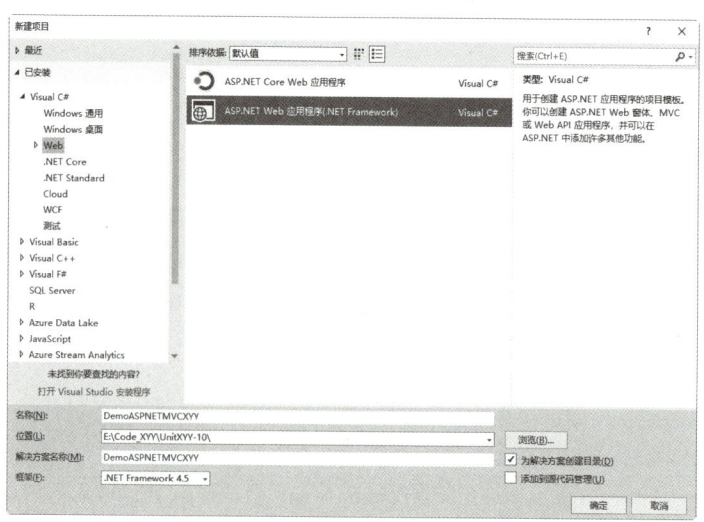

图 10-4 新建项目

(2)单击"确定"按钮后,在弹出的选择模板对话框中,选择"MVC",如图 10-5 所示。

(3)单击"确定"按钮后,Visual Studio 便开始创建 MVC 项目资源,如图 10-6 所示是 Visual Studio 默认创建的 ASP.NET MVC 项目的目录结构。

图 10-5　选择"MVC"

图 10-6　ASP.NET MVC 项目的目录结构

在这些目录中存放着不同类型的文件:
- Controllers 文件夹:用于存放控制器类。
- Views 文件夹:用于存放视图文件。
- Models 文件夹:用于存放数据模型类。
- Scripts 文件夹:用于存放 JavaScript 代码文件。
- Content 文件夹:用于存放 CSS 文件或 Image 图片素材文件等。

2.创建 ASP.NET MVC 控制器、视图、Action

在 ASP.NET MVC 框架中,如果按照传统的 Web Forms 创建方式,一般先创建一个 .aspx 页面,然后在 .cs 文件中编写请求处理代码。而正常的逻辑是,先创建控制器和 Action (注:非绝对),然后通过 Action 生成视图文件。

(1)添加控制器

在新创建的项目中选中 Controllers 文件夹并单击鼠标右键,然后依次选择"添加"→ "控制器"菜单项,会弹出"添加基架"对话框。在该对话框中,首先选择"已安装"→"控制器" 菜单项,然后选择"MVC 5 控制器",接着单击底部的"添加"按钮,如图 10-7 所示。

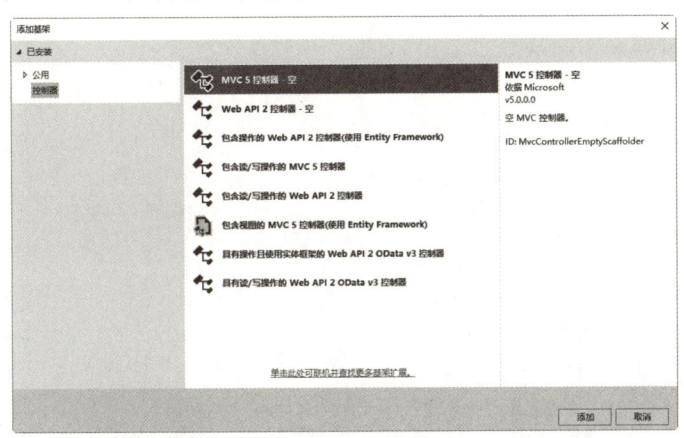

图 10-7　添加"MVC 5 控制器"

弹出的"添加控制器"对话框如图10-8所示。该对话框中的控制器名称默认为DefaultController,默认选中了Default部分,说明后面的Controller是不可以更改的,这就是ASP.NET MVC中的"约定大于配置"。此处可以将Default改为任意自定义的名称。比如,创建一个用户管理的控制器,将其命名为"UserManage",如图10-9所示。

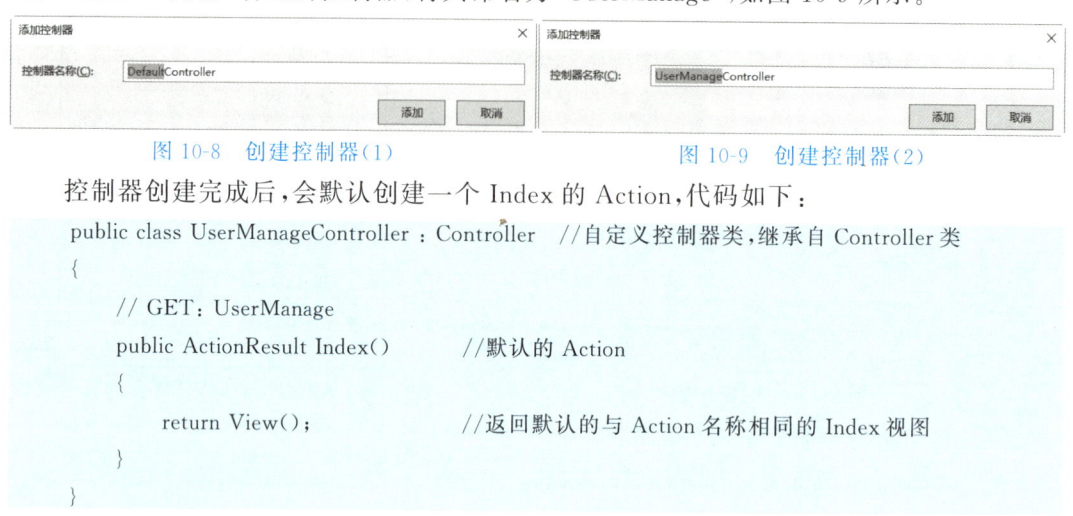

图10-8 创建控制器(1)　　　　图10-9 创建控制器(2)

控制器创建完成后,会默认创建一个Index的Action,代码如下:

```csharp
public class UserManageController : Controller    //自定义控制器类,继承自Controller类
{
    // GET: UserManage
    public ActionResult Index()        //默认的Action
    {
        return View();                 //返回默认的与Action名称相同的Index视图
    }
}
```

(2)添加视图

在创建视图文件前需要创建一个与控制器名称相同的视图文件目录,这也是一项约定。例如前面创建的"UserManage"控制器就可以创建一个与之对应的"UserManage"视图文件夹,然后在该文件夹中可以创建多个视图文件。

按照约定,在项目的"解决方案资源管理器"中找到Views文件夹,然后在该文件夹下创建"UserManage"视图文件夹(默认已经创建)。接着创建视图文件,在UserManage文件夹上单击鼠标右键,在弹出的快捷菜单上依次选择"添加"→"视图"菜单项,将会弹出"添加视图"对话框。如图10-10所示,在对话框中输入视图名称UserIndex,设置模板为"Empty(不具有模型)",并勾选"使用布局页"复选框。

图10-10 添加视图

打开UserIndex.cshtml视图文件,可以看到如下代码:

```
@{
    ViewBag.Title = "UserIndex";
}
    <h2>UserIndex</h2>
```

(3)添加 Action

即使添加了控制器和视图,没有处理方法也是无法进行访问的,所以,接下来需要在 UserManage 控制器下新建一个 Action,用于处理并响应用户请求的视图。打开 Controllers 文件夹下的 UserManageController.cs 文件,新建一个 Action,名称为 UserIndex(与视图名称相同),返回值类型为 ActionResult,该方法中返回 View(),即表示返回了与 Action 名称相同的 UserIndex 视图,这样新建立的视图 UserIndex 就可以被 UserManage 控制器中的 UserIndex 方法返回。UserIndex 处理代码如下:

```
public ActionResult UserIndex()           //与视图名称相同的 Action
{
    ViewBag.Message = "用户首页";        //动态类型变量
    return View();                        //默认返回 UserIndex 视图
}
```

3. 创建 Models 层

Model(模型)装载着一些数据实体,而实体类与数据表有着直接的关系。Entity Framework(EF)是 Microsoft 官方发布的 ORM(Object Relational Mapping)框架,它是基于 ADO.NET 的。通过 EF 可以很方便地将表映射到实体对象或将实体对象转换为数据表。但 EF 跟 MVC 没有直接关系,其他模式下也可以使用。

EF 支持三种开发模式,分别为 Database First、Model First 和 Code First。三种模式的开发体验各不相同,也各有优缺点。以开发者角度来看没有哪种模式是最好的,只需根据实际情况选择最合适的开发模式。以下将使用 EF 6 框架,采用 Database First 模式映射数据模型。

(1)首先,选中"Models"文件夹,单击右键,在弹出的快捷菜单上依次选择"添加"→"新建项"菜单项,弹出"添加新项"对话框,然后在对话框左侧选择"已安装"→"Visual C♯"项,在右侧列表中找到"ADO.NET 实体数据模型"项并选中,在底部填写名称,可以与数据库名相同,如图 10-11 所示,最后单击"添加"按钮。

(2)在弹出的"实体数据模型向导"对话框中,选择"来自数据库的 EF 设计器",如图 10-12 所示。

图 10-11　添加"ADO.NET 实体数据模型"　　图 10-12　选择"来自数据库的 EF 设计器"

(3)单击"下一步"按钮,在弹出的对话框中单击"新建连接"按钮,弹出"连接属性"对话框,设置过程参照单元 8。如图 10-13、图 10-14 所示。

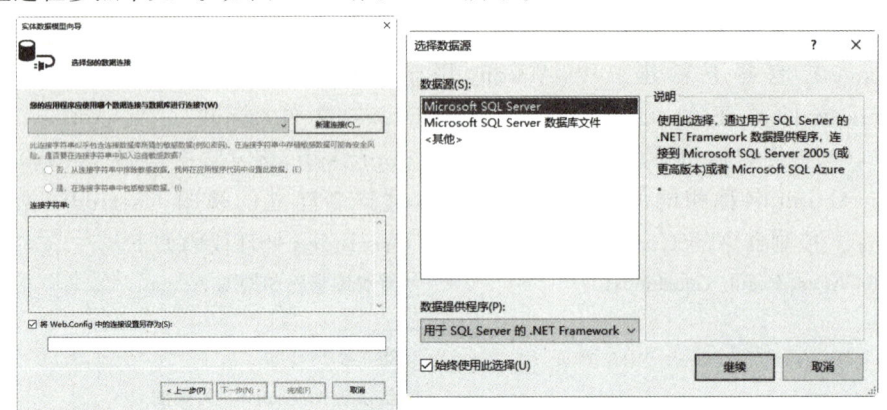

图 10-13　选择数据源

图 10-14　连接到 SQL Server 数据库 db_LibraryMS

（4）完成数据库连接配置后,选择"实体框架 6.x",在"选择您的数据库对象和设置"对话框中勾选"表",并勾选"在模型中包括外键列"选项。如图 10-15 所示。

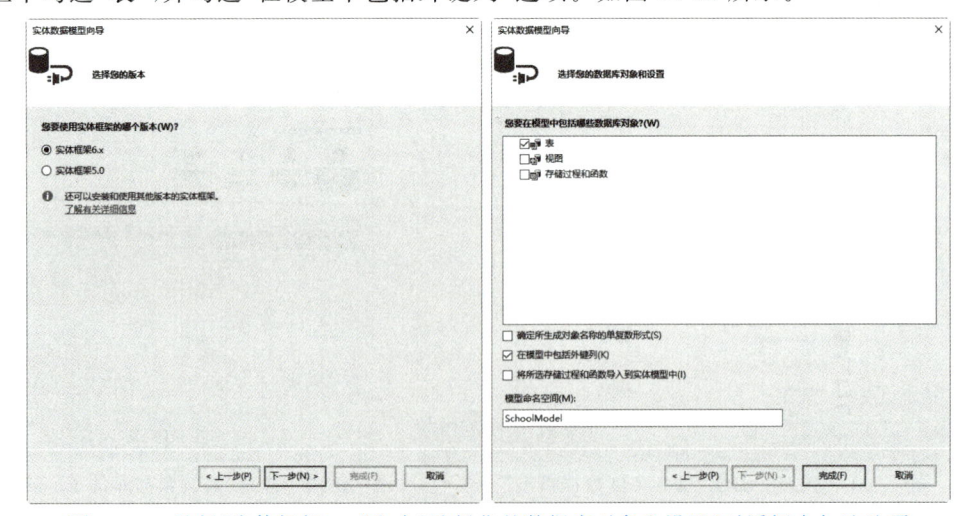

图 10-15　选择"实体框架 6.x"和在"选择您的数据库对象和设置"对话框中勾选选项

(5)单击"完成"按钮,自动打开模型图页面并展示关联性。在解决方案资源管理器的 Models 文件夹中,新增了一个"School.edmx"文件,这就是模型实体和数据库上下文类。如图 10-16 所示。

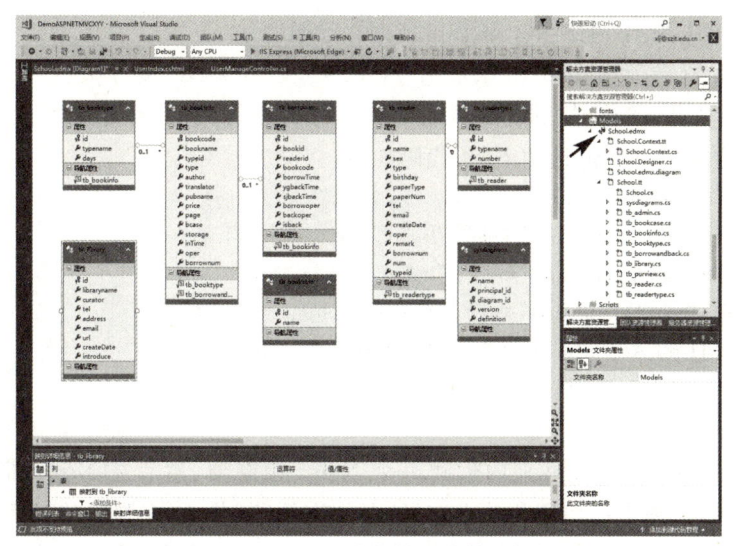

图 10-16　EF 生成的模型实体和架构

4. 调试运行

经过以上步骤操作,一个基础的 MVC 项目已经搭建完成,调试运行后的效果如图 10-17 所示。

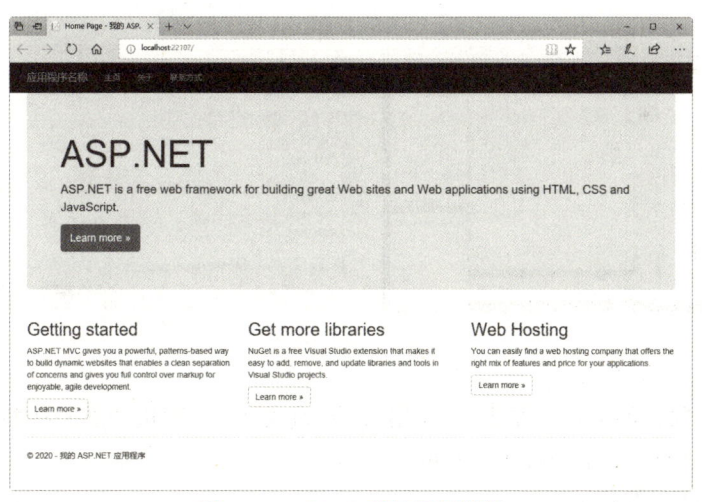

图 10-17　MVC 项目运行效果

Demo10-2　实现一个简单的 ASP.NET MVC 网页

在前一个 Demo 项目的基础上,添加新闻栏目并实现新闻页面的设计。

▶ **DEMO（项目名称：DemoASPNETMVCXYY）**

在前一个 Demo 创建的 ASP.NET MVC 项目中,已经搭建好了所有的开发环境,并且也包含了一些示例代码和基础功能。接下来根据项目需要,实现 ASP.NET MVC 项目所需的各项功能。

微课

实现一个简单的 ASP.NET MVC 网页

本任务将在 Visual Studio 自动创建的示例项目(Demo10-1)基础上进行扩展开发,需要在页面导航上添加一个"新闻"导航链接,然后实现新闻页面的设计。

主要步骤如下:

1.在 ASP.NET MVC 项目中,添加"新闻"导航链接

在解决方案资源管理器中依次展开"Views"→"Shared"文件夹并双击打开里面的_Layout.cshtml文件,接着,找到定义页面导航部分的布局代码,在定义"主页"链接的语句后面添加一条定义"新闻"链接的语句,代码如下:

```
<ul class="nav navbar-nav">
    <li>@Html.ActionLink("主页","Index","Home")</li>
    <li>@Html.ActionLink("新闻","Index","News ")</li>
    <li>@Html.ActionLink("关于","About","Home")</li>
    <li>@Html.ActionLink("联系方式","Contact","Home")</li>
</ul>
```

2.创建 News 控制器

在项目的 Controllers 文件夹内创建一个 News 控制器,然后在 News 控制器的 Index 方法上单击右键,在弹出的快捷菜单上选择"添加视图"菜单项,在弹出的对话框中直接单击"添加"按钮,此时,Views 文件夹内就会自动创建一个与控制器同名的文件夹,同时创建了一个与 Action 同名的视图文件。创建过程与 Demo10-1 相似,如图 10-18 所示。

图 10-18 创建 News 控制器的过程

3.News 控制器的 Index 方法设计

在 News 控制器的 Index 方法中,使用 for 循环箱 IList 随机添加一些新闻标题,然后在返回的视图方法中传入 IList 对象,代码如下:

```
public ActionResult Index()
{
    //使用for循环箱IList随机添加一些新闻标题,然后在返回的视图方法中传入IList对象
    IList<string> NewsTitleList = new List<string>();    //实例化 List 对象
    int count = new Random().Next(3, 5);                 //随机 3 次或 4 次循环
    for (int i = 0; i < count; i++)
    {
        //添加 5 条新闻标题
        NewsTitleList.Add("以强化制度执行力为关键提升国家治理效能");
```

```
        NewsTitleList.Add("锤炼忠诚干净担当的政治品格");
        NewsTitleList.Add("握好文化自信的"真钥匙"");
        NewsTitleList.Add("中华人民共和国70年社会建设和民生改善的成就与启示");
        NewsTitleList.Add("将爱国主义教育融入高校教育全过程");
    }
    return View(NewsTitleList);          //返回视图并传入要返回的模型(List实例)
}
```

4. 设计 Index.cshtml 视图页面

在 Index.cshtml 视图页面中,通过@model 制定对象模型类型,以便引用返回的对象实体,然后通过@{}语句块实现 foreach 遍历。代码如下:

```
@*引用实例对象*@
@model IList<string>
@{
    ViewBag.Title = "新闻";       //定义新闻标题
}
<ul>
@{
    int i = 0;                    //定义循环的索引值
    foreach (string s in Model)   //Model 为 IList 实例对象
    {
        if (i==0)
        {
            <li><h3><a href="#">@s</a></h3></li>    @*i等于0表示第一个
                                                      标题字号要大一些*@
        }
        else
        {
            @*从第二个标题开始字号要小一些,s为遍历的标题值*@
            <li><h4><a href="#">@s</a></h4></li>
        }
        i++;
    }
}
</ul>
```

5. 调试运行

经过以上操作,一个简单的 ASP.NET MVC 交互页面就完成了。找到 Views 文件夹下 Home 内的 Index.cshtml 页面,右击"在浏览器中查看",页面加载后出现在创建项目时自带的手艺页面,单击导航栏中的"新闻"按钮,页面就会跳转到如图 10-19 所示的新闻列表页面。

图 10-19　新闻列表页面的运行效果

Demo10-3　在 ASP.NET MVC 中实现 SQL Server 数据的列表显示

在现有的 ASP.NET MVC 项目基础上,添加"图书"栏目,实现从 SQL Server 数据库中查询图书信息并显示在页面中。

> **DEMO**(项目名称: **DemoASPNETMVCXYY**)

本任务将在现有 MVC 项目(Demo10-2)的基础上进行扩展开发,需要在页面导航上添加一个"图书"导航链接,然后通过 EF 框架映射实体对象,并添加新的控制器和视图,实现加载 db_LibraryMS 数据库中的图书信息列表。

微课

在 ASP.NET MVC 中实现 SQL Server 数据的列表显示

主要步骤如下:

1.在 ASP.NET MVC 项目中,添加"图书"导航链接。

在解决方案资源管理器中依次展开"Views"→"Shared"文件夹并双击打开里面的 _Layout.cshtml 文件,接着,找到定义页面导航部分的布局代码,在定义"新闻"链接的语句后面添加一条定义"图书"链接的语句,代码如下:

```
<ul class="nav navbar-nav">
    <li>@Html.ActionLink("主页","Index","Home")</li>
    <li>@Html.ActionLink("新闻","Index","News")</li>
    <li>@Html.ActionLink("图书","BookList","Books")</li>
    <li>@Html.ActionLink("关于","About","Home")</li>
    <li>@Html.ActionLink("联系方式","Contact","Home")</li>
</ul>
```

2.在项目的 Models 文件夹内通过"ADO.NET 实体数据模型"创建 School 实体对象。

参照 Demo10-1 中"3.创建 Models 层"的操作步骤,创建 School 实体对象,如图 10-20 所示。

3.在 Controllers 文件夹下新建一个 Book 控制器,如图 10-21 所示。

图 10-20　创建 School 实体对象　　　图 10-21　新建 Book 控制器

4.编写 BookList 方法。

将默认的 Index 修改为 BookList(与_Layout.cshtml 布局文件中的链接名称对应)。接着在该方法内实现一个简单的读取 tb_bookinfo 表的功能,代码如下:

```
public ActionResult BookList()
{
    IList<tb_bookinfo> Books = null;        //定义 tb_bookinfo 数据集合遍历
    using(db_LibraryMSEntities db=new db_LibraryMSEntities())   //实例化数据库上下文类,
                                                                //用于操作数据库
    {
        Books=db.tb_bookinfo.Select(S => S).ToList();  //查询所有数据
    }
    return View(Books);                     //返回视图并传入对象模型
}
```

温馨提示

在控制器中,要添加对项目模型的引用,代码为:
using DemoASPNETMVCXYY.Models;

5.创建 BookList 视图文件,然后通过 table 表格定义数据列表。

(1)右击控制器的 BookList 方法,添加视图文件,如图 10-22 所示。

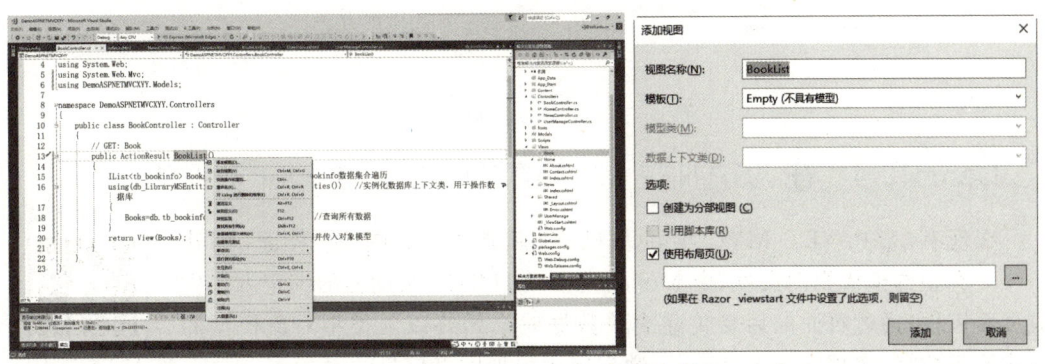

图 10-22　添加 BookList 视图文件

(2)通过 table 表格定义数据列表,代码如下:

```
@* 引用 tb_bookinfo 实体对象 *@
@model IList<DemoASPNETMVCXYY.Models.tb_bookinfo>
@{
    ViewBag.Title = "图书列表";    //定义网页标题
}
<table width="580" align="center">
    <tr>
        <th height="40">ID</th><th>图书编码</th><th>图书名称</th><th>作者</th><th>出版社</th>
    </tr>
    @{
        //遍历数据集合
        foreach (DemoASPNETMVCXYY.Models.tb_bookinfo books in Model)
        {
            //绑定行数据
            <tr>
                <td height="30">@books.bookcode</td>
                <td>@books.bookname</td>
                <td>@books.author</td>
                <td>@books.pubname</td>
            </tr>
        }
    }
</table>
```

6.运行程序,调用 Book 控制器下的 BookList 方法,运行效果如图 10-33 所示。

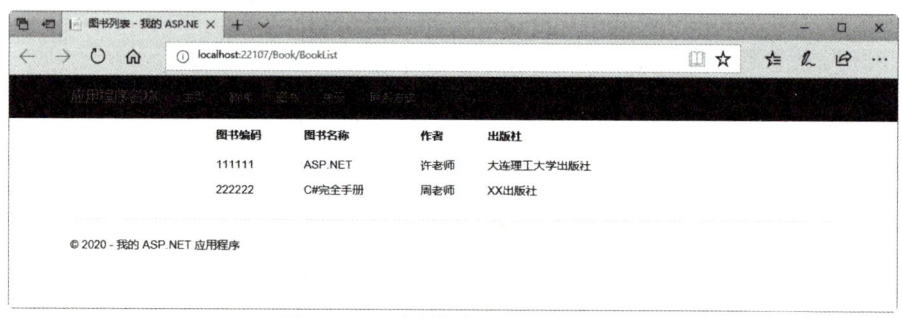

图 10-23　图书信息列表运行效果

Demo10-4　在 ASP.NET MVC 中实现 SQL Server 数据的添加

在现有 ASP.NET MVC 项目基础上,新增"添加图书"页面,创建 Create 类型的模板视图文件,令 Model 模型以 HTML 帮助器的绑定方式生成页面控件,通过页面向后台传递表单数据时会始终以强类型对象模型的方式传递数据,实现向 SQL Server 数据库中添加图书信息。

微课

在 ASP.NET MVC 中实现 SQL Server 数据的添加

单元 10 ASP.NET MVC 编程

➢ **DEMO**（项目名称：**DemoASPNETMVCXYY**）

本任务将在现有 MVC 项目（Demo10-3）的基础上进行扩展开发，需要在图书列表页中添加"添加图书"链接，用于跳转到添加数据的页面。

主要步骤如下：

1.修改图书列表页，新增"添加图书"链接，链接指向"Add"，在 BookList 视图文件的 table 头部位置新增部分代码如下：

```
<caption><center>图书列表</center></caption>
<tr>
    <td><a href="Add">添加图书</a></td>
    <td></td>
    <td></td>
    <td></td>
</tr>
```

2.在 Book 控制器中添加一个 Add 方法，该方法将返回视图文件。

```
//Add 方法，返回视图文件
public ActionResult Add()
{
    return View();
}
```

3.创建与该方法同名的视图文件，因为是属于"添加数据"类型的视图页面，所以模板应当选择"Create"选项，模型类为"tb_bookinfo(DemoASPNETMVCXYY.Models)"，数据库上下文类选择"db_LibraryMSEntities(DemoASPNETMVCXYY.Models)"。注意，模型类括号内为命名空间名称，并勾选"引用脚本库""使用布局页"选项。如图 10-24 所示。

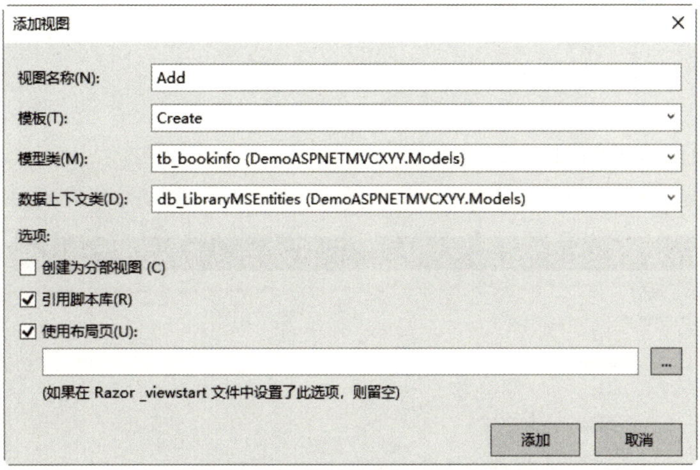

图 10-24 创建"添加图书"的视图文件

4.在 Add 视图文件中，修改页面的标题及控件类型。

在视图文件中，首先根据需要选择字段，比如：图书编码、图书名称、图书类别、作者、出版社、单价、出版时间等，其他自动绑定的信息暂时注释不用。然后将页面上的每个字段的提示标题修改为正确的提示信息，并将图书类别的文本框修改为下拉列表框，修改方式是将 Html.EditorFor 方法修改为 Html.DropDownListFor 方法。

265

部分代码如下：

```
        <div class="form-group">
            @Html.LabelFor(model => model.bookname,"图书名称", htmlAttributes：new { @class = "control-label col-md-2" })
            <div class="col-md-10">
                @Html.EditorFor(model => model.bookname, new { htmlAttributes = new { @class = "form-control" } })
                @Html.ValidationMessageFor(model => model.bookname,"", new { @class = "text-danger" })
            </div>
        </div>
        <div class="form-group">
            @Html.LabelFor(model => model.typeid,"图书类别", htmlAttributes：new { @class = "control-label col-md-2" })
            <div class="col-md-10">
                @*@Html.DropDownList("typeid", null, htmlAttributes：new { @class = "form-control" })*@            //本节"拓展"部分需修改此处代码
                @Html.DropDownListFor(model => model.typeid, new List<SelectListItem>(){ new SelectListItem(){ Text = "程序设计", Value = "1", Selected = true }, new SelectListItem(){ Text = "网页设计", Value = "2" } }, new { htmlAttributes = new { @class = "form-control" } })
                @Html.ValidationMessageFor(model => model.typeid,"", new { @class = "text-danger" })
            </div>
        </div>
```

最后，在底部的"Back to List"链接中，将默认产生的"Index"修改为"BookList"，代码如下：

```
<div>
    @Html.ActionLink("Back to List","BookList")
</div>
```

运行后的页面效果如图10-25所示。

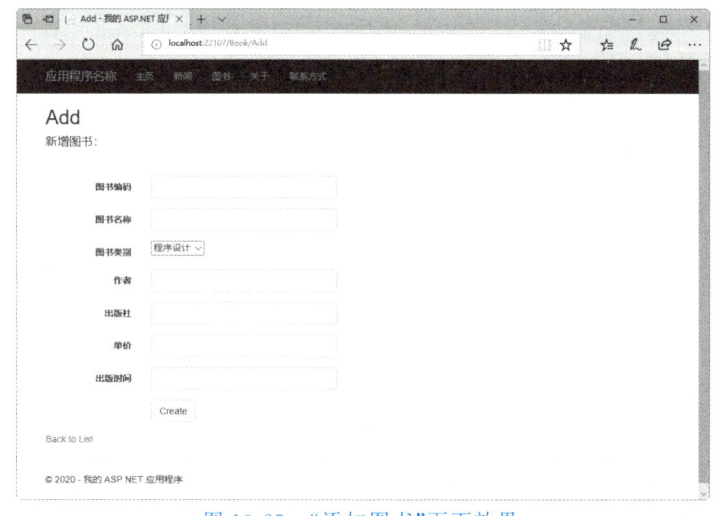

图10-25 "添加图书"页面效果

5. 为 Add 视图文件中的"Create"创建按钮编写方法。

当单击"Create"按钮后,网页上的数据应提交到控制器的方法中进行处理保存,但此处应当注意的是,视图所对应的 Add 方法是 HttpGet 方式,而在提交数据时访问是以 HttpPost 方式进行的。因此,在提交时必须提交到另一个 Action 中。在 Book 控制器中编写添加数据的方法,代码如下:

```
[HttpPost]            //HttpPost 表示该方法只能以 HttpPost 方式访问
public ActionResult Add(tb_bookinfo book)
{
    using (db_LibraryMSEntities db = new db_LibraryMSEntities())    //实例化数据库上下文
                                                                    //类,用于操作数据库
    {
        db.tb_bookinfo.Add(book);    //将数据实体添加到集合中,但不会执行插入数据库操作
        db.SaveChanges();            //保存数据
    }
    return RedirectToAction("BookList");    //重定向到指定的方法
}
```

运行调试的效果如图 10-26 所示。

图 10-26 "添加图书"的页面及添加后的效果

拓展:在新增的页面中,图书类别默认是文本框,如何修改为下拉列表框,并绑定静态数据或图书类别表(booktype 表)中的数据?

(1)在控制器的 Add 方法中,添加对下拉列表框数据的列表绑定

```
//实例化数据库上下文类,用于操作数据库
db_LibraryMSEntities db = new db_LibraryMSEntities();
//将图书类别的数据加载到列表 typeList
List<tb_booktype> typeList = db.tb_booktype.ToList();
SelectList selList1 = new SelectList(typeList,"id","typename");
//把生成的集合放到 ViewData 中,提供给视图进行调用
ViewData["booktypeid"] = selList1;
return View();        //返回视图文件
```

(2)在 Add.cshtml 视图文件中,将图书类别的文本框修改为下拉列表框

原来的:@Html.DropDownList("typeid", null, htmlAttributes: new { @class = "form-control" })

修改后：@Html.DropDownList("typeid", ViewData["booktypeid"] as SelectList, htmlAttributes: new { @class = "form-control" })

Demo10-5　在 ASP.NET MVC 中实现 SQL Server 数据的更新

ASP.NET MVC 提供了用于更新数据的视图模板，该模板与创建数据模板大致相同，但在更新数据前，需要先加载数据到对象模型中，在页面中通过 HTML 帮助器将要更新的数据绑定在页面中。从实现绑定数据到提交数据给后台进行更新的整个过程都是强类型对象模型操作。

> **DEMO**（项目名称：DemoASPNETMVCXYY）

本任务将在现有 MVC 项目(Demo10-4)已经完成图书信息显示和添加功能的基础上，实现数据的更新。更新的实现过程与添加数据基本相同，不同的是图书列表页跳转时需要为每一条图书信息添加一个"修改"链接，然后在绑定数据时需要在视图的 Action 中返回实体数据，最后是更新数据而不是插入数据。

主要步骤如下：

1.首先，在图书信息列表每一条记录的最后一列添加一个"修改"链接，并绑定 Action 和要传入的参数。在 BookList.cshtml 视图文件的图书列表行中新增的代码如下：

```
<td>@Html.ActionLink("修改","Update",new { bookcode = books.bookcode })</td>
```

> **温馨提示**
>
> Html.ActionLink(链接文本,操作,路由值)

2.在 Book 控制器中添加一个 Update 方法，该方法包含一个字符串类型的 bookcode 参数，用于获取要修改的单条数据。随后生成一个 Update 视图文件，在生成选项里除了"模板"项为"Edit"外，其他项都与添加"Create"视图相同。如图 10-27 所示。

图 10-27　创建"更新数据"的视图文件(1)

3.在 Book 控制器中，编写 Update 方法实现数据查询并返回实体数据，代码如下：

```
//Update 方法
[HttpGet]            //HttpGet 表示该方法只能以 HttpGet 方式访问
public ActionResult Update(string bookcode)
```

```csharp
{
    tb_bookinfo bookinfo = null;          //定义接收查询后的实体数据变量
    using (db_LibraryMSEntities db = new db_LibraryMSEntities())    //实例化数据库上下文
                                                                    //类,用于操作数据库
    {
        bookinfo = db.tb_bookinfo.Where(W => W.bookcode == bookcode).FirstOrDefault();
        //查询指定 bookcode 的学生数据
    }
    return View(bookinfo);                //返回视图并传入实体数据
}
```

4.定义 Update 的重载方法,用于执行数据的更新,代码如下:

```csharp
//Update 方法:更新写入
[HttpPost]              //HttpPost 表示该方法只能以 HttpPost 方式访问
public ActionResult Update(tb_bookinfo bookinfo)
{
    using (db_LibraryMSEntities db = new db_LibraryMSEntities())    //实例化数据库上下文
                                                                    //类,用于操作数据库
    {
        //将数据实体附加到集合中,表示将要更新该实体数据
        var EditBook = db.tb_bookinfo.Attach(bookinfo);
        EditBook.bookname = bookinfo.bookname;        //赋值图书名称属性
        EditBook.author = bookinfo.author;            //赋值图书作者属性
        EditBook.pubname = bookinfo.pubname;          //赋值图书出版社属性
        EditBook.typeid = bookinfo.typeid;            //赋值图书类型属性
        EditBook.price = bookinfo.price;              //赋值图书单价属性
        EditBook.inTime = bookinfo.inTime;            //赋值图书入库时间属性
        db.Entry(EditBook).Property(P => P.bookname).IsModified = true;
                                                      //表示更新图书名称
        db.Entry(EditBook).Property(P => P.author).IsModified = true;
                                                      //表示更新图书作者
        db.Entry(EditBook).Property(P => P.pubname).IsModified = true;
                                                      //表示更新图书出版社
        db.Entry(EditBook).Property(P => P.typeid).IsModified = true;  //表示更新图书类型
        db.Entry(EditBook).Property(P => P.price).IsModified = true;   //表示更新图书单价
        db.Entry(EditBook).Property(P => P.inTime).IsModified = true;  //表示更新入库时间
        db.Configuration.ValidateOnSaveEnabled = false;   //执行保存前关闭自动验证实体
        bool isSuc = db.SaveChanges() > 0;                //执行保存
        db.Configuration.ValidateOnSaveEnabled = true;    //执行保存后开启自动验证实体
    }
    return RedirectToAction("BookList", "Book");          //重定向到图书列表
}
```

执行程序,运行 BookList.cshtml 页面,浏览器会显示图书列表页面,然后单击某一图

书的"修改"链接,页面跳转到编辑页面,如图 10-28 所示。接着,在页面上进行编辑,然后单击"Save"按钮,保存成功后返回图书列表页面,数据修改成功,如图 10-29 所示。

图 10-28　更新图书信息页面(1)　　　图 10-29　更新图书信息页面(2)

拓展:在更新的页面中,图书类别默认是文本框,如何修改为下拉列表框,绑定图书类别表(booktype 表)中的数据,并让原有的图书类别处于选中状态?

(1)在控制器的 Update(string bookcode)方法中,添加对下拉列表框数据的列表绑定

//将图书类别的数据加载到列表 typeList
List<tb_booktype> typeList = db.tb_booktype.ToList();
//将图书类别列表的数据封装到 SelectList 中,生成下拉列表框选项 value 和 text 属性及默认值
SelectList selList1 = new SelectList(typeList, "id", "typename", bookcode);
//把生成的集合放到 ViewData 中,提供给视图进行调用
ViewData["booktypeid"] = selList1;

(2)在 Update.cshtml 视图文件中,将图书类别的文本框修改为下拉列表框

原来的:@Html.DropDownList("typeid", null, htmlAttributes: new { @class = "form-control" })

修改后:@Html.DropDownList("typeid", ViewData["booktypeid"] as SelectList, htmlAttributes: new { @class = "form-control" })

10.4　案例实践

在学习了前面 5 个 Demo 任务之后,完成以下 3 个 Activity 案例的操作实践。

Act10-1　实现学生信息列表显示功能

在本单元解决方案 UnitXYY-10 内,新建 MVC 项目,添加"学生"栏目,以 MySchool 为数据库,通过 EF 框架映射实体对象,在项目上添加新的控制器和视图,实现加载学生信息列表页面。

▶ **ACTIVITY**(项目名称:ActMySchoolMVCXYY)

1.首先创建一个 ASP.NET MVC 项目,修改页面导航部分的布局代码,在 Views\

Shared_Layout.cshtml 布局文件中,新增一个"学生"链接。

2.然后在项目的 Models 文件夹内通过"ADO.NET 实体数据模型"创建 MySchool 实体对象。创建过程与 Demo10-1 相似,如图 10-30 所示。

图 10-30　创建 MySchool 实体对象

3.在 Controllers 文件夹下创建一个 Student 控制器,并在方法内实现一个简单的读取 Student 表的功能。

4.创建学生列表视图 StudentList,并通过 table 表格定义数据列表。

5.运行调试后效果如图 10-31 所示。

图 10-31　学生信息页面

拓展:在本案例出现的学生列表中,班级信息以班级 ID 的形式出现,如果要从班级表(Class)中获取相应的班级名称,并通过两表关联查询、获取所需的数据信息(如图 10-32 所示),该如何实现?

图 10-32　学生信息页面(改进:显示班级名称)

Act10-2　实现学生信息添加功能

在现有的 ASP.NET MVC 项目基础上,新增"添加学生"页面,创建"Create"类型的模板视图文件,令 Model 模型以 HTML 帮助器的绑定方式生成页面控件,通过页面向后台传递表单数据时始终以强类型对象模型的方式传递数据,实现向 SQL Server 数据库中添加学生信息。

➢ ACTIVITY(项目名称：ActMySchoolMVCXYY)

本实践将在现有 MVC 项目(Act10-1)的基础上进行扩展开发,需要在学生列表页中添加"添加学生"链接,用于跳转到添加数据的页面。

主要步骤如下：

1.修改学生列表页,新增"添加学生"链接,链接指向"Add",在 StudentList 视图文件的 table 头部位置。

2.在 Student 控制器中添加一个 Add 方法,该方法返回视图文件。

3.创建与该方法同名的视图文件,因为是属于"添加数据"类型的视图页面,所以模板应当选择"Create"选项,模型类为"Student(ActMySchoolMVCXYY.Models)",数据库上下文类选择"MySchoolEntities(ActMySchoolMVCXYY.Models)"。注意,"模型类"括号内为命名空间名称,并勾选"引用脚本库""使用布局页"选项。如图 10-33 所示。

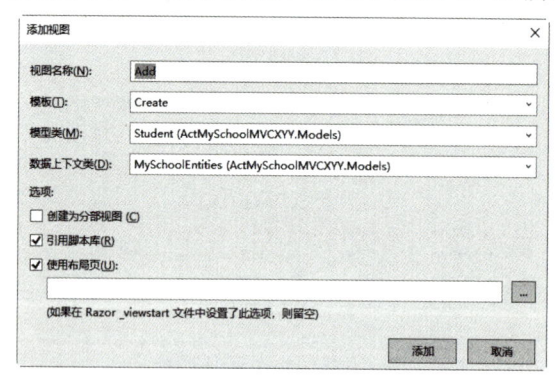

图 10-33　创建"添加学生信息"的视图文件

4.在 Add 视图文件中,修改页面的标题及控件类型。

在视图文件中,首先根据需要选择字段,比如：登录账号、登录密码、状态、班级、学号、姓名、性别、专业、电话、地址、邮编等,其他自动绑定好的信息暂时注释不用。然后将页面上的每个字段的提示标题修改为正确的提示信息,将密码的普通文本框修改为密码文本框,并将状态、班级和性别的文本框修改为下拉列表框,修改方式是将 Html.EditorFor 方法修改为 Html.DropDownListFor 方法。

最后,在底部的"Back to List"的链接中,将默认产生的"Index"修改为"StudentList"。

5.为 Add 视图文件中的"Create"创建按钮编写方法。

当单击"Create"按钮后,网页上的数据应提交到控制器的方法中进行处理保存,但此处应当注意的是,视图所对应的 Add 方法是 HttpGet 方式的,而在提交数据时访问是以 HttpPost 方式进行的。因此,在提交时必须提交到另一个 Action 中,在 Student 控制器中编写添加数据的方法。

运行后的效果如图 10-34 所示。

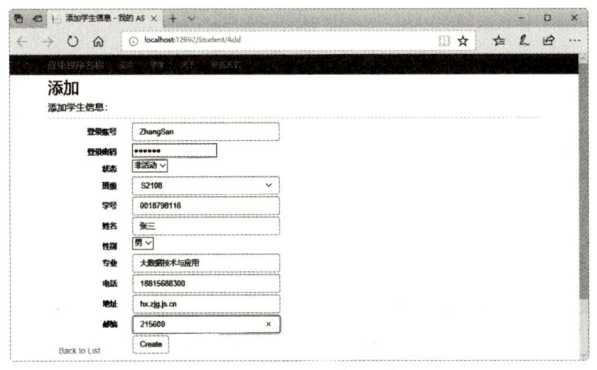

图 10-34 "添加学生信息"页面效果

Act10-3 实现学生信息更新功能

在现有的 ASP.NET MVC 项目基础上,新增"修改"链接,创建"Create"类型的模板视图文件,令 Model 模型以 HTML 帮助器的绑定方式生成页面控件,通过页面向后台传递表单数据时会始终以强类型对象模型的方式传递数据,实现在 SQL Server 数据库中更新学生信息。

➢ **ACTIVITY**(项目名称:**ActMySchoolMVCXYY**)

本实践将在现有 MVC 项目(Act10-2)已经完成学生信息显示和添加功能的基础上,实现数据的更新。更新的实现过程与添加数据基本相同,不同的是学生列表页跳转时需要为每一条学生信息添加一个"修改"链接,然后在绑定数据时需要在视图的 Action 中返回实体数据,最后是更新数据而不是插入数据。

主要步骤如下:

1.首先,在学生信息列表每一条记录的最后一列添加一个"修改"链接,并绑定 Action 和要传入的参数。在 StudentList.cshtml 视图文件的学生列表行中新增的代码如下:

```
<td>@Html.ActionLink("修改","Update", new { studentid = item.studentid })</td>
```

> **温馨提示**
>
> Html.ActionLink(链接文本,操作,路由值)

2.在 Student 控制器中添加一个 Update 方法,该方法包含一个字符串类型的 studentid 参数,用于获取要修改的单条数据。随后生成一个 Update 视图文件,在生成选项里除了"模板"项为"Edit"外,其他项都与添加"Create"视图相同。如图 10-35 所示。

图 10-35 创建"更新数据"的视图文件(2)

3.在 Student 控制器中,编写 Update 方法实现数据查询并返回实体数据。
4.定义 Update 的重载方法,用于执行数据的更新。

执行程序,运行 StudentList.cshtml 页面,浏览器将会显示学生列表页,然后单击某一条学生信息的"修改"链接,页面将会跳转到编辑页面,如图 10-36(a)所示。接着,在页面上进行编辑,然后单击"Save"按钮,保存成功后返回学生列表页,数据修改成功,如图 10-36(b)所示。

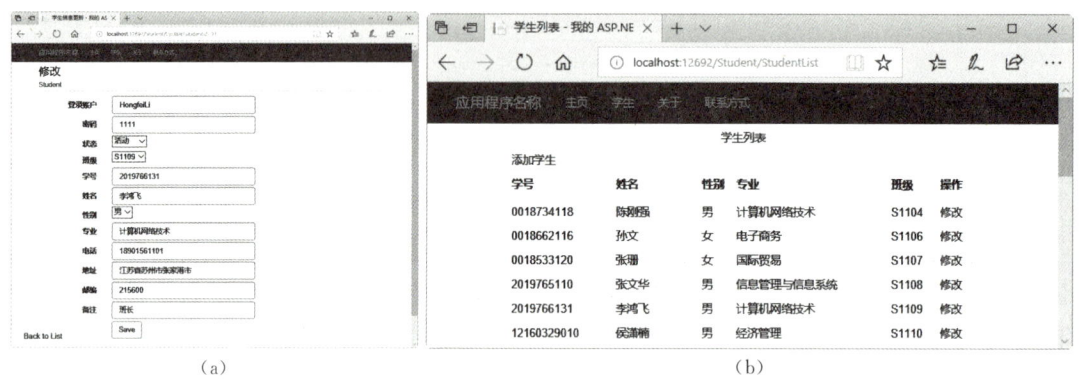

(a)　　　　　　　　　　　　　　　(b)

图 10-36　更新学生信息页面和更新后的结果

10.5　课外实践

在学习了前面的 Demo 任务和 Activity 案例实践之后,利用课外时间,完成以下 2 个 Home Activity 案例的操作实践。

HomeAct10-1　实现 Subject 课程信息的列表显示功能

在案例实践 Act10-3 的基础上,在页面导航上新增"课程"链接,实现从 SQL Server 数据库中查询课程信息(Subject 表)并显示在页面中,如图 10-37 所示。

图 10-37　课程信息列表显示

HomeAct10-2　实现 Subject 课程信息的添加功能

在完成课程信息列表显示功能之后,在需要在课程列表页中添加"添加课程"链接,用于跳转到添加数据的页面,并完成课程信息的添加功能,如图 10-38 所示。

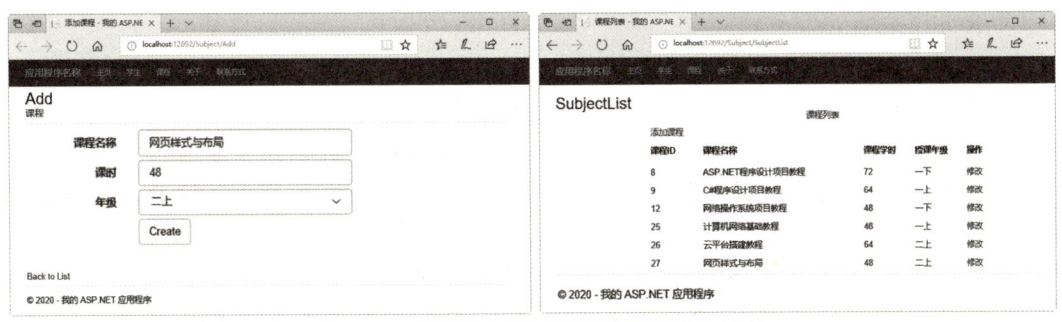

图 10-38　课程信息添加页面及添加后的结果

HomeAct10-3　实现 Subject 课程信息的更新功能

在完成课程信息列表显示和添加功能之后,在每条课程记录的最后添加一个"修改"链接,用于跳转到修改数据的页面,并完成课程信息的修改功能,如图 10-39 所示。

图 10-39　课程信息修改页面及修改后的结果

10.6　单元小结

本单元主要学习了如下内容:

学习和了解了 ASP.NET MVC 框架中的模型、视图和控制器;掌握了从用户请求控制器动作到加载视图以及绑定模型的过程;学习了通过配置路由规则来自定义 URL 路径;了解 Razor 视图引擎的特性,掌握了 Razor 语法标记设计视图的页面设计;学习和掌握了 Entity Framework 框架的一些用法。通过 Demo 学习和 Activity 操作,基本掌握了 ASP.NET MVC 项目的构建。

10.7　单元知识点测试

1.单选题

(1)ASP.NET MVC 有两种视图引擎,分别是(　　)。

A.ASPX 和 Web Forms　　　　　　B.Razor 和 Web Forms

C.ASPX 和 Razor　　　　　　　　D.以上都是

(2)ASP.NET MVC 的 Action 中,如果要显示一个页面可执行什么方法?(　　)

A.Action()　　　　　　　　　　B.View()

C.RedirectToAction()　　　　　　　　D.File()

(3)控制器的命名规则是(　　)

A.类名＋Controller　　　　　　　　B.类名

C.类名＋方法名　　　　　　　　　　D.Controller

(4)以下哪个目录包含需要随应用程序一起部署的各种非编码资源？这些资源包括图像和CSS样式表文件等。(　　)

A.Content　　　B.Script　　　C.App_Start　　　D.Filters

(5)在新建的MVC项目的"App_Start\RoutConfig.cs"文件中,以下哪个方法注册了默认的路由配置？(　　)

A.RegisterRoutes　　B.Application_Start　　C.EnrollRoutes　　D.WriteRoutes

(6)在ASP.NET MVC项目中,默认在以下哪个文件中含有网站正确运行所必需的配置细节,包括数据库连接字符串等？(　　)

A.Web.config　　B.Global.asax　　C.Site.css　　D.Config.cs

(7)在ASP.NET MVC项目中默认在以下哪个文件夹存放数据库、XML文件或应用程序所需的其他数据？(　　)

A.App_Start　　B.App_Data　　C.Content　　D.Models

(8)以下不用于在控制器与视图之间传递数据的是？(　　)

A.Session　　B.ViewData　　C.TempData　　D.xml

(9)如果定义了一个可供网址直接访问的Action,其名称是Add(int First,int Second),那么URL访问形式为(　　)。

A.http://localhost:2180/Home/Add?First=1&Second=2

B.http://localhost:2180/Home/Add(1,2)

C.http://localhost:2180/Home/Add(First,Second)?First=1&Second=2

D.以上写法都不对

(10)在ASP.NET MVC项目中,有一个重要的概念ORM,它的意思是(　　)。

A.以习惯替换配置　　B.实体框架模型　　C.关注点分离　　D.对象关系映射

(11)Entity Framework的主要功能是(　　)。

A.数据库的数据维护　　　　　　　　B.提高服务器性能

C.分布式开发　　　　　　　　　　　D.云计算

2.多选题

(1)对ASP.NET MVC和三层架构描述正确的是(　　)。

A.ASP.NET MVC和三层架构是一样的,没有多少区别

B.ASP.NET MVC由Model、View、Controller组成

C.Model主要用于数据库维护工作

D.View用于界面显示

(2)ASP.NET MVC的优点有哪些？(　　)

A.易于对界面逻辑进行单元测试

B.易于后台与前台开发人员的配合

C.Web应用程序的另一种选择,并非为了取代Web Forms

D.易于提高运行速度

(3)以下属于 HtmlHelper 类的方法有（　　）

A.TextBoxFor()　　　　　　　　　　B.DropdownListFor()

C.BeginForm()　　　　　　　　　　D.EndForm()

(4)以下属于 ASP.NET MVC 组件或类的是（　　）

A.母版页　　　B.内容页　　　C.HtmlHelper　　　D.静态页

(5)EF 支持的开发模式有三种,包括以下哪三项？（　　）

A.Database First　　B.Model First　　C.Code First　　D.View First

10.8　单元实训

Project_第 6 阶段之四：网站信息动态处理之"前台产品列表显示模块"

结合本单元 ADO.NET 数据库操作方法,实现前台产品列表显示功能。

主要步骤(单元实训项目:EntWebsiteActXYY)如下：

(一)功能说明

在网站前台目录中,创建产品列表页面 ProductXYY.aspx,使用 DataList 控件编写程序,实现 DB_EntWebsiteXYY 数据库 tb_ProductsXYY 表中的产品信息以"图片＋标题"的形式分页显示等功能。

(二)功能实现

1.新建 ProuctXYY.aspx 页面。

根据原 Product.html 静态页面界面设计,完善 ProductXYY.aspx 设计。如图 10-40 所示。

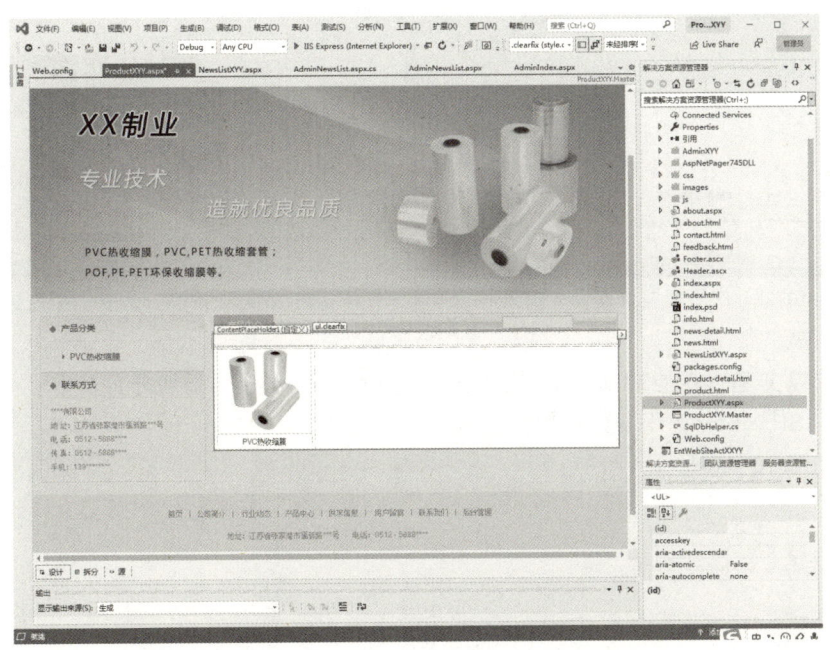

图 10-40　产品列表页面设计范围

> **温馨提示**
> 在产品列表区域的 HTML 代码中,保留一条产品信息记录即可。

2.把 DataList 控件添加到 ProductXYY.aspx 页面的产品显示位置。

(1)页面设计:切换到页面源视图,编写 DataList 控件的布局、格式设置,并且设置 DataList 每行显示 4 条记录,即设置属性:RepeatColumn=4,同时设置 DataKeyField 的属性为 id。页面参考代码详见"指导手册"。

(2)完成设计后,效果如图 10-41 所示。

3.编写 ProductXYY.aspx.cs 程序代码。

(1)在 Page_Load 事件中添加代码

```
if(! IsPostBack)
{
    bindDLProductsData();
}
```

(2)自定义函数 bindDLProductsData()的方法

```
string sql = "select id,ProductName,Pic from tb_ProductsXYY order by id desc";
DataTable dt = SqlDbHelper.ExecuteDataTable(sql);
dlProducts.DataSource = dt;
dlProducts.DataBind();
```

4.运行 ProductXYY.aspx,如图 10-42 所示。

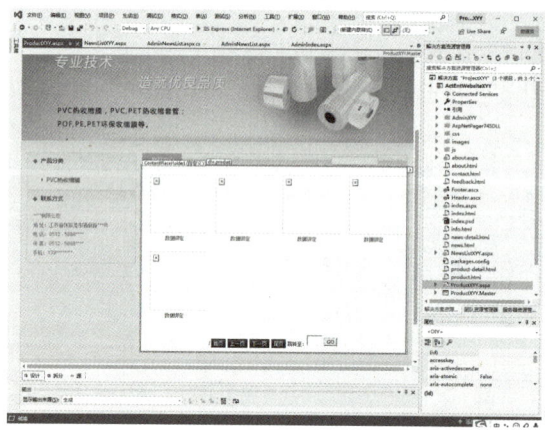

图 10-41 产品列表页面设计效果　　图 10-42 产品列表页面运行效果

(三)拓展

在完成以上基本功能的基础上,完成拓展:为 DataList 控件添加分页功能。

参考:ASP.NET 中 DataList 控件实现分页功能。

效果如图 10-43 所示。

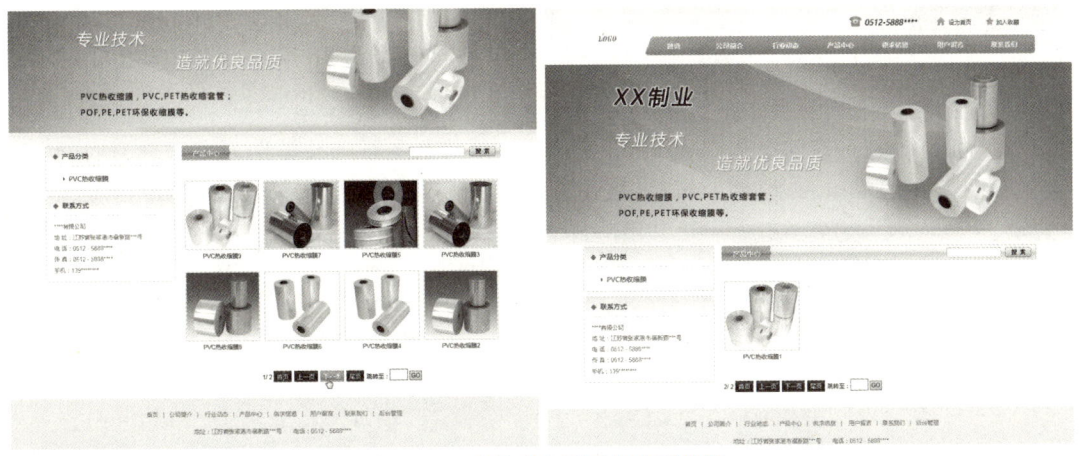

图 10-43　产品列表页面的分页效果

Project_第 6 阶段之五：网站信息动态处理之"前台产品类别模块"

结合本单元 ADO.NET 数据库的操作方法，实现前台产品类别功能。
主要步骤（单元实训项目：EntWebsiteActXYY）如下：
（一）功能说明
在网站前台左侧，在产品列表 ProductXYY.aspx 页面的"产品分类"区域内，使用 DataList 控件编写程序，实现 DB_EntWebsiteXYY 数据库 tb_ProductCategoryXYY 产品类别表中数据的显示及相关链接功能。
备注：如果左侧的"产品分类"使用了母版页技术，就直接在母版页和程序代码中进行设计和编程。
（二）功能实现
1.ProductXYY.aspx 页面左侧新闻类别页面设计。
（1）修改 ProductXYY.aspx 页面左侧"产品分类"的"PVC 热收缩膜"部分及"产品中心"区域，如图 10-44 所示。

图 10-44　产品类别页面的设计

温馨提示

在产品类别列表区域的 HTML 代码中，保留一条产品类别信息记录即可。

（2）将 DataList 控件添加到 ProductXYY.aspx 页面中原产品类别列表区域，切换到页面源视图，编写 DataList 控件的布局、格式设置程序。完成设计后，效果如图 10-45 所示。

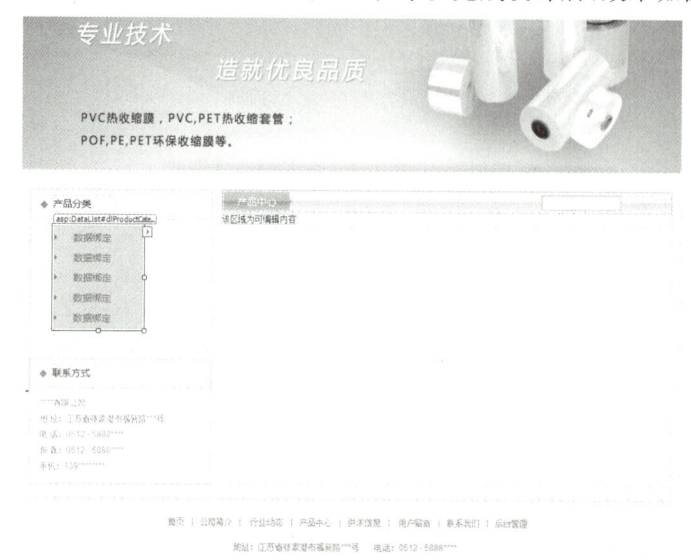

图 10-45　产品类别显示页面的设计

2. 完善 ProductXYY.aspx.cs 代码，完成产品类别列表区域 rpProductsType 控件的数据绑定。

（1）在 Page_Load 事件中，新增产品类别列表区域 Repeater 控件（rpProductsType）的数据绑定自定义函数。

```
bindRPData();         //绑定页面左侧产品类别列表区域的 rpProductsType 控件
bindRPProductsData();  //绑定页面的 Repeater 控件
```

（2）自定义函数 bindRPProductsTypeData() 的方法代码编写，详见指导手册。

3. 修改了产品分类后的 ProductXYY.aspx 运行效果，如图 10-46 所示。

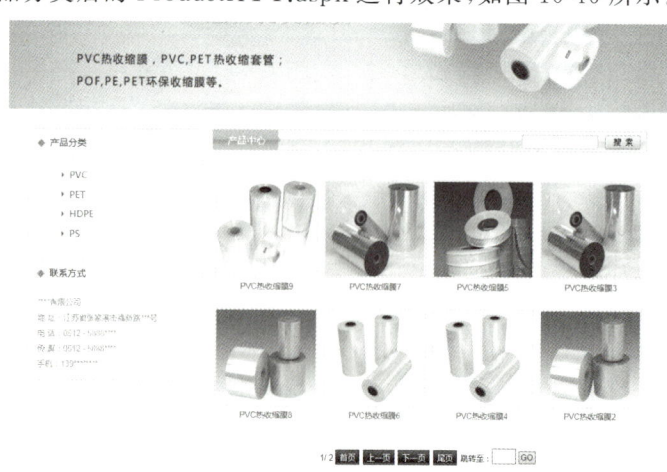

图 10-46　产品类别显示页面的运行效果

（三）拓展

1.在完成以上基本功能的基础上，完成如下拓展功能：

左侧行业动态的新闻类别显示后，每个产品分类的链接都是：ProductXYY.aspx?CatId=2,其中 2 为产品类别的 ID 值。

问题：如何实现单击左侧相应产品分类的链接后，右侧的产品列表只显示该类别的所有产品？

> **温馨提示**
>
> 在 ProductXYY.aspx.cs 中，根据获取的 CatID 的值，修改绑定原先产品列表的 DataList 控件（DLProducts）的 SQL 字符串信息。

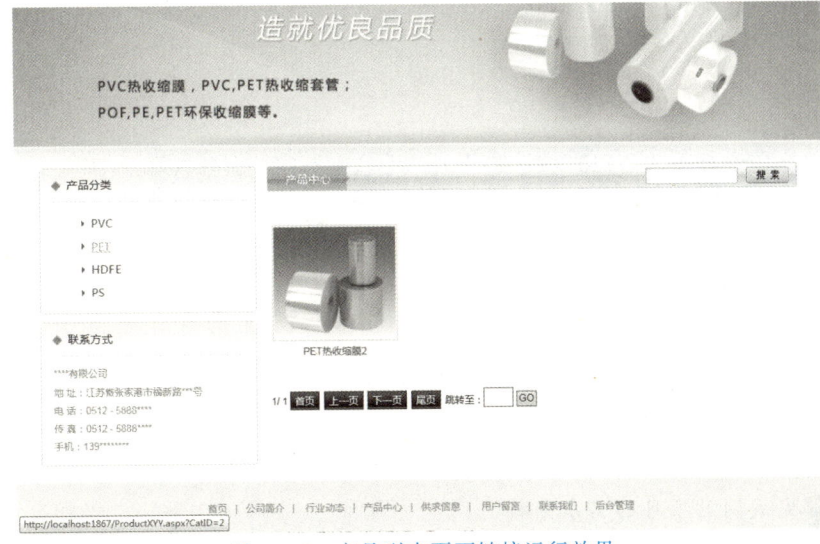

运行效果如图 10-47 所示。

图 10-47　产品列表页面链接运行效果

2.修改 ProductXYY.aspx.cs 的程序代码：

原先的 strSql 语句：

　　strSql = "select id,ProductName,Pic from tb_ProductsXYY order by id desc";

修改后：

　　strSql = "select id,ProductName,Pic from tb_ProductsXYY where CatID=" + Convert.ToInt32(Request.QueryString["CatID"]) + " order by id desc";

（四）其他功能模块

通过十个单元的单元实训，目前已经完成了后台登录模块、后台管理模块（管理员管理、新闻类别管理、新闻管理、产品类别管理、产品管理）、前台显示模块（前台首页显示、前台新闻类别及新闻显示、前台产品类别及产品显示）等模块的功能。

鉴于篇幅有限，其他模块的设计详细步骤不再赘述，均可采用类似的方法实现。

单元 11 项目开发实战:"企业业务管理系统"设计与实现

学习目标

知识目标:
(1)熟悉网站项目的完整开发过程。
(2)熟悉网站项目的功能设计。
(3)掌握网站项目的数据库设计。
(4)掌握网站项目的实现技术和细节。

技能目标:
(1)能够完成网站项目的需求分析。
(2)能够完成网站项目的功能设计和数据库设计。
(3)能够完成网站项目的原型设计。
(4)能够完成网站项目的各模块页面设计、代码编写。
(5)能够完成网站项目的调试运行及发布。

11.1 引例描述

在学习和掌握了 ASP.NET 动态网站开发的一些基础知识和技术,并且通过各个单元的 Demo 演示、Activity 案例实践和贯穿每个单元的 Project 项目之后,接下来将继续通过设计和实现一个完整的实战项目来进一步完善本课程所学的知识、巩固每个 ASP.NET 的开发技能,真正掌握 ASP.NET 项目开发的完整过程和核心技术。

本单元的学习导图,如图 11-1 所示。

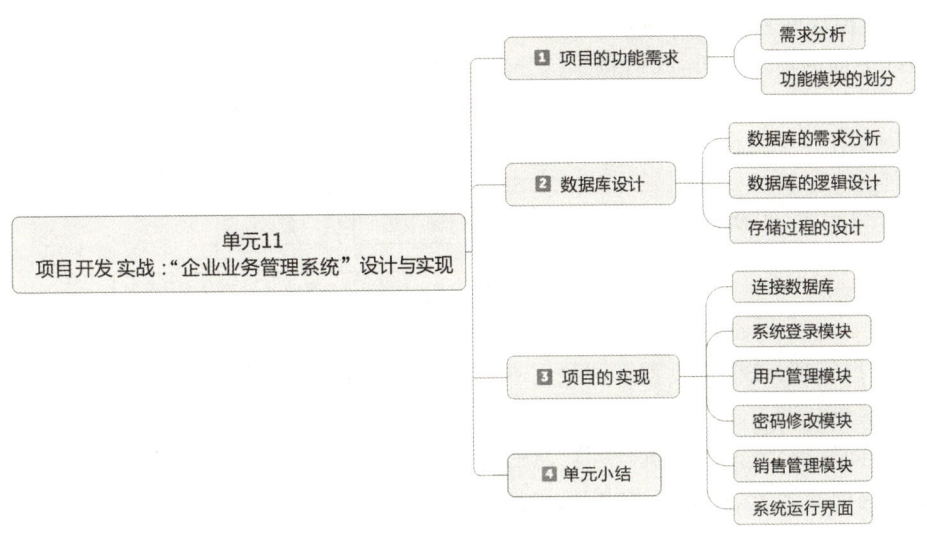

单元 11　项目开发实战："企业业务管理系统"设计与实现

图 11-1　本单元的学习导图

11.2　项目的功能需求

1. 需求分析

在信息技术不断普及的今天,传统的人工企业业务管理模式已经不能适应现代化企业的需求,随着计算机技术、网络技术的成熟和普及,使用计算机对企业业务进行信息化、系统化的管理显得相当重要。本项目采用 ASP.NET 开发了一个基于 Web 的企业业务管理系统。

(1) 系统功能要求

本系统的主要目的是帮助企业内部人员对企业的业务进行更加有效的管理。根据管理系统的基本要求,本系统需要完成以下任务:

① 公司不同部门的人员在本系统中具有不同的管理权限,通过用户信息维护功能维护员工的信息。

② 企业需要面对很多客户,因此必须对这些客户进行管理。

③ 对企业的产品信息进行维护。

④ 能够查询某客户的销售情况。

⑤ 能够统计企业的销售情况。

⑥ 能够添加和维护企业的合同。

(2) 系统角色设计

本系统涉及企业中以下几个部门的用户:

① 系统管理员:指整个系统的管理员,它是系统中最高级别的用户,它拥有系统中所有功能模块的使用权限。

② 合同部:能够使用系统的合同管理模块,对企业的合同信息进行维护。

③ 销售部:能够使用系统的销售管理模块,对企业的销售情况进行统计和维护。

④ 客户部:能够使用系统的客户信息管理模块,对企业的客户信息进行维护。

2.功能模块的划分

根据上面的需求分析,我们将系统分为四个大的功能模块,分别为用户管理、合同管理、销售管理和信息管理。其功能结构如图 11-2 所示。

```
            企业业务管理系统
    ┌──────┬──────┬──────┬──────┐
  用户管理 合同管理 销售管理 信息管理
                          ┌────┴────┐
                      客户信息管理 产品信息管理
```

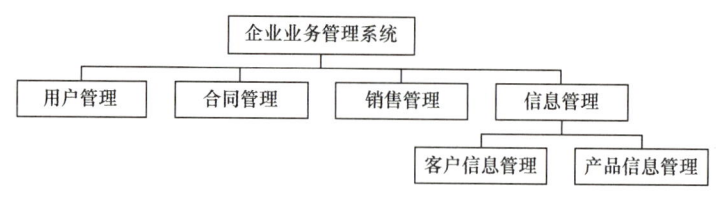

图 11-2 系统功能结构

(1)用户管理:该模块负责管理使用本系统的用户。主要功能包括添加、删除、修改和浏览用户的信息。

(2)合同管理:该模块负责合同信息的管理。主要功能包括添加、修改合同。此模块需要记录合同的签署、执行和完成状态,它是进行销售统计的基础。

(3)销售管理:该模块提供对本公司日、月、年销售情况的统计,同时也提供了对其客户每月、每年的销售情况统计。

(4)信息管理:该模块负责管理本公司所有的客户、产品信息,主要功能包括添加、删除、修改和浏览信息。不同权限的用户所能做的操作不同。

11.3 数据库设计

1.数据库的需求分析

根据企业业务管理的需求,需要在数据库中存储以下几类数据信息:

(1)用户信息表:存放管理员和员工的信息,包括用户编号、用户名称、用户密码和用户类型等。

(2)客户信息表:存放企业客户的信息,包括客户编号、客户名称、负责人、备注说明、客户级别等。

(3)产品信息表:存放企业的产品信息,包括产品编号、产品名称、对产品的描述等。

(4)合同信息表:存放企业合同的状态信息,包括合同编号、客户编号、执行状态、签订时间和负责人等。

(5)合同明细表:存放企业合同的明细信息,包括合同编号、产品编号、订货数量等。

(6)销售情况表:存放企业的销售情况信息,包括销售情况的编号、客户编号、产品编号、销售数量等。

2.数据库的逻辑设计

根据上述对企业业务管理系统的需求分析,下面对数据库进行逻辑设计。数据库的逻辑设计是应用程序开发的一个重要阶段,主要是指在数据库中创建需要的表。如果有需要还可以设计视图、存储过程及触发器。

根据数据库的需求分析,本系统包括六张表。下面给出这些表的详细结构。

(1)用户信息表(users)

用户信息表用来存储系统使用者的信息,表的字段说明见表 11-1。

表 11-1　　　　　　　　　　　　　用户信息表

字段名称	数据类型	描述
UserID	char(10)	用户编号,主键
UserName	varchar(50)	用户名称
UserPassword	char(10)	用户密码,当用户登录时可以通过密码验证
UserType	int	用户类型,0-管理员,1-合同部,2-销售部,3-客户部

（2）客户信息表（customer）

客户信息表用于存放客户信息,表的字段说明见表 11-2。

表 11-2　　　　　　　　　　　　　客户信息表

字段名称	数据类型	描述
CustomID	char(10)	客户编号,主键
CustomName	char(10)	客户名称
CustomCharge	char(10)	负责人
CustomDesc	varchar(100)	备注说明
CustomLevel	int	客户级别

（3）产品信息表（product）

产品信息表用于记录本公司产品的主要信息,表的字段说明见表 11-3。

表 11-3　　　　　　　　　　　　　产品信息表

字段名称	数据类型	描述
ProductID	char(10)	产品编号,主键
ProductName	varchar(50)	产品名称
ProductDesc	varchar(100)	对产品的描述

（4）合同信息表（contract）

合同信息表用来存储本公司的所有合同信息,表的字段说明见表 11-4。

表 11-4　　　　　　　　　　　　　合同信息表

字段名称	数据类型	描述
ContractID	char(10)	合同编号,主键
CustomID	char(10)	客户编号
ContractState	int	合同的执行状态
ContractStart	datetime	合同的签订日期
ContractSend	datetime	合同的执行日期
ContractFinish	datetime	合同的完成日期
ContractPerson	char(10)	合同的负责人
ContractPrice	money	总金额

（5）合同明细表（contract_detail）

合同明细表记录合同中有关产品的订购信息。之所以将合同信息设计成两张表,是因为进行销售统计时,只涉及合同信息表中的内容,在实际情况中有可能一个合同订购多种产品,为了便于扩展,系统将合同中与产品相关的内容单独拿出来设计成一张表,即合同明细表,表的字段说明见表11-5。

表 11-5　　　　　　　　　　　　　合同明细表

字段名称	数据类型	描述
ContractID	char(10)	合同编号,主键
ProductID	char(10)	产品编号
ProductBook	int	订货数量
ProductSend	int	已发货数量
ProductPrice	money	产品单价

(6)销售情况表(customer_sale)

销售情况表用来记录每一个客户的销售情况,而且一个客户可能会订购本公司的多种产品,表的字段说明见表11-6。

表 11-6　　　　　　　　　　　　　销售情况表

字段名称	数据类型	描述
ID	int	销售情况的唯一ID,主键,自动编号
CustomID	char(10)	客户编号
ProductID	char(10)	产品编号
ProductSale	int	销售数量
ProductPrice	money	产品单价
ProductDate	datetime	销售日期

3.存储过程的设计

构建了数据库的表结构后,接下来创建上述表中信息查询、添加、更新及删除的相关存储过程,举例如下:

(1)insert_users/update_users 存储过程:用于插入/更新用户信息,系统在往数据库中插入用户信息时将调用该存储过程。

(2)insert_customer 存储过程:向客户信息表中添加客户信息。

(3)insert_product 存储过程:向产品信息表中添加新产品信息。以下代码表示了这一存储过程。

```
ALTER PROCEDURE insert_product
(@ProductID [char](10),
 @ProductName [varchar](50),
 @ProductDesc [varchar](100))
AS insert into [BMS].[dbo].[product]
([ProductID],[ProductName],[ProductDesc])
VALUES
(@ProductID,@ProductName,@ProductDesc)
RETURN
```

(4) insert_contract/update_contract 存储过程：向合同信息表中添加/更新合同信息。

(5) insert_contract_detail/update_contract_detail 存储过程：用于插入/更新合同的具体信息。

11.4　项目的实现

从系统的功能模块分析中可以知道，企业业务管理系统包括系统登录模块、用户管理模块、客户管理模块、产品信息管理模块、客户销售情况统计模块、销售统计模块、合同管理模块和密码修改模块等。下面对项目的界面设计和代码实现进行分析。

1. 连接数据库

系统的数据库连接字符串是在 web.config 配置文件中设置的，其他程序由配置文件自动生成。数据库连接字符串部分的代码如下所示：

```
<connectionStrings>
    <add name="sqlconn" connectionString="Data Source=localhost;Integrated Security=SSPI;Initial Catalog=BMS;" providerName="System.Data.SqlClient" />
    <!-- 也可以使用如下的数据库连接字符串 -->
    <add name="BMSConnectionString1" connectionString="Data Source=localhost;Initial Catalog=BMS;Integrated Security=True;Pooling=False" providerName="System.Data.SqlClient" />
</connectionStrings>
```

connectionStrings 表示连接字符串，该字符串命名为 sqlconn。字符串中 Data Source 代表数据源，本系统中使用本地数据库 localhost（与 SQL Server 的配置有关，如果使用 SqlExpress，则为 .\sqlexpress）；SSPI 即采用 Windows 身份验证模式；BMS 为数据库名。System.Data.SqlClient 声明将要连接的数据库是 SQL Server 数据库。

2. 系统登录模块

登录页面（Login.aspx）使用了 TextBox 控件、Button 控件和 Label 控件，其页面如图 11-3 所示。

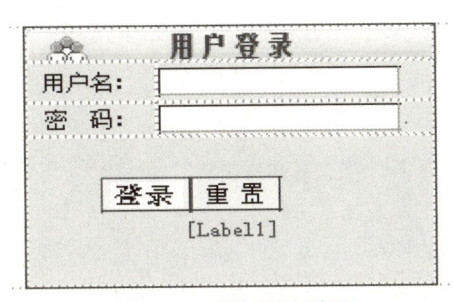

图 11-3　系统登录页面

系统登录页面具有自动导航功能，用户登录时，系统根据其身份的不同，将进入不同的系统功能页。在用户身份验证通过后，利用 Session 变量来记录用户的身份，伴随用户对系统进行操作的整个生命周期，实现的代码如下：

```csharp
protected void Button1_Click(object sender, EventArgs e)
{
    string connString = Convert.ToString(ConfigurationManager.ConnectionStrings["sqlconn"]);
    SqlConnection conn = new SqlConnection(connString);//创建数据库链接
    conn.Open();
    //验证用户身份
    string strsql = "select * from users where UserID='" + tbx_id.Text + "'and UserPassword ='" + tbx_pwd.Text + "'";
    SqlCommand cmd = new SqlCommand(strsql, conn);
    SqlDataReader dr = cmd.ExecuteReader();
    if (dr.Read())
    {
        Session["UserID"] = dr["UserID"];
        Session["UserType"] = dr["UserType"];
        switch (Session["UserType"].ToString())//根据身份自动导航
        {
            case "0":
                Response.Redirect("users.aspx");
                break;
            case "1":
                Response.Redirect("contract.aspx");
                break;
            case "2":
                Response.Redirect("contract_stat.aspx");
                break;
            default:
                Response.Redirect("customers.aspx");
                break;
        }
    }
    else
    {
        Label1.Text = "登录失败,请检测输入!";
    }
}
```

3.用户管理模块

用户管理模块包含两个页面,一个是用户信息的主页面,该页面列出了当前的系统用户及其详细信息,在该页面上还可以对已有的用户进行更新和删除;另一个页面是添加用户的页面。这两个页面只有系统管理员才可以进入。

(1)用户管理主页面

用户管理主页面(users.aspx)是管理员登录后首先进入的页面,主要用于用户信息的浏览和更新。此页面的控件见表11-7。

表 11-7　　　　　　　　　　　用户管理主页面的控件

控件	ID	属性	
Button	btn_exit	Onclick="btn_exit_Click"	
Label	Label1	ForeColor="red"	
GridView	GridView1	参见后面的 HTML 代码	
HyperLink	HyperLink1	Text="添加用户"	NavigateUrl="adduser.aspx"

页面设计的效果如图 11-4 所示。

图 11-4　用户管理主页面

GridView 控件的初始数据绑定在 Page_Load() 事件中，GridView 控件具有编辑和删除功能，可以直接在控件上对数据进行操作，其后台的主要代码如下：

①页面初始化函数，判断登录用户是否合法（是否为管理员），如果合法就调用函数进行数据绑定。

```
protected void Page_Load(object sender, EventArgs e)
{
    try
    {
        if (Session["UserType"].ToString().Trim()!="0")
        {
            Response.End();
        }
    }
    catch
    {
        Response.Write("您不是合法用户,请登录后再操作,<a href='Login.aspx'>返回</a>");
        Response.End();
    }
    if (! IsPostBack)
    {
        BindGrid();
    }
}
```

②绑定函数,绑定 GridView 上的数据。

```
private void BindGrid()
{
    string strconn = Convert.ToString(ConfigurationManager.ConnectionStrings["sqlconn"]);
    SqlConnection conn = new SqlConnection(strconn);//创建数据库连接
    conn.Open();
    SqlDataAdapter da = new SqlDataAdapter("select * from users", conn);
    DataSet ds = new DataSet();
    da.Fill(ds);
    GridView1.DataSource = ds;
    GridView1.DataBind();//绑定数据源
    conn.Close();
}
```

③"退出"按钮的单击事件处理程序,返回 Login.aspx 页面。

```
protected void btn_exit_Click(object sender, EventArgs e)
{
    Response.Redirect("Login.aspx");
}
```

④GridView1 的"删除"按钮的单击事件处理程序,用于删除用户。

```
protected void GridView1_RowDeleting(object sender, GridViewDeleteEventArgs e)
{
    string strconn = Convert.ToString(ConfigurationManager.ConnectionStrings["sqlconn"]);
    SqlConnection conn = new SqlConnection(strconn);
    conn.Open();
    string strsql = "delete from users where UserID=@userid";
    SqlCommand cmd = new SqlCommand(strsql, conn);
    SqlParameter param = new SqlParameter("@userid", GridView1.Rows[e.RowIndex].Cells[0].Text);
    cmd.Parameters.Add(param);
    try
    {
        cmd.ExecuteNonQuery();
        Label1.Text = "删除成功";
    }
    catch (SqlException ex)
    {
        Label1.Text = "删除失败"+ex.Message;
    }
    cmd.Connection.Close();
    BindGrid();
}
```

⑤GridView1 的"编辑"按钮的单击事件处理程序,使当前记录可编辑。

```
protected void GridView1_RowEditing(object sender, GridViewEditEventArgs e)
{
    if (Session["UserType"].ToString().Trim() == "0")
    {
        GridView1.EditIndex = e.NewEditIndex;
        BindGrid();
    }
}
```

⑥GridView1 的"取消"按钮的单击事件处理程序,用于取消当前记录的编辑。

```
protected void GridView1_RowCancelingEdit(object sender, GridViewCancelEditEventArgs e)
{
    GridView1.EditIndex = -1;
    BindGrid();
}
```

⑦Gridview1 的"更新"按钮的单击事件处理程序,用于将当前记录的更新写入数据库。

```
protected void GridView1_RowUpdating(object sender, GridViewUpdateEventArgs e)
{
    string strconn = Convert.ToString(ConfigurationManager.ConnectionStrings["sqlconn"]);
    SqlConnection conn = new SqlConnection(strconn);
    conn.Open();
    SqlCommand cmd = new SqlCommand("update_users", conn);
    cmd.CommandType = CommandType.StoredProcedure;
    cmd.Parameters.Add(new SqlParameter("@userid", ((TextBox)GridView1.Rows[e.RowIndex].Cells[0].Controls[0]).Text));
    cmd.Parameters.Add(new SqlParameter("@username", ((TextBox)GridView1.Rows[e.RowIndex].Cells[2].Controls[0]).Text));
    cmd.Parameters.Add(new SqlParameter("@usertype", ((TextBox)GridView1.Rows[e.RowIndex].Cells[3].Controls[0]).Text));
    cmd.Parameters.Add(new SqlParameter("@olduserid", GridView1.DataKeys[e.RowIndex].Value.ToString()));
    try
    {
        cmd.ExecuteNonQuery();
        Label1.Text = "更新成功";
        GridView1.EditIndex = -1;
    }
    catch (SqlException ex)
    {
        Label1.Text = "更新失败" + ex.Message;
    }
    conn.Close();
    BindGrid();
}
```

⑧GridView1 的 PageIndexChanging 事件处理程序。

```
protected void GridView1_PageIndexChanging(object sender, GridViewPageEventArgs e)
{
    GridView1.PageIndex = e.NewPageIndex;
    BindGrid();
}
```

(2) 添加用户页面

添加用户页面(adduser.aspx)主要用于管理员添加新的系统用户,需要添加用户名、用户密码和用户类型,新添加的用户密码和用户名相同。该页面的控件见表 11-8。

表 11-8　　　　　　　　　添加用户页面使用的控件

控件	ID	属性
TextBox	tbx_id	默认
TextBox	tbx_name	默认
DropDownList	DropDownList1	参见下面的 HTML 代码
Button	Button1	Onclick="Button1_Click"
Button	Button2	Onclick="Button2_Click"
Label	Label1	ForeColor="red"
HyperLink	HyperLink1	Text="返回"　　NavigateUrl="users.aspx"

DropDownList1 的 HTML 代码如下:

```
<asp:DropDownList ID="DropDownList1" runat="server">
    <asp:ListItem Value="0">管理员</asp:ListItem>
    <asp:ListItem Value="1">合同部</asp:ListItem>
    <asp:ListItem Value="2">销售部</asp:ListItem>
    <asp:ListItem Value="3">客户部</asp:ListItem>
</asp:DropDownList>
```

页面设计效果如图 11-5 所示。

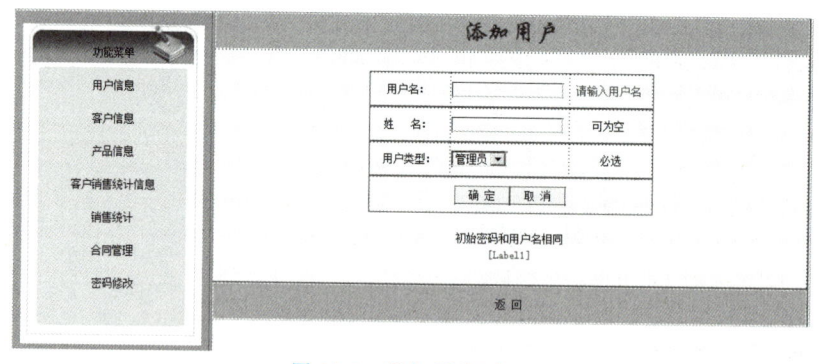

图 11-5　添加用户页面

添加用户页面的后台主要代码如下:
①"取消"按钮的单击事件处理程序。

```
protected void Button2_Click(object sender, EventArgs e)
{
    Response.Redirect("users.aspx");
}
```

②"确定"按钮的单击事件处理程序,用于添加一个用户到数据库。

```csharp
protected void Button1_Click(object sender, EventArgs e)
{
    string strconn = Convert.ToString(ConfigurationManager.ConnectionStrings["sqlconn"]);
    SqlConnection conn = new SqlConnection(strconn);
    conn.Open();
    SqlCommand cmd = new SqlCommand("insert_user", conn);
    cmd.CommandType = CommandType.StoredProcedure;
    cmd.Parameters.Add(new SqlParameter("@userid", tbx_id.Text.Trim()));
    cmd.Parameters.Add(new SqlParameter("@username", tbx_name.Text.Trim()));
    cmd.Parameters.Add(new SqlParameter("@userpassword", tbx_id.Text.Trim()));
    cmd.Parameters.Add(new SqlParameter("@usertype", DropDownList1.Text.Trim()));
    try
    {
        cmd.ExecuteNonQuery();
        Response.Redirect("users.aspx");
    }
    catch (SqlException ex)
    {
        Label1.Text = "添加失败:" + ex.Message;
    }
    conn.Close();
}
```

4.密码修改模块

密码修改模块使当前用户可以修改自己的密码。密码修改页面用到的控件见表11-9。

表11-9　　　　　　　　　　密码修改页面的控件

控件	ID	属性
Button	btn_ok	Onclick="btn_ok_Click"
TextBox	tbx_id	ReadOnly="true"
TextBox	tbx_oldpwd	TextMode="Password"
TextBox	tbx_newpwd	TextMode="Password"
TextBox	tbx_newpwda	TextMode="Password"
Label	Label1	ForeColor="red"

该页面的设计效果如图11-6所示。

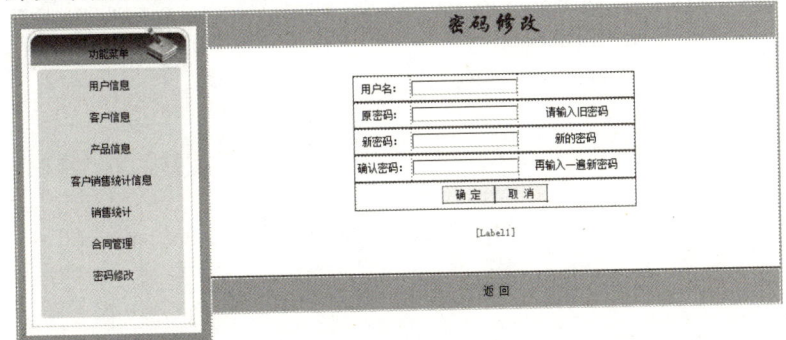

图11-6　密码修改页面

密码修改时不能修改用户名,所有 TextBox 控件的 tbx_id 都是只读的,并且在 Page_Load 中加载其值。密码修改时要求用户先输入原密码以确保安全性,只有当原密码正确之后才能进行下一步的操作。密码修改页面的后台代码如下所示:

(1) 页面初始化,创建数据库连接字符串,并获取当前登录的用户信息。

```
SqlConnection cn;
protected void Page_Load(object sender, EventArgs e)
{
    string strconn = ConfigurationManager.ConnectionStrings["sqlconn"].ToString();
    cn = new SqlConnection(strconn);
    if (Session["UserID"] != null)
    {
        tbx_id.Text = Session["UserID"].ToString();
    }
}
```

(2) "确定"按钮的单击事件处理程序,用于更新当前用户的密码。

```
protected void btn_ok_Click(object sender, EventArgs e)
{
    string strsql = "select * from users where UserID='" + Session["UserID"].ToString() + "'";
    SqlCommand cmd = new SqlCommand(strsql, cn);
    cn.Open();
    SqlDataReader dr = cmd.ExecuteReader();
    string oldpassword = "";
    if (dr.Read())
    {
        oldpassword = dr["UserPassword"].ToString().Trim();
    }
    dr.Close();
    if (oldpassword == tbx_oldpwd.Text)
    {
        if (tbx_newpwd.Text == tbx_newpwda.Text)
        {
            strsql = "update users set UserPassword='" + tbx_newpwd.Text + "' where UserID='" + Session["UserID"].ToString();
            cmd.CommandText = strsql;
            try
            {
                cmd.ExecuteNonQuery();
                Label1.Text = "修改成功!您的新密码是:" + tbx_newpwd.Text + "!请您记清楚!";
            }
            catch (SqlException ex)
```

```
                {
                    Label1.Text = "修改失败!原因:" + ex.Message;
                }
            }
            else
            {
                Label1.Text = "您两次输入的新密码不一致!请检查!";
            }
        }
        else
        {
            Label1.Text = "原密码输入错误!请检查后重新输入!";
        }
        cn.Close();
    }
```

5. 销售管理模块

销售管理模块包括三个部分,分别是销售统计、客户销售统计信息、添加客户销售情况。下面就对销售统计页面的设计和功能给出解决的思路。其他的客户销售统计信息、添加客户销售情况以及合同管理模块、信息管理模块,请读者参考上述的分析思路,自行给出解决办法。

销售统计页面是销售部人员登录后首先进入的页面,其功能是进行销售统计。

销售统计页面主要使用了 DropDownList 控件、TextBox 控件、Button 控件和 Label 控件,各控件的属性见表 11-10。

表 11-10　　　　　　　　　　销售统计页面的控件

控件	ID	属性
DropDownList	dpd_static	0-日销售统计、1-月销售统计、2-年销售统计
DropDownList	dpd_customer	默认
DropDownList	dpd_product	默认
DropDownList	dpd_kind	−1-所有、0-签订状态、1-发货状态、2-完成状态
Button	btn_ok	Onclick="btn_ok_Click"
TextBox	tbx_year	默认
TextBox	tbx_month	默认
TextBox	tbx_day	默认
Label	lbl_money	ForeColor="red"
Label	lbl_count	ForeColor="red"

页面的设计效果如图 11-7 所示。

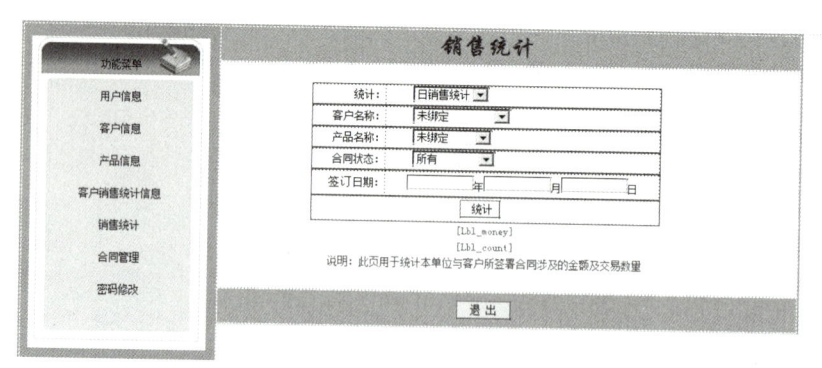

图 11-7　销售统计页面

销售统计页面主要用于统计本公司销售给客户的产品的情况,主要依据是所签订的合同信息。可以以天、月或年为时间单位进行统计,统计时间是合同签订时间,可以统计总金额和订货数量。

客户名称下拉列表框 dpd_customer、产品名称下拉列表框 dpd_product 中的数据在页面初始化事件中绑定,单击"统计"按钮将会根据输入对销售情况进行组合统计,结果显示在两个 Label 控件中,其中 lbl_money 显示销售总金额,lbl_count 显示产品销售总量。下面是销售统计页面的后台代码。

(1)页面初始化,绑定客户名称和产品名称下拉列表框。

```
SqlConnection cn;
protected void Page_Load(object sender, EventArgs e)
{
    string strconn = ConfigurationManager.ConnectionStrings["sqlconn"].ToString();
    cn = new SqlConnection(strconn);
    try
    {
        if (Session["UserType"].ToString() == "0" || Session["UserType"].ToString() == "2");
        else
        {
            Response.End();
        }
    }
    catch
    {
        Response.Write("您不是合法用户,请登录后再操作,<a href='Login.aspx'>返回</a>");
        Response.End();
    }
    if (! IsPostBack)
    {
        //客户名称下拉列表框数据绑定
        cn.Open();
        string strsql = "select * from customers";
        SqlCommand cmd = new SqlCommand(strsql, cn);
```

```csharp
        SqlDataReader dr0 = cmd.ExecuteReader();
        dpd_customer.Items.Add(new ListItem("所有","-1"));
        while(dr0.Read())
        {
            dpd_customer.Items.Add(new ListItem(dr0["CustomName"].ToString(),dr0["CustomID"].ToString()));
        }
        dr0.Close();
        //产品名称下拉列表框数据绑定
        strsql = "select * from products";
        cmd.CommandText = strsql;
        SqlDataReader dr1 = cmd.ExecuteReader();
        dpd_product.Items.Add(new ListItem("所有","-1"));
        while (dr1.Read())
        {
            dpd_product.Items.Add(new ListItem(dr1["ProductName"].ToString(), dr1["ProductID"].ToString()));
        }
        dr1.Close();
        cn.Close();
    }
}
```

(2) "统计"按钮的单击事件处理程序,按类型统计销售情况。

```csharp
protected void Button1_Click(object sender, EventArgs e)
{
    string sql = "select sum(ContractPrice),sum(ProductBook) from contract ,contract_detail where contract.ContractID=contract_detail.ContractID";
    if (dpd_static.SelectedValue == "0")//按日统计
    {
        sql += " and datepart(yy,ContractStart)='" + tbx_year.Text + "'";
        sql += " and datepart(mm,ContractStart)='" + tbx_month.Text + "'";
        sql += " and datepart(dd,ContractStart)='" + tbx_day.Text + "'";
    }
    else if (dpd_static.SelectedValue == "1")//按月统计
    {
        sql += " and datepart(yy,ContractStart)='" + tbx_year.Text + "'";
        sql += " and datepart(mm,ContractStart)='" + tbx_month.Text + "'";
    }
    else//按年统计
    {
        sql += " and datepart(yy,ContractStart)='" + tbx_year.Text + "'";
    }
    if (dpd_customer.SelectedValue != "-1")
    {
        sql += " and contract.CustomID='" + dpd_customer.SelectedValue + "'";
```

```csharp
        }
        if (dpd_product.SelectedValue != "-1")
        {
            sql += " and contract_detail.ProductID='" + dpd_product.SelectedValue + "'";
        }
        if (dpd_kind.SelectedValue != "-1")
        {
            sql += " and contract.ContractState='" + dpd_kind.SelectedValue + "'";
        }
        SqlCommand cmd = new SqlCommand(sql, cn);
        cn.Open();
        SqlDataReader dr = cmd.ExecuteReader();
        if (dr.Read())
        {
            string money = "0";
            string count = "0";
            if (!(dr[0] is DBNull))
            {
                money = dr[0].ToString();
            }
            if(!(dr[1] is DBNull))
            {
                count = dr[1].ToString();
            }
            lbl_money.Text = "本" + dpd_static.SelectedItem.Text.Substring(0, 1) + "总金额为:" + money;
            lbl_count.Text = "本" + dpd_static.SelectedItem.Text.Substring(0, 1) + "销售量为:" + count;
        }
        else
        {
            lbl_money.Text = "本" + dpd_static.SelectedItem.Text.Substring(0, 1) + "总金额为:0";
            lbl_count.Text = "本" + dpd_static.SelectedItem.Text.Substring(0, 1) + "销售量为:0";
        }
        dr.Close();
        cn.Close();
}
```

(3)"退出"按钮的单击事件处理程序。

```csharp
protected void btn_exit_Click(object sender, EventArgs e)
{
    Response.Redirect("Login.aspx");
}
```

(4)统计类型下拉列表框的SelectIndexChanged事件处理程序,按类型显示不同的输入框。

```csharp
protected void dpd_static_SelectedIndexChanged(object sender, EventArgs e)
{
    if (dpd_static.SelectedValue == "2")//只显示年输入框
```

```csharp
        {
            Label2.Visible = false;
            tbx_month.Visible = false;
            Label3.Visible = false;
            tbx_day.Visible = false;
        }
        else if (dpd_static.SelectedValue == "1")//只显示年、月输入框
        {
            Label2.Visible = true;
            tbx_month.Visible = true;
            Label3.Visible = false;
            tbx_day.Visible = false;
        }
        else//显示年、月、日输入框
        {
            Label2.Visible = true;
            tbx_month.Visible = true;
            Label3.Visible = true;
            tbx_day.Visible = true;
        }
}
```

6. 系统运行界面

系统运行界面如图 11-8 和图 11-9 所示。

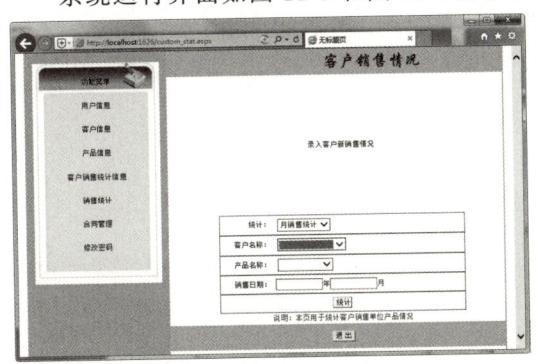

图 11-8　客户销售情况页面　　　　　　图 11-9　合同管理页面

11.5　单元小结

本单元通过一个实际项目"企业业务管理系统",完成了从需求分析、功能设计、数据库设计到项目具体实现的过程。该项目的功能描述都是最基础的,可以适当地增加,使项目的功能更加完善。

参考文献

[1] 周洪斌,温一军.C♯数据库应用程序开发技术与案例教程[M].北京:机械工业出版社,2012.

[2] 明日科技.零基础学 ASP.NET[M].长春:吉林大学出版社,2018.

[3] 周洪斌.基于三层架构的 ASP.NET 网站设计与开发[J].沙洲职业工学院学报,2014,1:9-13.

[4] 许礼捷,周洪斌.基于 ASP.NET 在线考试系统的设计与实现发[J].沙洲职业工学院学报,2012.

[5] 冯涛,梅成才.ASP.NET 动态网页设计案例教程(C♯版)[M].2 版.北京:北京大学出版社,2013.

[6] [美] Stephen Walther,Kevin Hoffman,Nate Dudek.谭振林等,译.ASP.NET4 揭秘(卷2)[M].北京:人民邮电出版社,2011.

附 录

附录 A 结构化查询语言 SQL 简介

结构化查询语言(Structured Query Language,SQL)是一种数据库查询和程序设计语言,用于存取数据以及查询、更新和管理关系型数据库系统。SQL 是国际标准,被所有的关系型数据库所支持。因此,学习 SQL 是非常必要的,以下简要介绍最基本的 SQL 语句:

1. 数据查询

(1)基本格式

在众多的 SQL 命令中,select 语句是使用最频繁的。select 语句主要被用来对数据库进行查询并返回符合用户查询要求的结果数据。select 语句的语法格式如下:

    select column1 [, column2, etc] from tablename [where condition]

其中方括号[]表示可选项。

select 语句中位于 select 关键词之后的列名用来决定哪些列将作为查询结果返回。用户可以按照自己的需要选择任意列,还可以使用通配符"*"来设定返回表格中的所有列。如:

查询用户信息表 Users 中的所有记录:

    select * from [Users]

查询用户信息表 Users 中用户名为 admin 且密码也为 admin 的记录:

    select * from [Users] where LoginID='admin' and LoginPwd='admin'

如果表名或字段名为 SQL Server 的保留字,就需要加上方括号[]。上面的例子中 User 为 SQL Server 的保留字,所以为表名 User 加上了方括号[]。

(2)模糊查询

如果要查询书名以"计算机"开头的图书信息,则需要用到 like 运算符。SQL 提供了 2 个通配符用于 like 运算符中:

① 通配符%:代表零个或多个字符。

② 通配符_:代表任意一个字符。

如查询书名以"计算机"开头的图书的编号、书名、ISBN、出版社名称、单价,则 SQL 语句为:

select Books.Id，Books.Title，Books.ISBN，Publishers.Name，Books.UnitPrice from Books，Publishers where Books.PublisherId = Publishers.Id and Title Books.like '计算机%'

（3）排序

可以使用 order by 子句对查询出的数据进行排序。order by 字句数据默认为升序排列，如果要降序排列，则在后面加上 desc。若从图书信息表中查询所有图书的信息且按照编号降序排列，则 SQL 语句为：

select * from Books order by Id desc

（4）聚合函数

可以在 select 语句中使用聚合函数对数据进行统计。SQL 中常用聚合函数见表 A.1。

表 A.1　　　　　　　　　　　SQL 常用聚合函数

函数名	说明
COUNT(*)	计算查询结果中的数据条数
MIN	查询出某一字段的最小值
MAX	查询出某一字段的最大值
AVG	查询出某一字段的平均值
SUM	查询出某一字段的总和

如要查询用户信息表中用户角色编号为 1 的用户数量，可以用如下 SQL 语句：

select count(*) from Users where UserRoleId = 1

（5）数据分组

利用 GROUP BY 子句，可以根据一个或多个组的值将查询中的数据记录分组。

如要分组统计用户信息表中用户角色各个分组下的用户数量，可以用如下 SQL 语句：

select UserRoles.Name As 角色名称，count(Users.Id) As 用户数量 from Users，UsersRoles where Users.UserRoleId = UsersRoles.Id group by Users.UserRoleId

2. 数据插入

SQL 语言使用 insert 语句向数据库表格中插入或添加新的数据行。Insert 语句格式如下：

insert into tablename
(first_column,…last_column)
values (first_value,…last_value)

向出版社信息表中添加一条记录的 SQL 语句如下：

insert into Publishers values('电子工业出版社')

3. 数据更新

SQL 语言使用 update 语句更新或修改满足规定条件的现有记录。update 语句的格式为：

update tablename
set columnname = newvalue [, nextcolumn = newvalue2…]
where condition

修改用户状态表中编号为 1 的状态名称及备注信息的 SQL 语句如下：

update UserStates set Name='有效' where Id=1

4.数据删除

SQL 语言使用 delete 语句删除数据库表格中的行或记录。Delete 语句的格式为：

```
delete from tablename
where condition
```

需要特别注意：如果没有 where 字句作为条件限定，将删除表中所有的记录。

删除编号为 1 的用户的 SQL 语句如下：

```
delete from Users where Id=1
```

5.存储过程

存储过程(Stored Procedure)是在大型数据库系统中，一组为了完成特定功能的 SQL 语句集，经编译后存储在数据库中，用户通过指定存储过程的名字并给出参数(如果该存储过程带有参数)来执行它。

创建存储过程的基本语法如下：

```
create procedure sp_name
begin
……
end
```

根据用户编号，删除相应用户的存储过程如下：

```
USE [OnlineBookShop]
GO
CREATE Procedure [dbo].[DeleteUsersById]
@Id int
As
begin
    delete from Users where Id=@Id
end
```

其中@Id 为声明的参数，执行 DeleteUsersById 存储过程时需传入参数的值，示例如下：

```
use OnlineBookShop
exec DeleteUsersById @id=29
```

SQL Server 中通过 exec 命令来执行存储过程。

6.小结

本附录介绍了 SQL 的基本知识。实际上，SQL 语句有着非常丰富的技术内容，并存在着许多使用技巧，需要大家在项目实践中逐步掌握。同时，不同的数据库厂商都对标准 SQL 命令进行了一些扩充，读者请根据自己的实际情况，查询各种资料，进一步掌握 SQL 命令。

附录B C#编码规范

1. 两种命名风格

C#中通常采用如下两种命名风格：

(1) Pascal 风格：每个单词的首字母均大写，其他字母小写。

(2) Camel 风格：首字母小写，其余每个单词首字母均大写。

2. 文件命名

文件名通常采用 Pascal 命名风格，即每个单词的首字母均大写，其他字母小写。文件的扩展名一般用小写。如 HelloWorld.cs、FlyDuck.cs。

3. 类命名

使用 Pascal 命名风格，如 HelloWorld、Student。

4. 变量命名

使用 Camel 命名风格，如 isComplete、name。

5. 属性命名

使用 Pascal 命名风格，如 IsComplete、Name。

6. 方法命名

使用 Pascal 命名风格，能简明扼要地表达该方法的作用，如 SendMail、GetRandom。

7. 接口命名

使用 Pascal 命名风格，一般用大写的英文字母 I 开头，如 IVideoCard、ISwitch。

8. 其他建议

(1) 取有意义的名字，尽量做到"见名知义"；

(2) 要使一个代码块内的代码都统一缩进一个 Tab 长度(4 个空格)；

(3) 要有合理的代码注释。